高等学校信息安全专业规划教材

主　编　秦艳琳
副主编　吴晓平　罗芳

图书在版编目(CIP)数据

信息安全数学基础/秦艳琳主编．—武汉：武汉大学出版社，2014.6
高等学校信息安全专业规划教材
ISBN 978-7-307-12929-0

Ⅰ.信…　Ⅱ.秦…　Ⅲ. 信息系统—安全技术—应用数学—高等学校—教材　Ⅳ.①TP309　②O29

中国版本图书馆 CIP 数据核字(2014)第 050169 号

责任编辑：鲍　玲　方慧娜　　　责任校对：鄢春梅　　　版式设计：马　佳

出版发行：**武汉大学出版社**　(430072　武昌　珞珈山)
(电子邮箱：cbs22@whu.edu.cn 网址：www.wdp.com.cn)
印刷：荆州市鸿盛印务有限公司
开本：787×1092　1/16　　印张：12.75　　字数：316 千字
版次：2014 年 6 月第 1 版　　　2014 年 6 月第 1 次印刷
ISBN 978-7-307-12929-0　　　定价：28.00 元

# 前 言

21 世纪是计算机和网络技术快速发展的信息时代．信息安全已经成为世人关注的社会问题和信息科学领域的热点研究课题．信息安全与国家的军事、外交、政治、金融，甚至人们的日常生活有着密切的联系．世界各国都在信息安全的基础设施建设、教学以及研究开发方面投入了大量的人力和资金．人才是发展信息安全的关键．自 2001 年国内创建全国第一个信息安全本科专业以来，很多高校都陆续开设了信息安全本科专业.

在信息安全专业的学习和研究中，如信息安全模型的建立、密码算法的设计(尤其是公钥密码算法的设计)、密码分析破译、密码体制的形式化分析以及安全性证明等涉及和使用了数论、抽象代数、布尔函数、椭圆曲线理论、数理逻辑等方面的数学知识．这些数学知识在高等院校工科数学课程中大部分是没有介绍过的，因此非数学专业学生在学习这些与信息安全紧密相关的数学知识时遇到了很大的困难，而目前有关数论、代数和椭圆曲线论等方面的书籍多半是针对数学专业的学生，难度大，内容多，其中应用于信息安全方面的数学理论知识只是一小部分，不便于非数学专业的学生进行阅读和学习．因此，本书希望将这些应用于信息安全方面的数学理论及信息安全研究和应用中所产生的一些新的数学成果作一次系统全面的介绍，以方便信息安全、计算机科学技术、通信工程等专业的学生及信息安全领域的工作者学习.

本书对 2009 年国防工业出版社出版的《信息安全数学基础》进行了改编，根据实际需要调整了部分教学内容，对原书中出现的错误进行了纠正，并适当增加了相关数学基础知识在密码学等信息安全领域的具体应用，以提高学生的学习热情．本书第 1~6 章分别介绍了数论中整数的可除性、不定方程、同余及同余式、二次剩余、原根、素性检验等内容，第 7、8、9 章介绍了抽象代数中的群、环、域及模与格，第 10 章介绍了布尔函数的概念和基本性质，第 11 章简单介绍了应用于椭圆曲线密码体制的椭圆曲线理论，第 12 章介绍了数理逻辑的基本知识．由于篇幅所限，本书在编写过程中有选择地略去了部分定理较为繁杂的证明过程，学有余力的读者可查阅列于书末的参考书目或其他相关书籍．由于学时数有限，建议授课教师根据学生实际情况适当选取课堂讲授内容，其他内容可安排学生自学.

本书内容翔实，概念表述严谨，语言精练，例题丰富，切合教学之用．但由于时间和水平有限，不妥和错误之处在所难免，希望老师们和读者提出宝贵意见，使本书得到进一步修改、完善.

本书在编写过程中得到信息安全专业许多教师的热情帮助，在此向他们表示衷心的感谢.

作 者

2014 年 1 月

# 目　　录

# 第 1 章 整数的可除性

## 1.1 整除的概念与欧几里得除法

对数论的讨论往往围绕整数集展开. 整数是日常生活中使用频率最高的一类数, 由于其具有良好的性质而在信息安全、计算机及通信等领域有较多的应用. 本章将围绕整数的可除性介绍整数的一些基本性质, 并引出初等数论中最基本的定理——整数的唯一分解定理, 又叫算术基本定理. 在这节里, 主要学习整数的一些基本概念和性质: 整除和欧几里得除法.

**定义 1.1.1** 设 $a$, $b$ 是任意两个整数, 其中 $b\neq 0$. 如果存在一个整数 $q$ 使得等式

$$a=bq \tag{1-1}$$

成立, 就称 $b$ 整除 $a$ 或者 $a$ 被 $b$ 整除, 记作 $b\mid a$, 并把 $b$ 称为 $a$ 的因数, 把 $a$ 称为 $b$ 的倍数, 这时, $q$ 也是 $a$ 的因数, 我们常常将 $q$ 写成 $a/b$ 或 $\frac{a}{b}$. 否则, 就称 $b$ 不能整除 $a$ 或者 $a$ 不能被 $b$ 整除, 记作 $b\nmid a$.

注意, (1) 当 $b$ 遍历整数 $a$ 的所有因数时, $-b$ 也遍历整数 $a$ 的所有因数;

(2) 当 $b$ 遍历整数 $a$ 的所有因数时, $a/b$ 也遍历整数 $a$ 的所有因数.

**例 1.1.1** $42=2\times3\times7$.

显然, 2, 3, 7 分别整除 42 或 42 被 2, 3, 7 分别整除, 可记作 $2\mid 42$, $3\mid 42$, $7\mid 42$. 这时, 2, 3, 7 都是 42 的因数, 42 是 2, 3, 7 的倍数.

42 的所有因数是 $\{\pm1, \pm2, \pm3, \pm6, \pm7, \pm14, \pm21, \pm42\}$, 或是 $\{\mp1, \mp2, \mp3, \mp6, \mp7, \mp14, \mp21, \mp42\}$, 或是 $\{\pm42=42/(\pm1), \pm21=42/(\pm2), \pm14=42/(\pm3), \pm7=42/(\pm6), \pm6=42/(\pm7), \pm3=42/(\pm14), \pm2=42/(\pm21), \pm1=42/(\pm42)\}$.

又例如: $21\mid 84$, $-21\mid 84$, $5\mid 25$, $19\mid 171$, $3\nmid 8$, $5\nmid 12$, $7\mid 0$, $121\mid 121$.

0 是任何非零整数的倍数, 1 是任何整数的因数, 任何非零整数 $a$ 是其自身的倍数, 也是其自身的因数.

**例 1.1.2** 设 $a$, $b$ 为整数, 若 $b\mid a$, 则 $b\mid(-a)$, $(-b)\mid a$, $(-b)\mid(-a)$.

**证** 设 $b\mid a$, 则存在整数 $q$ 使得 $a=bq$, 因而,

$$(-a)=b(-q),\ a=(-b)(-q),\ (-a)=(-b)q.$$

因为 $-q$, $q$ 都是整数, 根据整除的定义, 所以有

$$b\mid(-a),\ (-b)\mid a,\ (-b)\mid(-a).$$

由整除的定义出发, 下面一些性质是明显的.

设 $a$, $b$, $c$ 是整数.

(1) 如果 $b\mid a$, $c\mid b$, 则 $c\mid a$.

(2) 如果 $b\mid a$, 则 $cb\mid ca$.

(3) 如果 $c \mid a$，$c \mid b$，则对任意的整数 $m$，$n$，有 $c \mid (ma+nb)$.

(4) 如果 $b \mid a$ 且 $a \neq 0$，则 $|b| \leqslant |a|$.

(5) 如果 $cb \mid ca$，则 $b \mid a$.

(6) 如果 $b \mid a$，$a \neq 0$，则 $\frac{a}{b} \mid a$.

(7) 如果 $a \mid b$，$b \mid a$，则 $a = \pm b$.

因为不是任意两个整数之间都有整除关系，所以这里引进欧几里得(Euclid)除法或带余数除法.

**定理 1.1.1（欧几里得除法）** 设 $a$，$b$ 是两个整数，其中 $b>0$，则存在唯一的整数 $q$，$r$ 使得

$$a=bq+r,\ 0 \leqslant r<b. \tag{1-2}$$

**证** （存在性）考虑一个整数序列

$$\cdots,\ -3b,\ -2b,\ -b,\ 0,\ b,\ 2b,\ 3b,\ \cdots$$

它们将实数轴分成长度为 $b$ 的左闭右开的一些区间，而 $a$ 必定落在其中的一个区间中. 因此存在一个整数 $q$，使得

$$qb \leqslant a<(q+1)b.$$

令 $r=a-bq$，则有

$$a=bq+r,\ 0 \leqslant r<b.$$

（唯一性）如果分别有整数 $q$，$r$ 和 $q_1$，$r_1$ 满足式(1-2)，则

$$a=bq+r,\ 0 \leqslant r<b,$$

$$a=bq_1+r_1,\ 0 \leqslant r_1<b.$$

两式相减，则有

$$b(q-q_1)=-(r-r_1).$$

若 $q \neq q_1$，则左边的绝对值大于或等于 $b$，而右边的绝对值小于 $b$，这是不可能的，故 $q=q_1, r=r_1$.

**定义 1.1.2** 式(1-2)中的 $q$ 称为 $a$ 被 $b$ 除所得的不完全商，$r$ 称为 $a$ 被 $b$ 除所得的余数.

**推论 1.1.1** 在定理 1.1.1 的条件下，$b \mid a$ 的充要条件是 $a$ 被 $b$ 除所得的余数 $r=0$.

注意，在式(1-2)中，$0 \leqslant r<b$ 可改写为 $0 \leqslant r \leqslant b-1$，若 $r=0$，则 $a=bq=b(q-1)+b$，令 $r=b$,则有 $a=b(q-1)+r$，$r=b$；若 $1 \leqslant r \leqslant b-1$，则 $a=bq+r$，因此，式(1-2)又可改写为

$$a=bq+r,\ 1 \leqslant r \leqslant b. \tag{1-3}$$

称式(1-3)中的 $r$ 为最小正余数.

## 1.2 最大公因数与辗转相除法

利用上节的定理 1.1.1，本节来研究整数的最大公因数的存在问题和实际求法.

**定义 1.2.1** 设 $a_1$，…，$a_n$ 是 $n(n \geqslant 2)$ 个整数，若整数 $d$ 是它们中每一个数的因数，那么 $d$ 就称为 $a_1$，…，$a_n$ 的一个公因数.

$d$ 是 $a_1$，…，$a_n$ 的一个公因数的数学表达式为：$d \mid a_1$，…，$d \mid a_n$. 如果整数 $a_1$，…，$a_n$ 不全为零，那么整数 $a_1$，…，$a_n$ 的所有公因数中最大的一个公因数称为最大公因数，记作 $(a_1,\ \cdots,\ a_n)$. 特别地，当 $(a_1,\ \cdots,\ a_n)=1$ 时，称 $a_1$，…，$a_n$ 互素或互质.

实际上，$d(>0)$是$a_1$，…，$a_n$的最大公因数的数学表达式可叙述为：

(1) $d \mid a_1$，…，$d \mid a_n$；

(2)若$e \mid a_1$，…，$e \mid a_n$，则$e \mid d$.

对于该数学定义将在定理1.2.6中给予说明.

**例1.2.1** 两个整数15和35的公因数为$\{\pm1, \pm5\}$，它们的最大公因数$(15, 35)=5$.

**例1.2.2** 三个整数14，−15和32的公因数为$\{\pm1\}$，它们的最大公因数$(14, -15, 32)=1$，或者说，三个整数14，−15和32是互素的.

**例1.2.3** 设$p$是一个素数，即$p$是只有1与$p$两个正因数的大于1的整数，$a$为整数，如果$p \nmid a$，则$p$与$a$互素.

**证** 设$(p, a)=d$，则有$d \mid p$及$d \mid a$.

因为$p$是素数，所以由$d \mid p$，有$d=1$或$d=p$.

对于$d=p$，由$d \mid a$，则有$p \mid a$，这与假设$p \nmid a$矛盾.

因此，$d=1$，即$(p, a)=1$，结论成立.

**定理1.2.1** 设$a_1$，…，$a_n$是$n$个不全为零的整数，则

(1) $a_1$，…，$a_n$与$|a_1|$，…，$|a_n|$的公因数相同；

(2) $(a_1, \cdots, a_n)=(|a_1|, \cdots, |a_n|)$.

**证** (1)设$d \mid a_i$，$1 \leqslant i \leqslant n$，由例1.1.2，则有$d \mid |a_i|$，$1 \leqslant i \leqslant n$. 故$a_1$，…，$a_n$的公因数也是$|a_1|$，…，$|a_n|$的公因数.

反之，设$d \mid |a_i|$，$1 \leqslant i \leqslant n$，同样有$d \mid a_i$，$1 \leqslant i \leqslant n$. 故$|a_1|$，…，$|a_n|$的公因数也是$a_1$，…，$a_n$的公因数.

(2) 由(1)立得(2).

**例1.2.4** 设$b$是任一非零整数，则$(0, b)=|b|$.

**证** 因为任何非零整数都是0的因数，而整数$b$的最大因数为$|b|$，所以

$$(0, b)=|b|.$$

**定理1.2.2** 设$a$，$b$，$c$是三个不全为零的整数，如果$a=bq+c$，其中$q$是整数，则$(a, b)=(b, c)$.

**证** 因为$(a, b) \mid a$，$(a, b) \mid b$，则有$(a, b) \mid c$，因而$(a, b) \leqslant (b, c)$，同理可证$(b, c) \leqslant (a, b)$，于是得到$(a, b)=(b, c)$.

**例1.2.5** 因为$1554=1 \times 1273+281$，所以有

$$(1554, 1273)=(1273, 281).$$

怎样才能具体计算出两个整数$a$，$b$的最大公因数？直接应用最大公因数的定义，就需要知道整数的因数分解式，这在$a$，$b$不是很大数时是可行的，但当$a$，$b$是很大数时，整数分解本身就是很困难的事，又由于$(a_1, a_2, \cdots, a_n)=(|a_1|, |a_2|, \cdots, |a_n|)$，且一组不全为零的整数的最大公因数，等于它们当中全体不为零的整数的最大公因数，所以，不妨设$a_i>0(i=1, \cdots, n)$，先讨论两个正整数的最大公因数的求法，即辗转相除法，并借此推出最大公因数的若干性质.

**辗转相除法**

设$a$，$b$是任意两个正整数，反复运用欧几里得除法，有

$$
\begin{aligned}
&a=bq_1+r_1,\ 0\leqslant r_1<b,\\
&b=r_1q_2+r_2,\ 0\leqslant r_2<r_1,\\
&\cdots\\
&r_{n-2}=r_{n-1}q_n+r_n,\ 0\leqslant r_n<r_{n-1},\\
&r_{n-1}=r_nq_{n+1}+r_{n+1},\ r_{n+1}=0.
\end{aligned}
\tag{1-4}
$$

经过有限步骤，必然存在 $n$，使得 $r_{n+1}=0$，这是因为

$$0=r_{n+1}<r_n<r_{n-1}<\cdots<r_2<r_1=b,$$

且 $b$ 是有限正整数.

**定理 1.2.3** 设 $a$，$b$ 是任意两个正整数，则 $(a, b)=r_n$，其中 $r_n$ 是辗转相除法式(1-4)中最后一个非零余数.

**证** 根据定理 1.2.2，则有

$$
\begin{aligned}
(a, b)&=(b, r_2)\\
&=(r_2, r_3)\\
&=\cdots\\
&=(r_{n-1}, r_n)\\
&=(r_n, 0).
\end{aligned}
$$

再根据例 1.2.4，则有

$$(a, b)=(r_n, 0)=r_n.$$

因此，定理 1.2.3 成立.

因为求两个整数的最大公因数在信息安全的实践中有着重要的作用，所以以下给出求两个整数的最大公因数的详细过程.

首先，根据定理 1.2.1，将求两个整数的最大公因数转化为求两个非负整数的最大公因数；其次，运用欧几里得除法，并根据定理 1.2.2，将求两个正整数的最大公因数转化为求两个较小正整数的最大公因数. 反复运用辗转相除法，来求两个正整数的最大公因数转化为求 0 和一个正整数的最大公因数.

**例 1.2.6** 设 $a=-1859$，$b=1573$，计算 $(a, b)$.

**解** 由定理 1.2.1，$(-1859, 1573)=(1859, 1573)$.

运用辗转相除法，有

$$
\begin{aligned}
1859&=1\times1573+286,\\
1573&=5\times286+143,\\
286&=2\times143.
\end{aligned}
$$

根据定理 1.2.3，$(-1859, 1573)=143$.

**例 1.2.7** 设 $a=46480$，$b=39423$，计算 $(a, b)$.

**解** 利用辗转相除法，有

$$
\begin{aligned}
46480&=1\times39423+7057,\\
39423&=5\times7057+4138,\\
7057&=1\times4138+2919,\\
4138&=1\times2919+1219,\\
2919&=2\times1219+481,\\
1219&=2\times481+257,
\end{aligned}
$$

$$481=1\times257+224,$$
$$257=1\times224+33,$$
$$224=6\times33+26,$$
$$33=1\times26+7,$$
$$26=3\times7+5,$$
$$7=1\times5+2,$$
$$5=2\times2+1,$$
$$2=2\times1.$$

对于式(1-2)中的余数，如果不要求它是正的，那么，对于整数 $a$，$b>0$，则存在整数 $s$，$t$，使 $a=bt+s$ 成立，其中 $|s|\leqslant\frac{b}{2}$，这是因为，当式(1-2)中的 $r<\frac{b}{2}$时，取 $s=r$；当 $r>\frac{b}{2}$时，取 $s=r-b$；当 $b$ 是偶数且 $r=\frac{b}{2}$时，则 $s$ 可取$\frac{b}{2}$和$-\frac{b}{2}$两个数中的任意一个，数 $s$ 称为 $a$ 被 $b$ 除所得到的绝对最小剩余. 如果我们在式(1-4)的计算过程中，都取绝对最小剩余，并设最后一个不为零的余数为 $s_m$，则由定理1.2.2，仍然有 $|s_m|=(a,b)$，仍用前例说明，有

$$46480=1\times39423+7057,$$
$$39423=6\times7057-2919,$$
$$7057=2\times2919+1219,$$
$$2919=2\times1219+481,$$
$$1219=3\times481-224,$$
$$481=2\times224+33,$$
$$224=7\times33-7,$$
$$33=5\times7-2,$$
$$7=3\times2+1,$$
$$2=2\times1.$$

所以，(46480，39423)= 1. 与一般的辗转相除法相比，计算步骤由 14 次减少为 10 次，大大减少了计算量.

从辗转相除法的演示中，可以观察到

$$(a,b)=r_n=r_{n-2}-r_{n-1}q_{n-1},$$
$$r_{n-1}=r_{n-3}-r_{n-2}q_{n-3},$$
$$\cdots,$$
$$r_3=r_1-r_2q_2,$$
$$r_2=r_0-r_1q_1.$$

这样，逐次消去 $r_{n-1}$，$r_{n-2}$，…，$r_3$，$r_2$，可找到整数 $s$，$t$，使得

$$sa+tb=(a,b).$$

**例 1.2.8** 设 $a=-1859$，$b=1573$，求整数 $s$，$t$，使得

$$sa+tb=(a,b).$$

**解** 由例1.2.6，则有

$$143=1573-5\times286$$

$$=1573-5\times(1859-1\times1573)$$
$$=5\times(-1859)+6\times1573.$$

因此，整数 $s=5$，$t=6$ 满足 $sa+tb=(a, b)$.

**例 1.2.9** 设 $a=46480$，$b=39423$，求整数 $s$，$t$，使得 $sa+tb=(a, b)$.

**解** 由例 1.2.7，有如下两种方法：

方法一：最小非负余数

$$\begin{aligned}1&=5-2\times2\\&=5-2\times(7-1\times5)\\&=(-2)\times7+3\times(26-3\times7)\\&=3\times26+(-11)\times(33-1\times26)\\&=(-11)\times33+14\times(224-6\times33)\\&=14\times224+(-95)\times(257-1\times224)\\&=(-95)\times257+109\times(481-1\times257)\\&=109\times481+(-204)\times(1219-2\times481)\\&=(-204)\times7+517\times(2919-2\times1219)\\&=517\times2919+(-1238)\times(4138-1\times2919)\\&=(-1238)\times4138+1755\times(7057-1\times4138)\\&=1755\times7057+(-2993)\times(39423-5\times7057)\\&=(-2993)\times39423+16720\times(46480-1\times39423)\\&=16720\times46480+(-19713)\times39423\\&=(16720-39423)\times46480+(46480-19713)\times39423\\&=(-22703)\times46480+26767\times39423.\end{aligned}$$

方法二：绝对值最小余数

$$\begin{aligned}1&=7-3\times2\\&=7-3\times(-33+5\times7)\\&=3\times33+(-14)\times(-224+7\times33)\\&=14\times224+(-95)\times(481-2\times224)\\&=(-95)\times481+204\times(-1219+3\times481)\\&=(-204)\times1219+517\times(2919-2\times1219)\\&=517\times2919+(-1238)\times(7057-2\times2919)\\&=(-1238)\times7057+2993\times(-39423+6\times7057)\\&=(-2993)\times39423+16720\times(46480-1\times39423)\\&=16720\times46480+(-19713)\times39423\\&=(16720-39423)\times46480+(46480-19713)\times39423\\&=(-22703)\times46480+26767\times39423.\end{aligned}$$

因此，整数 $s=-22703$，$t=26767$ 满足 $sa+tb=(a, b)$.

由式(1-4)，还可以猜想以下定理成立.

**定理 1.2.4** 设 $a$，$b$ 是任意两个正整数，则

$$s_k a-t_k b=(-1)^{k-1}r_k,\quad k=1, \cdots, n; \tag{1-5}$$

其中

$$\begin{cases} t_0=1,\ t_1=q_1,\ t_k=q_kt_{k-1}+t_{k-2}, \\ s_0=0,\ s_1=1,\ s_k=q_ks_{k-1}+s_{k-2}, \end{cases} \quad k=2,\ \cdots,\ n. \tag{1-6}$$

**证**　当 $k=1$ 时，式(1-5)显然成立，当 $k=2$ 时，

$$r_2=-[aq_2-b(1+q_1q_2)],$$

但 $1+q_1q_2=q_2t_1+t_0$，则 $q_2=q_2\times1+0=q_2s_1+s_0$. 故 $s_2a-t_2b=(-1)^{2-1}r_2$，$t_2=q_2t_1+t_0$，$s_2=q_2s_1+s_0$. 假定式(1-5)，式(1-6)对于不超过 $k\geqslant2$ 的正整数都成立，则

$$\begin{aligned}(-1)^kr_{k+1} &= (-1)^k(r_{k-1}-q_{k+1}r_k)\\ &= (s_{k-1}a-t_{k-1}b)+q_{k+1}(s_ka-t_kb)\\ &= (q_{k+1}s_k+s_{k-1})a-(q_{k+1}t_k+t_{k-1})b.\end{aligned}$$

故 $s_{k+1}a-t_{k+1}b=(-1)^kr_{k+1}$，其中，$t_{k+1}=q_{k+1}t_k+t_{k-1}$，$s_{k+1}=q_{k+1}s_k+s_{k-1}$.

由归纳法，定理为真.

由该定理可以得到：

**推论 1.2.1**　若 $a$，$b$ 是任意两个不全为零的整数，则存在两个整数 $s$，$t$，使得

$$sa+tb=(a,\ b).$$

该推论证明了逐次消去法求得 $s$，$t$ 的可行性.

**定理 1.2.5**　整数 $a$，$b$ 互素的充分必要条件是存在整数 $s$，$t$，使得 $sa+tb=1$.

**证**　由推论 1.2.1 可立即得到命题的必要性.

反过来，设 $d=(a,\ b)$，则有 $d\mid a$，$d\mid b$. 现在若存在整数 $s$，$t$，使得 $sa+tb=1$，则有 $d\mid sa+tb=1$，因此，$d=1$，即整数 $a$，$b$ 互素.

**例 1.2.10**　设四个整数 $a$，$b$，$c$，$d$ 满足关系式：

$$ad-bc=1,$$

则 $(a,\ b)=1$，$(a,\ c)=1$，$(d,\ b)=1$，$(d,\ c)=1$.

下面，再说明最大公因数的数学定义.

**定理 1.2.6**　设 $a$，$b$ 是任意两个不全为零的整数，$d$ 是正整数，则 $d$ 是整数 $a$，$b$ 的最大公因数的充要条件是：

(1) $d\mid a$，$d\mid b$；

(2) 若 $e\mid a$，$e\mid b$，则 $e\mid d$.

**证**　若 $d$ 是整数 $a$，$b$ 的最大公因数，则显然有(1)成立；

再由推论 1.2.1，存在整数 $s$，$t$，使得

$$sa+tb=d.$$

因此，当 $e\mid a$，$e\mid b$ 时，有

$$e\mid(sa+tb).$$

故(2)成立.

反过来，假设(1)和(2)成立，那么

(1) 说明 $d$ 是整数 $a$，$b$ 的公因数；

(2) 说明 $d$ 是整数 $a$，$b$ 的公因数中的最大数，因为 $e\mid d$ 时，有 $|e|\leqslant d$，

因此，$d$ 是整数 $a$，$b$ 的最大公因数.

下面的定理给出了最大公因数的一些其他性质.

**定理 1.2.7** 设 $a$, $b$ 是任意两个不全为零的整数.

(1) 若 $m$ 是任一正整数, 则 $(am, bm)=(a, b)m$.

(2) 若非零整数 $d$ 满足 $d \mid a$, $d \mid b$, 则 $\left(\frac{a}{d}, \frac{b}{d}\right)=\frac{(a, b)}{|d|}$. 特别地, $\left(\frac{a}{(a, b)}, \frac{b}{(a, b)}\right)=1$.

**证** 设 $d=(a, b)$, $d'=(am, bm)$. 由推论 1.2.1, 存在整数 $s$, $t$, 使得

$$sa+tb=d.$$

两端同乘 $m$, 得到

$$s(am)+t(bm)=dm.$$

因此, $d' \mid dm$.

又显然有 $dm \mid am$, $dm \mid bm$. 根据定理 1.2.6(2), 有 $dm \mid d'$.

故 $d'=(am, bm)$, 即(1)成立.

再根据(1), 当 $d \mid a$, $d \mid b$ 时, 则有

$$\begin{aligned}(a, b) &= \left(\frac{a}{|d|}\cdot|d|, \frac{b}{|d|}\cdot|d|\right)\\ &= \left(\frac{a}{|d|}, \frac{b}{|d|}\right)|d|\\ &= \left(\frac{a}{d}, \frac{b}{d}\right)|d|.\end{aligned}$$

因此, $\left(\frac{a}{d}, \frac{b}{d}\right)=\frac{(a, b)}{|d|}$, 特别地, 当 $d=(a, b)$, 有

$$\left(\frac{a}{(a, b)}, \frac{b}{(a, b)}\right)=1.$$

故(2)成立.

**例 1.2.11** 设 $a=13\times201303$, $b=19\times201303$, 计算 $(a, b)$.

**解** 因为

$$(13, 19)=(13, 19-13\times1)=(13, 6)=1,$$

所以

$$(a, b)=(13\times201303, 19\times201303)=201303.$$

前面讨论了如何具体求两个整数的最大公因数, 对于 $n$ 个整数 $a$, …, $a_n$ 的最大公因数, 可以用递归的方法, 将求它们的最大公因数转化为一系列求两个整数的最大公因数, 具体过程如下:

**定理 1.2.8** 设 $a_1$, …, $a_n$ 是 $n$ 个整数, 且 $a_1\neq0$, 令 $(a_1, a_2)=d_2$, …, $(d_{n-1}, a_n)=d_n$, 则 $(a_1, \cdots, a_n)=d_n$.

**证** 由 $d_n \mid a_n$, $d_n \mid d_{n-1}$, $d_{n-1} \mid a_{n-1}$, $d_{n-1} \mid d_{n-2}$, 可得 $d_n \mid a_{n-1}$, $d_n \mid d_{n-2}$.

由此类推, 最后得到

$$d_n \mid a_n, d_n \mid a_{n-1}, \cdots, d_n \mid a_1.$$

因此有 $d_n \leqslant (a_1, \cdots, a_n)$. 另外, 设 $(a_1, \cdots, a_n)=d$, 由 $d \mid d_2$, $d \mid d_3$, …, $d \mid d_n$, 有

$$d\leqslant d_n.$$

于是，可得$(a_1, a_2, \cdots, a_n)=d_n$.
由定理 1.2.8 可推出，存在整数$(x_1, \cdots, x_n)$，使得

$$(a_1, \cdots, a_n)=a_1x_1+\cdots+a_nx_n.$$

**例 1.2.12** 计算最大公因数(90，150，180，70).

**解** 因为

$$(90, 150)=(90, 60)=30,$$
$$(30, 180)=30,$$
$$(30, 70)=(30, 10)=10,$$

所以，最大公因数(90，150，180，70)= 10.

**引理 1.2.1** 设 $a$，$b$ 是两个正整数，则 $2^a-1$ 被 $2^b-1$ 除的最小正余数是 $2^r-1$，其中 $r$ 是 $a$ 被 $b$ 除的最小正余数.

**证** 当 $a<b$ 时，$r=a$，结论显然成立. 当 $a\geqslant b$ 时，对 $a$，$b$ 用欧几里得除法，存在不完全商 $q$ 及最小正余数 $r$，使得

$$a=bq+r,\ 1\leqslant r\leqslant b.$$

进而，

$$2^a-1=2^r(2^{bq}-1)+2^r-1=(2^b-1)q_1+2^r-1,$$

其中，$q_1=2^r(2^{b(q-1)}+\cdots+1)$为整数，结论也成立.

**引理 1.2.2** 设 $a$，$b$ 是两个正整数，则 $2^a-1$ 和 $2^b-1$ 的最大公因数是 $2^{(a,b)}-1$.

**证** 运用辗转相除法及引理 1.2.1 立即得到结论.

由引理 1.2.2 可得下面定理：

**定理 1.2.9** 设 $a$，$b$ 是两个正整数，则正整数 $2^a-1$ 和 $2^b-1$ 互素的充要条件是 $a$ 和 $b$ 互素.

## 1.3 整除的进一步性质及最小公倍数

在上一节中我们看到了辗转相除法在研究最大公因数的过程中的重要作用，并研究了式(1-4)中 $r_k$与 $a$，$b$ 的关系，得到了定理 1.2.4 及其推论 1.2.1，由本节可以得出关于整除的进一步性质. 此外，在本节还将讨论最小公倍数及其重要性质.

**定理 1.3.1** 设 $a$，$b$，$c$ 是三个整数，且 $b\neq0$，$c\neq0$，如果$(a, c)=1$，则

$$(ab, c)=(b, c).$$

**证** 令 $d=(ab, c)$，$d'=(b, c)$，则有 $d'\mid b$，$d'\mid c$，进而 $d'\mid ab$，$d'\mid c$. 根据定理 1.2.6，可得 $d'\mid d$.

反过来，因为$(a, c)=1$，根据定理 1.2.5，存在整数 $s$，$t$，使得

$$sa+tc=1.$$

两端同乘 $b$，得到

$$s(ab)+(tb)c=b.$$

根据性质 1.1.3，由 $d\mid ab$，$d\mid c$，可得 $d\mid[s(ab)+(tb)c]$，即 $d\mid b$，同样，根据定理 1.2.6，可得 $d\mid d'$.

故 $d=d'$.

**推论 1.3.1** 设 $a$，$b$，$c$ 是三个整数，且 $c\neq0$，如果 $c\mid ab$，$(a, c)=1$，则 $c\mid b$.

**证** 根据假设条件和定理 1.3.1，则有

$$c \mid (ab, c)=(b, c).$$

从而 $c \mid b$，证毕.

**例 1.3.1** 因为 $5 \mid (2\times20)$，又$(2, 5)=1$，所以 $5 \mid 20$.

**定理 1.3.2** 设 $a_1, \cdots, a_n, c$ 为整数，如果$(a_i, c)=1$，$1\leqslant i\leqslant n$，则

$$(a_1\cdots a_n, c)=1.$$

**证** 通过对 $n$ 作数学归纳法分析.

$n=2$ 时，命题就是定理 1.3.1.

假设 $n-1$ 时，命题成立，即

$$(a_1\cdots a_{n-1}, c)=1.$$

对于 $n$，根据归纳假设，则有$(a_1\cdots a_{n-1}, c)=1$，再根据$(a_n, c)=1$ 及定理 1.3.1，可得

$$(a_1\cdots a_{n-1}a_n, c)=((a_1\cdots a_{n-1})a_n, c)=1.$$

因此，命题对所有的 $n$ 成立，证毕.

**推论 1.3.2** 设 $a_1, \cdots, a_n$ 是 $n$ 个整数，$p$ 是素数，若 $p \mid a_1\cdots a_n$，则 $p$ 一定整除某个 $a_k$ $(1\leqslant k\leqslant n)$.

**证** 若 $a_1, \cdots, a_n$ 都不能被 $p$ 整除，则根据例 1.2.3，有

$$(a_i, p)=1, \ 1\leqslant i\leqslant n.$$

而由定理 1.3.2，

$$(a_1\cdots a_n, p)=1.$$

这与 $p \mid a_1\cdots a_n$ 矛盾.

**定义 1.3.1** 设 $a_1, \cdots, a_n$是 $n$ 个整数，若 $m$ 是这 $n$ 个数的倍数，则 $m$ 称为这 $n$ 个数的一个公倍数，$a_1, \cdots, a_n$ 的所有公倍数中的最小正整数称为最小公倍数，记作$[a_1, \cdots, a_n]$.

可以证明(见定理 1.3.6) $m=[a_1, \cdots, a_n]$可用如下两条描述：

(1) $a_i \mid m$，$1\leqslant i\leqslant n$，且 $m>0$；

(2) 若 $a_i \mid m'$，$1\leqslant i\leqslant n$，则 $m \mid m'$.

**例 1.3.2** 整数 14 和 21 的公倍数为$\{\pm42, \pm84, \cdots\}$，最小公倍数为$[14, 21]=42$.

下面的几个定理给出了最小公倍数的一些重要性质.

**定理 1.3.3** 设 $a$，$b$ 是两个互素正整数，则

(1) 若 $a \mid m$，$b \mid m$，则 $ab \mid m$；

(2) $[a, b]=ab$.

**证** 设 $a \mid m$，则 $m=ak$，又 $b \mid m$，即 $b \mid ak$，以及$(a, b)=1$，根据推论 1.1.1，得到 $b \mid k$，因此 $k=bt$，$m=abt$，故 $ab \mid m$，(1)得证.

显然 $ab$ 是 $a$，$b$ 的公倍数，又由(1)知，$ab$ 是 $a$，$b$ 的公倍数中最小正整数，故$[a, b]=ab$.

**定理 1.3.4** 设 $a$，$b$ 是两个正整数，则

(1) 若 $a \mid m$，$b \mid m$，则$[a, b] \mid m$；

(2) $[a, b]=\dfrac{ab}{(a, b)}$.

**证** 先证(2)，设 $m$ 为 $a$，$b$ 的任一公倍数，则有 $m=ak=bh$. 设 $a=a_1(a, b)$，$b=b_1(a,$

$b)$，则有 $a_1k=b_1h$，且 $(a_1, b_1)=1$. 又由 $b_1 \mid a_1k$，可得到 $b_1 \mid k$. 令 $k=b_1t$，则 $m=ak=ab_1t=[ab/(a, b)]t$，故 $t=1$ 时，$m$ 为 $a$，$b$ 的最小公倍数，即 $[a, b]=\dfrac{ab}{(a, b)}$. 由(2)的证明可以立即得到(1).

对于 $n$ 个整数 $a_1, \cdots, a_n$ 的最小公倍数，可以用递归的方法，将求它们的最小公倍数转化为一系列求两个整数的最小公倍数，具体过程如下：

**定理 1.3.5** 设 $a_1, \cdots, a_n$ 是 $n$ 个整数，令

$[a_1, a_2]=m_2$，$[m_2, a_3]=m_3$，…，$[m_{n-1}, a_n]=m_n$，则 $[a_1, \cdots, a_n]=m_n$.

**例 1.3.3** 计算最小公倍数[90，150，180，70].

**解** 因为

$$[90, 150]=\frac{90\times150}{(90, 150)}=\frac{90\times150}{30}=450,$$

$$[450, 180]=\frac{450\times180}{(450, 180)}=\frac{450\times180}{90}=900,$$

$$[900, 70]=\frac{900\times70}{(900, 70)}=\frac{900\times70}{10}=6300,$$

所以，最小公倍数[90，150，180，70]=6300.

**定理 1.3.6** 设 $a_1, a_2, \cdots, a_n$ 是正整数，如果 $a_1 \mid m$，$a_2 \mid m$，…，$a_n \mid m$，则 $[a_1, a_2, \cdots, a_n] \mid m$.

**证** 对 $n$ 作数学归纳法.

$n=2$ 时命题就是定理 1.3.4(1).

假设 $n-1(n\geqslant3)$ 时，命题成立. 即

$$[a_1, a_2, \cdots, a_{n-1}] \mid m.$$

设 $m_{n-1}=[a_1, a_2, \cdots, a_{n-1}]$. 对于 $n$，根据归纳假设，则有 $m_{n-1} \mid m$，再根据定理 1.3.5，$[m_{n-1}, a_n]=[a_1, a_2, \cdots, a_n]$ 及定理 1.3.4(1)，可得到

$$[a_1, a_2, \cdots, a_n] \mid m.$$

因此，命题对所有的 $n$ 成立，证毕.

## 1.4 素数，整数的唯一分解定理

在正整数里，1 的因数就只有它本身，因此在整数中，1 占有特殊的地位，任一个大于 1 的整数，都至少有两个正因数即 1 与它本身，把这些数再加以分类，就得到以下定义：

**定义 1.4.1** 设整数 $n\neq0$，$\pm1$ 时，$n$ 和 $-n$ 同为素数或合数，因此，若没有特别声明，素数总是限定在大于 1 的正整数范围内，通常写成 $p$.

在研究整数的过程中，素数占有一个很重要的地位，本节的主要目的就是要证明任何一个大于 1 的整数，如果不论次序，都能唯一地表示成素数的乘积.

先证明每一个大于 1 的整数有一素因数.

**定理 1.4.1** 设 $n$ 是任一大于 1 的整数，则 $n$ 的除 1 外的最小正因数 $p$ 是一素数，并且当 $n$ 是合数时，$p\leqslant\sqrt{n}$.

**证** 假定 $p$ 不是素数，由定义，$p$ 除 1 及本身外还有一正因数 $p_1$，因而 $1<p_1<p$，但

$p \mid n$,所以 $p_1 \mid n$，这与 $p$ 是 $n$ 的除 1 外的最小正因数矛盾，故 $p$ 是素数.

当 $n$ 是合数时，则 $n=n_1 p$，且 $p \leqslant n_1$，故 $p^2 \leqslant pn_1 = n$，故 $p \leqslant \sqrt{n}$.

**定理 1.4.2** 设 $p$ 是素数，若 $p \mid ab$，则 $p \mid a$ 或 $p \mid b$.

**证** 若 $p \nmid a$,则根据例 1.2.3，有 $(p, a)=1$，再根据推论 1.3.1，则有 $p \mid b$，证毕.

**推论 1.4.1** 设 $a_1$，…，$a_n$ 是 $n$ 个整数，$p$ 是素数，若 $p \mid a_1 \cdots a_n$，则 $p$ 一定整除某一个 $a_k$.

在定理 1.4.1、例 1.2.3 和定理 1.4.2 作为引理的基础上，可以给出下面的整数唯一分解定理.

**定理 1.4.3(整数的唯一分解定理)** 任一整数 $n>1$，都可以表示成素数的乘积，且在不考虑乘积顺序的情况下，该表达式是唯一的，即

$$n=p_1 \cdots p_s, \quad p_1 \leqslant \cdots \leqslant p_s, \tag{1-7}$$

其中 $p_i$ 是素数，并且若

$$n=q_1 \cdots q_t, \quad q_1 \leqslant \cdots \leqslant q_t,$$

其中 $q_j$ 是素数，则 $s=t$，$p_i=q_i$，$1 \leqslant i \leqslant s$.

**证** 首先用数学归纳法证明：任一整数 $n>1$ 都可以表示成素数的乘积，即式(1-7)成立.

$n=2$ 时，式(1-7)显然成立.

假设对于小于 $n$ 的正整数，式(1-7)成立.

对于正整数 $n$，若 $n$ 是素数，则式(1-7)对 $n$ 成立.

若 $n$ 是合数，则存在正整数 $b$，$c$，使得

$$n=bc, \quad 1<b<n, \quad 1<c<n.$$

根据归纳假设，

$$b=p_1' \cdots p_u', \quad c=p_{u+1}' \cdots p_s',$$

于是，

$$n=p_1' \cdots p_s'.$$

适当改变 $p_i'$ 的次序即得式(1-7)，故式(1-7)对于 $n$ 成立.

根据数学归纳法原理，式(1-7)对于所有 $n>1$ 的整数成立.

再证明表达式是唯一的，设还有

$$n=q_1 \cdots q_t, \quad q_1 \leqslant \cdots \leqslant q_t,$$

其中 $q_j$ 是素数，则

$$p_1 \cdots p_s = q_1 \cdots q_t. \tag{1-8}$$

因此，$p_1 \mid q_1 \cdots q_t$. 根据推论 1.4.1，存在 $q_j$ 使得 $p_1 \mid q_j$，但 $p_1$，$q_j$ 都是素数，故 $p_1=q_j$.

同理，存在 $p_k$ 使得 $q_1=p_k$，这样

$$p_1 \leqslant p_k = q_1 \leqslant q_j = p_1,$$

进而 $p_1=q_1$，将式(1-8)的两端同时消除 $p_1$，则有 $p_2 \cdots p_s = q_2 \cdots q_t$，同理可推出 $p_2=q_2$.

以此类推，依次得到

$$p_3=q_3, \quad \cdots, \quad p_s=q_t$$

以及 $s=t$，证毕.

**例 1.4.1** 写出整数 90，121，120，64 的因数分解式.

**解** 根据定理 1.4.3，则有

$$90=2\times3\times3\times5,\quad 121=11\times11,$$
$$120=2\times3\times4\times5,\ 64=2\times2\times2\times2\times2\times2.$$

将相同的素数乘积写成素数幂的形式，定理 1.4.3 可表述为

**推论 1.4.2**　任一整数 $n>1$ 可以唯一地表示成

$$n=p_1^{\alpha_1}\cdots p_s^{\alpha_s},\ \alpha_s>0,\ i=1,\ \cdots,\ s, \tag{1-9}$$

其中，$p_i<p_j(i<j)$ 是素数. 式(1-9)称为 $n$ 的标准分解式.

**例 1.4.2**　写出整数 90，121，120，64 的标准分解式.

**解**　根据定理 1.4.3 和例 1.4.1，则有

$$90=2\times3^2\times5,\ 121=11^2,$$
$$120=2\times3\times4\times5,\ 64=2^6.$$

在应用中，为了表述方便起见有时会插进若干素数的零次幂而把整数的因数分解式写成

$$n=p_1^{\alpha_1}\cdots p_s^{\alpha_s},\ \alpha_i\geqslant0,\ i=1,\ \cdots,\ s.$$

**推论 1.4.3**　设 $n$ 是大于 1 的一个整数，且有标准分解式

$$n=p_1^{\alpha_1}\cdots p_s^{\alpha_s},\ \alpha_i\geqslant0,\ i=1,\ \cdots,\ s,$$

当且仅当 $d$ 有因数分解式

$$d=p_1^{\beta_1}\cdots p_s^{\beta_s},\ \alpha_i\geqslant\beta_i\geqslant0,\ i=1,\ \cdots,\ s. \tag{1-10}$$

则 $d$ 是 $n$ 的正因数.

**证**　若 $d\mid n$，则 $n=dq$，由推论 1.4.2 知 $n$ 的标准分解式是唯一的，故 $d$ 的标准分解式中出现的素数都在 $p_j(j=1,\ \cdots,\ s)$ 中出现，且 $p_j$ 在 $d$ 的标准分解式中出现的指数 $\beta_j\not>\alpha_j$，即 $\beta_j\leqslant\alpha_j$. 反之当 $\beta_j\leqslant\alpha_j$ 时，$d$ 显然整除 $n$，证毕.

**例 1.4.3**　设正整数 $n$ 有因数分解式 $p_1^{\alpha_1}\cdots p_s^{\alpha_s}$，

$$n=p_1^{\alpha_1}\cdots p_s^{\alpha_s},\ \alpha_i>0,\ i=1,\ \cdots,\ s,$$

则 $n$ 的因数个数 $d(n)=(1+\alpha_1)\cdots(1+\alpha_s)$.

**证**　设 $d$ 是整数 $n$ 的正因数，根据推论 1.4.3，则有

$$d=p_1^{\beta_1}\cdots p_s^{\beta_s},\ \alpha_i\geqslant\beta_i\geqslant0,\ i=1,\ \cdots,\ s.$$

因为 $\beta_1$ 的变化范围是 0 到 $\alpha_1$ 共 $1+\alpha_1$ 个值……$\beta_s$ 的变化范围是 0 到 $\alpha_s$ 共 $1+\alpha_s$ 个值，所以 $n$ 的因数个数为

$$d(n)=(1+\alpha_1)\cdots(1+\alpha_s).$$

应用推论 1.4.3 可以得到以下定理，这是中学教科书中求最大公因数及最小公倍数的依据.

**定理 1.4.4**　设 $a$，$b$ 是两个正整数，且都有素因数分解式

$$a=p_1^{\alpha_1}\cdots p_s^{\alpha_s},\ \alpha_i\geqslant0,\ i=1,\ \cdots,\ s,$$
$$b=p_1^{\beta_1}\cdots p_s^{\beta_s},\ \beta_i\geqslant0,\ i=1,\ \cdots,\ s,$$

则 $a$ 和 $b$ 的最大公因数和最小公倍数分别有因数分解式

$$(a,\ b)=p_1^{\min(\alpha_1,\beta_1)}\cdots p_s^{\min(\alpha_s,\beta_s)},$$
$$[a,\ b]=p_1^{\max(\alpha_1,\beta_1)}\cdots p_s^{\max(\alpha_s,\beta_s)}.$$

**证**　根据推论 1.4.3，

$$d=p_1^{\min(\alpha_1,\beta_1)}\cdots p_s^{\min(\alpha_s,\beta_s)}$$

满足最大公因数的数学定义，所以

$$(a,\ b)=p_1^{\min(\alpha_1,\beta_1)}\cdots p_s^{\min(\alpha_s,\beta_s)}.$$

同样，整数

$$m=p_1^{\max(\alpha_1,\beta_1)}\cdots p_s^{\max(\alpha_s,\beta_s)}$$

满足最小公倍数的数学定义，所以

$$[a,\ b]=p_1^{\max(\alpha_1,\beta_1)}\cdots p_s^{\max(\alpha_s,\beta_s)}.$$

**推论 1.4.4** 定理 1.4.4 的结果可推广到多个正整数的情形.

**推论 1.4.5** 设 $a$，$b$ 是两个正整数，则

$$(a,\ b)[a,\ b]=ab.$$

**证** 对任意整数 $\alpha$，$\beta$，都有 $\min(\alpha,\ \beta)+\max(\alpha,\ \beta)=\alpha+\beta$，根据定理 1.4.4，推论 1.4.5 是成立的.

**例 1.4.4** 计算整数 90，150，180，70 的最大公因数和最小公倍数.

**解** 根据定理 1.4.3，则有

$$90=2\times3^2\times5\times7^0,\ 150=2\times3\times5^2\times7^0,$$
$$180=2^2\times3^2\times5\times7^0,\ 70=2\times3^0\times5\times7.$$

再根据推论 1.4.4，则有

$$(90,\ 150,\ 180,\ 70)=2\times3^0\times5\times7^0=10,$$

所以，整数 90，150，180，70 的最大公因数为 10.

同样，根据推论 1.4.4，则有

$$[90,\ 150,\ 180,\ 70]=2^2\times3^2\times5^2\times7=6300,$$

所以，整数 90，150，180，70 的最小公倍数为 6300.

利用整数的因数分解式，证明以下结果：

**例 1.4.5** 设 $a$，$b$ 是两个正整数，则存在整数 $a'\mid a$，$b'\mid b$，使得

$$a'\times b'=[a,\ b],\ (a',\ b')=1.$$

**证** 设整数 $a$，$b$ 有如下的因数分解式：

$$a=p_1^{\alpha_1}\cdots p_s^{\alpha_s},\ b=p_1^{\beta_1}\cdots p_s^{\beta_s},$$

其中 $\alpha_i\geqslant\beta_i\geqslant0(i=1,\ \cdots,\ t)$；$\beta_i>\alpha_i\geqslant0(i=t+1,\ \cdots,\ s)$.

取

$$a'=p_1^{\alpha_1}\cdots p_t^{\alpha_t},\ b'=p_{t+1}^{\beta_{t+1}}\cdots p_s^{\beta_s},$$

则整数 $a'$，$b'$ 即为所求.

**例 1.4.6** 设 $a=2^3\times5^4\times11^6\times3^2\times7^0$，$b=2^2\times5^0\times11^3\times3^6\times7^4$.

取

$$a'=2^3\times5^4\times11^6,\ b'=3^6\times7^4,$$

则有

$$a'\mid a,\ b'\mid b,\ a'\times b'=2^3\times5^4\times11^6\times3^6\times7^4=[a,\ b],\ (a',\ b')=1.$$

## 1.5 厄拉多塞筛法

大约在公元前 250 年，古希腊数学家厄拉多塞(Eratosthenes)提出了一个造出不超过 $N$ 的素数表的方法，后来人们把它称为厄拉多塞筛法，它基于这样一个简单的性质：如果 $n\leqslant N$，而 $n$ 是合数，则 $n$ 必为一不大于 $\sqrt{N}$ 的素数所整除. 这个性质由定理 1.4.1 即可推出. 厄拉多塞筛法的具体方法如下：先列出不超过 $\sqrt{N}$ 的全体素数，设为 $2=p_1<p_2<\cdots<p_k\leqslant\sqrt{N}$，然

后依次排列 2，3，…，$N$，在其中留下 $p_1=2$，而把 $p_1$ 的倍数全部划掉，再留下 $p_2$，而把 $p_2$ 的倍数划掉，继续这一过程，直到最后留下 $p_k$ 而划去 $p_k$ 的全部倍数，根据前面的性质，留下的就是不超过 $N$ 的全体素数. 近代素数表都是由此法略加变化造出的. 例如，1914 年莱梅(Lehmer)发表了 1 到 10006721 的素数表，1951 年，库利克(Kulik)等人又把它增加到了 10999997.

**例 1.5.1**　求出所有不超过 $N=100$ 的素数.

**解**　因为小于或等于 $\sqrt{100}=10$ 的所有素数为 2，3，5，7，所以依次删除 2，3，5，7 的倍数，

$$2\times2，3\times2，4\times2，\cdots，49\times2，50\times2，$$
$$2\times3，3\times3，4\times3，\cdots，32\times3，33\times3，$$
$$2\times5，3\times5，4\times5，\cdots，19\times5，20\times5，$$
$$2\times7，3\times7，4\times7，\cdots，13\times7，14\times7.$$

余下的整数(不包括 1)就是所要求的不超过 $N=100$ 的素数.

将上述解答列表如下：

对于素数 $p_1=2$，

| | | | | | | | | | |
|---|---|---|---|---|---|---|---|---|---|
| 1 | 2 | 3 | ~~4~~ | 5 | ~~6~~ | 7 | ~~8~~ | 9 | ~~10~~ |
| 11 | ~~12~~ | 13 | ~~14~~ | 15 | ~~16~~ | 17 | ~~18~~ | 19 | ~~20~~ |
| 21 | ~~22~~ | 23 | ~~24~~ | 25 | ~~26~~ | 27 | ~~28~~ | 29 | ~~30~~ |
| 31 | ~~32~~ | 33 | ~~34~~ | 35 | ~~36~~ | 37 | ~~38~~ | 39 | ~~40~~ |
| 41 | ~~42~~ | 43 | ~~44~~ | 45 | ~~46~~ | 47 | ~~48~~ | 49 | ~~50~~ |
| 51 | ~~52~~ | 53 | ~~54~~ | 55 | ~~56~~ | 57 | ~~58~~ | 59 | ~~60~~ |
| 61 | ~~62~~ | 63 | ~~64~~ | 65 | ~~66~~ | 67 | ~~68~~ | 69 | ~~70~~ |
| 71 | ~~72~~ | 73 | ~~74~~ | 75 | ~~76~~ | 77 | ~~78~~ | 79 | ~~80~~ |
| 81 | ~~82~~ | 83 | ~~84~~ | 85 | ~~86~~ | 87 | ~~88~~ | 89 | ~~90~~ |
| 91 | ~~92~~ | 93 | ~~94~~ | 95 | ~~96~~ | 97 | ~~98~~ | 99 | ~~100~~ |

对于素数 $p_2=3$，

| | | | | | |
|---|---|---|---|---|---|
| 1 | 2 | 3 | 5 | 7 | ~~9~~ |
| 11 | | 13 | ~~15~~ | 17 | 19 |
| ~~21~~ | | 23 | 25 | ~~27~~ | 29 |
| 31 | | ~~33~~ | 35 | 37 | ~~39~~ |
| 41 | | 43 | ~~45~~ | 47 | 49 |
| ~~51~~ | | 53 | 55 | ~~57~~ | 59 |
| 61 | | ~~63~~ | 65 | 67 | ~~69~~ |
| 71 | | 73 | ~~75~~ | 77 | 79 |
| ~~81~~ | | 83 | 85 | ~~87~~ | 89 |
| 91 | | ~~93~~ | 95 | 97 | ~~99~~ |

对于素数 $p_3=5$，

| | | | | | |
|---|---|---|---|---|---|
| 1 | 2 | 3 | 5 | 7 | |
| 11 | | 13 | | 17 | 19 |
| | | 23 | ~~25~~ | | 29 |
| 31 | | | ~~35~~ | 37 | |
| 41 | | 43 | | 47 | 49 |
| | | 53 | ~~55~~ | | 59 |
| 61 | | | ~~65~~ | 67 | |
| 71 | | 73 | | 77 | 79 |
| | | 83 | ~~85~~ | | 89 |
| 91 | | | ~~95~~ | 97 | |

对于素数 $p_4=7$，

| | | | | | |
|---|---|---|---|---|---|
| 1 | 2 | 3 | 5 | 7 | |
| 11 | | 13 | | 17 | 19 |
| | | 23 | | | 29 |
| 31 | | | | 37 | |
| 41 | | 43 | | 47 | ~~49~~ |
| | | 53 | | | 59 |
| 61 | | | | 67 | |
| 71 | | 73 | | ~~77~~ | 79 |
| | | 83 | | | 89 |
| ~~91~~ | | | | 97 | |

余下的整数(不包括 1)就是所要求的不超过 $N=100$ 的素数:

| | | | | | |
|---|---|---|---|---|---|
| ~~1~~ | 2 | 3 | 5 | 7 | |
| 11 | | 13 | | 17 | 19 |
| | | 23 | | | 29 |
| 31 | | | | 37 | |
| 41 | | 43 | | 47 | |
| | | 53 | | | 59 |
| 61 | | | | 67 | |
| 71 | | 73 | | | 79 |
| | | 83 | | | 89 |
| | | | | 97 | |

即 2, 3, 5, 7, 11, 13, 17, 19, 23, 29, 31, 37, 41, 43, 47, 53, 59, 61, 67, 71, 73, 79, 83, 89, 97.

当然厄拉多塞筛法不可能造出全部素数，因为有如下定理:

**定理 1.5.1** 素数有无穷多个.

**证** 反证法，假设只有有限个素数. 设它们为 $p_1$, $p_2$, …, $p_k$, 考虑整数

$$n=p_1 \cdot p_2 \cdots p_k+1.$$

因为 $n>p_i$, $i=1$, …, $k$, 所以 $n$ 一定是合数. 根据定理 1.4.1, $n$ 的大于 1 的最小正因数 $p$ 是素数. 因此，$p$ 是 $p_1$, $p_2$, …, $p_k$ 中的某一个，即存在 $j$, $1\leqslant j\leqslant k$, 使得 $p=p_j$. 根据性质 1.1.3, 则有

$$p \mid (n-p_1\cdots p_j\cdots p_k),$$

而 $n-p_1\cdots p_j\cdots p_k=1$, 这是不可能的. 故有无穷多个素数.

设 $\pi(x)$ 表示不超过 $x$ 的素数个数，即

$$\pi(x)=\sum_{p\leqslant x}1$$

是素数集的函数. 由定理 1.5.1, 存在无穷多个素数，这就是说，$\pi(x)$ 随 $x$ 趋于无穷. 但人们希望知道 $\pi(x)$ 的具体公式. 为了方便读者的学习，故将一些结果列在这里. 希望知道详细证明过程的读者可以阅读相关书籍.

**定理 1.5.2 (契贝谢夫不等式)** 设 $x\geqslant 2$, 则有

$$\frac{\ln 2}{3}\frac{x}{\ln x}<\pi(x)<6\ln 2\frac{x}{\ln x}$$

和

$$\frac{1}{6\ln 2}n\ln n<p_n<\frac{8}{\ln 2}n\ln n,\ n\geqslant 2,$$

其中，$p_n$ 是第 $n$ 个素数.

**定理 1.5.3**（素数定理）

$$\lim_{x\to\infty}\pi(x)\frac{\ln x}{x}=1.$$

从这章可以看出，判断一个整数是合数还是素数及如何具体地进行因数分解会涉及很多运算，而且现代的加密技术需要判断和找出大的素数，例如，50 位或者更高位数的素数；解密技术需要分解大数，虽然这里介绍的“厄拉多塞筛法”可以逐一地把素数求出来，但是实际上即使动用超级计算机，要想求出一个大的素数，如 100 以上的素数，也是非常困难的，分解大数就更加困难，这些将在第 6 章加以介绍.

素数的性质是数论最早的研究课题之一，这方面有许多艰深的难题和猜想，迄今仍是一个活跃的领域，感兴趣的读者可参阅相关的数论专著.

## 1.6 整数的表示

我们平时遇到的整数通常是十进制的. 例如，64328 即指

$$6\times10^4+4\times10^3+3\times10^2+2\times10^1+8\times10^0.$$

中国是世界上最早采用十进制的国家，春秋战国时期已普遍使用的筹算就严格遵循了十进制，见《孙子算经》. 但在计算机中，64328 要用二进制、八进制或十六进制表示. 为此，我们先考虑一般的 $b$ 进制，再考查特殊的二进制、十进制和十六进制. 运用欧几里得除法，可以得到如下定理：

**定理 1.6.1** 设 $b$ 是大于 1 的正整数，则每个正整数 $n$ 可唯一地表示成

$$n=a_kb^k+a_{k-1}b^{k-1}+\cdots+a_1b+a_0,$$

其中 $a_1$是整数，$0\leqslant a_i\leqslant b-1$，$i=1$，…，$k$，且首项系数 $a_k\neq 0$.

**证** 先证明 $n$ 有上述表示式. 首先，用 $b$ 去除 $n$，得到

$$n=bq_0+a_0,\ 0\leqslant a_0\leqslant b-1.$$

再用 $b$ 去除 $q_0$，得到

$$q_0=bq_1+a_1,\ 0\leqslant a_1\leqslant b-1.$$

继续这类算法，依次得到

$$q_1=bq_2+a_2,\ 0\leqslant a_2\leqslant b-1,$$
$$q_2=bq_3+a_3,\ 0\leqslant a_3\leqslant b-1,$$
$$\cdots$$
$$q_{k-2}=bq_{k-1}+a_{k-1},\ 0\leqslant a_{k-1}\leqslant b-1,$$
$$q_{k-1}=bq_k+a_k,\quad 0\leqslant a_k\leqslant b-1.$$

因为

$$0\leqslant q_k<q_{k-1}<\cdots<q_2<q_1<q_0<n,$$

所以，必有整数 $k$ 使得不完全商 $q_k=0$.

这样，可依次得到

$$\begin{aligned} n &= bq_0 + a_0 \\ &= b(bq_1 + a_1) + a_0 = b^2 q_1 + a_1 b + a_0 \\ &= \cdots \\ &= b^{k-1} q_{k-2} + a_{k-2} b^{k-2} + \cdots + a_1 b + a_0 \\ &= b^k q_{k-1} + a_{k-1} b^{k-1} + \cdots + a_1 b + a_0 \\ &= a_k b^k + a_{k-1} b^{k-1} + \cdots + a_1 b + a_0. \end{aligned}$$

再证明这个表示式是唯一的，如果 $n$ 有两种不同的表示式：

$$n = a_k b^k + a_{k-1} b^{k-1} + \cdots + a_1 b + a_0,\ 0 \leqslant a_i \leqslant b-1,\ i = 1,\ \cdots,\ k,$$

$$n = c_k b^k + c_{k-1} b^{k-1} + \cdots + c_1 b + c_0,\ 0 \leqslant c_i \leqslant b-1,\ i = 1,\ \cdots,\ k$$

(这里可以取 $a_k=0$ 或 $c_k=0$)，两式相减得到

$$(a_k-c_k)b^k+(a_{k-1}-c_{k-1})b^{k-1}+\cdots+(a_1-c_1)b+(a_0-c_0)=0.$$

假设 $j$ 是最小的正整数，使得 $a_j \neq c_j$，则

$$b^j[(a_k-c_k)b^{k-j}+(a_{k-1}-c_{k-1})b^{k-1-j}+\cdots+(a_{j-1}-c_{j-1})b+(a_j-c_j)]=0$$

或者

$$(a_k-c_k)b^{k-j}+(a_{k-1}-c_{k-1})b^{k-1-j}+\cdots+(a_{j-1}-c_{j-1})b+(a_j-c_j)=0.$$

因此

$$a_j-c_j=-[(a_k-c_k)b^{k-j-1}+(a_{k-1}-c_{k-1})b^{k-j-2}+\cdots+(a_{j+1}-c_{j+1})]b.$$

故

$$b \mid (a_j-c_j),\ |a_j-c_j| \geqslant b.$$

但

$$0 \leqslant a_j \leqslant b-1,\ 0 \leqslant c_j \leqslant b-1,$$

又有 $|a_j-c_j|<b$，这不可能，也就是说 $n$ 的表示式是唯一的.

**定义 1.6.1** 用 $n=(a_k a_{k-1} \cdots a_1 a_0)_b$ 表示展开式：

$$n=a_k b^k+a_{k-1}b^{k-1}+\cdots+a_1 b+a_0,$$

其中 $0 \leqslant a_i \leqslant b-1$，$i=1$，$\cdots$，$k-1$，$a_k \neq 0$，并称其为整数 $n$ 的 $b$ 进制表示.

当 $b=2$ 时，系数 $a_i$ 为 0 或 1. 因此有推论：

**推论 1.6.1** 每个正整数都可以表示成不同的 2 的幂的和.

**例 1.6.1** 将整数 642 用二进制表示.

**解** 逐次运用欧几里得除法，则有

$$\begin{aligned} 642&=2\times321+0, \\ 321&=2\times160+1, \\ 160&=2\times80+0, \\ 80&=2\times40+0, \\ 40&=2\times20+0, \\ 20&=2\times10+0, \\ 10&=2\times5+0, \\ 5&=2\times2+1, \\ 2&=2\times1+0, \\ 1&=2\times0+1, \end{aligned}$$

因此，$642=(1010000010)_2$，或者

$$642=1\times2^9+0\times2^8+1\times2^7+0\times2^6+0\times2^5+$$
$$0\times2^4+0\times2^3+1\times2^1+0\times2^0.$$

计算机也常采用八进制、十六进制或六十四进制等. 在十六进制中，可用 0，1，2，3，4，5，6，7，8，9，A，B，C，D，E，F 分别表示 0，1，…，15 共 16 个数，其中 A，B，C，D，E，F 分别对应于 10，11，12，13，14，15.

**例 1.6.2** 转换十六进制$(BAD8)_{16}$为十进制.

$$(BAD8)_{16}=11\times16^3+10\times16^2+13\times16+8=(47832)_{10}.$$

为了方便各进制之间的转换，可以预先制作一个换算表，再根据换算表作转换，下表就是二进制、十进制和十六进制之间的换算表.

| 十进制 | 十六进制 | 二进制 | 十进制 | 十六进制 | 二进制 |
|---|---|---|---|---|---|
| 0 | 0 | 0000 | 8 | 8 | 1000 |
| 1 | 1 | 0001 | 9 | 9 | 1001 |
| 2 | 2 | 0010 | 10 | A | 1010 |
| 3 | 3 | 0011 | 11 | B | 1011 |
| 4 | 4 | 0100 | 12 | C | 1100 |
| 5 | 5 | 0101 | 13 | D | 1101 |
| 6 | 6 | 0110 | 14 | E | 1110 |
| 7 | 7 | 0111 | 15 | F | 1111 |

**例 1.6.3** 转换十六进制$(BAD8)_{16}$为二进制.

由上述转换表可得到 $B=(1011)_2$，$A=(1010)_2$，$D=(1101)_2$，$8=(1000)_2$，从而

$$(BAD8)_{16}=(1011101011011000)_2.$$

**例 1.6.4** 转换二进制 1011101111111101000 为十六进制.

由上述转换表可得到

$$(1000)_2=8,\ (1110)_2=E,\ (1111)_2=F,$$
$$(1101)_2=D,\ (101)_2=(0101)2=5,$$

从而

$$(1011101111111101000)_2=(5DFE8)_{16}.$$

因为二进制的转换比十六进制要容易些，所以可以先将数作二进制表示，然后，运用二进制与十六进制之间的换算表，将二进制转换成十六进制.

**例 1.6.5** 将整数 642 用十六进制表示 .

**解** 根据例 1.6.1，则有

$$642=(1010000010)_2,$$

又查转换表得到$(0010)_2=2$，$(1000)_2=8$，$(10)_2=(0010)_2=2$，

故

$$642=2\times16^2+8\times16^1+2=(282)_{16}.$$

## 习题 1

1. 证明：$6 \mid n(n+1)(2n+1)$，其中 $n$ 是任何整数.

2. 证明：每个奇整数的平方具有形式 $8k+1$.

3. 证明：任意三个连续整数的乘积都被 6 整除.

4. 证明：若 $(m-p) \mid (mn+qp)$，则 $(m-p) \mid (mq+np)$.

5. 证明：若 $p \mid (10a-b)$ 和 $p \mid (10c-d)$，则 $p \mid (ad-bc)$.

6. 证明：若 $(a, b)=1$，则 $(a+b, a-b)=1$ 或 2.

7. 证明：若 $(a, b)=1$，则 $(a+b, a^2-ab+b^2)=1$ 或 3.

8. 证明：(1)如果正整数 $a$，$b$ 满足 $(a, b)=1$，则对于任意正整数 $n$，都有 $(a^n, b^n)=1$.

(2)如果 $a$，$b$ 是整数，$n$ 是正整数，且满足 $a^n \mid b^n$，则 $a \mid b$.

9. 证明：若 $a$，$b$，$c$ 是互素且非零的整数，则 $(ab, c)=(a, b)(a, c)$.

10. 求如下整数对的最大公因数：

(1) (202，282)；　(2) (666，1414)；　(3) (20785，44350).

11. 求如下整数对的最大公因数：

(1) $(2t+1, 2t-1)$；　(2) $(2n, 2(n+1))$；　(3) $(kn, k(n+2))$；　(4) $(n-1, n^2+n+1)$.

12. 寻找互素却不两两互素的 3 个整数.

13. 运用辗转相除法求整数 $s$，$t$，使得 $sa+tb=(a, b)$：

(1) 1613，3589；　(2) 1107，822916；　(3) 20041，37516；　(4) 2947，3772.

14. 将下列各组的最大公因数表示为整系数线性组合：

(1) 7，10，15；　(2) 70，98，105；　(3) 180，330，405，590.

15. 给定 $x$ 和 $y$，若 $m=ax+by$，$n=cx+dy$，且 $ad-bc=\pm 1$，证明：$(m, n)=(x, y)$.

16. 设 $a>0$，$b>0$，$s>1$，则

$$(s^a-1, s^b-1)=s^{(a,b)}-1.$$

17. 设 $a$，$b$ 是正整数，证明：若 $[a, b]=(a, b)$，则 $a=b$.

18. 设 $a$，$b$ 是任意两个不全为零的整数，证明：

(1) 若 $m$ 是任一正整数，则 $[am, bm]=[a, b]m$；

(2) $[a, 0]=|a|$.

19. 求出下列各对数的最小公倍数：

(1) 8，60；　(2) 14，18；　(3) 49，77；　(4) 132，253.

20. 证明：191，547 都是素数，737，747 都是合数.

21. 设 $p$ 是正整数 $n$ 的最小素因数，证明：若 $p>n^{1/3}$，则 $n/p$ 是素数.

22. 设 $a$，$b$ 是两个不同的整数，证明：如果整数 $n>1$ 满足 $n \mid a^2-b^2$，且 $n \nmid a+b$，$n \nmid a-b$，则 $n$ 是合数.

23. 利用上题证明：737 和 747 都是合数.

24. 设 $k$ 是给定的正整数，证明：任一正整数 $n$ 必可唯一表示为 $n=ab^k$，其中 $a$，$b$ 为正整数，以及不存在 $d>1$ 使得 $d^k \mid a$.

25. 求下列各数的素因数分解式：

（1）36；　（2）2154；　（3）289；　（4）2838.

26. 求出下列各对数的最大公因数及最小公倍数：

（1）$2\times3\times5\times7\times11\times13$，$17\times19\times23\times29$；

（2）23571113，$2\times3\times5\times7\times11\times13$；

（3）4711791111011001，4111831111011000.

27. 证明：如果 $a$，$b$ 是正整数，那么 $(a, b) \mid [a, b]$，问：什么时候有 $(a, b)=[a, b]$？

28. 设 $p$ 是一个素数，形如 $2^p-1$ 的数称为麦什涅数(Mersenne)，记 $M_p=2^p-1$，计算前五个 Mersenne 数.

29. $F_n=2^{2^n}+1$，$n\geqslant0$，称为费马数，证明：$F_0$，$F_1$，$F_2$，$F_3$，$F_4$ 都是素数.

30. 证明：$641 \mid F_5$，从而 $F_5$ 是合数.

31. 设 $n$ 是合数，$p$ 是 $n$ 的素因数，设 $p^a \parallel n$（即 $p^a \mid n$，但 $p^{a+1} \nmid n$），则 $p^a \nmid \binom{n}{p}$，其中 $\binom{n}{p}=\dfrac{n(n-1)\cdots(n-p+1)}{p!}$.

32. 利用厄拉多塞筛法求出 500 以内的全部素数.

33. 证明：形如 $4k-1$ 的素数有无穷多个.

34. 证明：对于任意给定的整数 $x_0$，不存在整系数多项式 $f(x)=a_nx^n+a_{n-1}x^{n-1}+\cdots+a_1x+a_0$（$a_n\neq0$，$n>0$），使得 $x$ 取所有大于等于 $x_0$ 的整数时，$f(x)$ 都表示素数.

# 第2章 不定方程

日常生活中的许多实际问题都可以产生不定方程，如张丘建的“百鸡问题”：鸡翁一，值钱五，鸡母一，值钱三，鸡雏三，值钱一，百钱买百鸡，问鸡翁母雏各几何？

设鸡翁、鸡母、鸡雏各有 $x$, $y$, $z$ 只，根据题意可得以下方程：

$$\begin{cases} 5x+3y+\dfrac{1}{3}z=100, \\ x+y+z=100. \end{cases}$$

消去 $z$，可得 $7x+4y=100$，要解决这个问题，就转化为上述方程求非负整数解的问题.

本章所讨论的不定方程，是指整系数代数方程，并且限定它的解是整数. 本章首先讨论一次不定方程有整数解的条件及解法，进而讨论一种特殊的二次不定方程并介绍数学史上著名的费马问题，最后介绍几类不定方程的特殊解法.

## 2.1 一次不定方程

设 $a_1$, $a_2$, …, $a_n$ 是非零整数，$b$ 是整数，称关于未知数 $x_1$, $x_2$, …, $x_n$ 的方程

$$a_1x_1+a_2x_2+\cdots+a_nx_n=b \tag{2-1}$$

是 $n$ 元一次不定方程.

若存在整数 $x_1$, $x_2$, …, $x_n$ 满足方程(2-1)，则称 $(x_1, x_2, \cdots, x_n)$ 是方程(2-1)的解.

**定理 2.1.1** 方程(2-1)有解的充要条件是

$$(a_1, a_2, \cdots, a_n) \mid b. \tag{2-2}$$

**证** 记 $d=(a_1, a_2, \cdots, a_n)$. 若方程(2-1)有解，设为 $(x_1, x_2, \cdots, x_n)$. 则由 $d \mid a_i (1 \leqslant i \leqslant n)$ 及整除的性质容易知道式(2-2)成立. 必要性得证.

另外，由定理 1.2.8，存在整数 $y_1$, $y_2$, …, $y_n$，使得

$$a_1y_1+a_2y_2+\cdots+a_ny_n=(a_1, a_2, \cdots, a_n)=d.$$

因此，若式(2-2)成立，则 $\left(\dfrac{b}{d}y_1, \dfrac{b}{d}y_2, \cdots, \dfrac{b}{d}y_n\right)$ 就是方程(2-1)的解，充分性得证. 证毕.

下面给出二元一次不定方程的求解方法.

**定理 2.1.2** 设 $a$, $b$, $c$ 是整数，方程

$$ax+by=c \tag{2-3}$$

若有解 $(x_0, y_0)$，则它的一切解具有

$$\begin{cases} x=x_0+b_1t, \\ y=y_0-a_1t, \end{cases} \quad t \in \mathbf{Z} \tag{2-4}$$

的形式，其中 $a_1=\dfrac{a}{(a, b)}$, $b_1=\dfrac{b}{(a, b)}$.

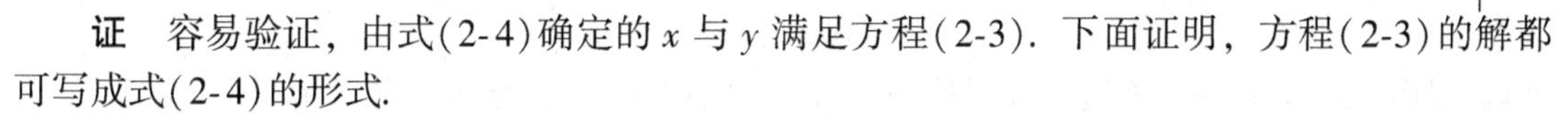

**证** 容易验证，由式(2-4)确定的 $x$ 与 $y$ 满足方程(2-3)．下面证明，方程(2-3)的解都可写成式(2-4)的形式.

设$(x, y)$是方程(2-3)的解，则由

$$ax_0+by_0=ax+by=c$$

得到

$$a(x-x_0)=-b(y-y_0),$$

$$\frac{a}{(a, b)}(x-x_0)=-\frac{b}{(a, b)}(y-y_0).$$

由此，以及

$$\left(\frac{a}{(a, b)}, \frac{b}{(a, b)}\right)=1$$

和推论 1.3.1，得到$\frac{b}{(a, b)}\left|(x-x_0)\right.$，因此存在整数 $t$，使得

$$x-x_0=\frac{b}{(a, b)}t, \quad y-y_0=-\frac{a}{(a, b)}t.$$

证毕. 由定理 2.1.2 可知，只要找到方程(2-3)的一个特解，那么方程的通解就得到了.

因此，可以给出解二元一次方程(2-3)的步骤：

(1)判断方程是否有解，即$(a, b)\mid c$是否成立；

(2)利用辗转相除法求出 $x_0$，$y_0$，使得 $ax_0+by_0=(a, b)$；

(3)写出方程(2-3)的解

$$\begin{cases} x=x_0c_1+b_1t, \\ y=y_0c_1-a_1t, \end{cases} \quad t\in\mathbf{Z},$$

其中，$(a, b)c_1=c$，$a_1=\frac{a}{(a, b)}$，$b_1=\frac{b}{(a, b)}$.

**例 2.1.1** 求 $7x+4y=100$ 的通解.

**解** 因为$(7, 4)=1\mid 100$，所以方程有整数解．下面先通过辗转相除法求出适合 $7x+4y=1$的一个整数解.

$$\begin{aligned} 1 &= 4-3 \\ &= 4-(7-4) \\ &= -7+2\times 4, \end{aligned}$$

故 $7x+4y=1$ 的一个整数解为 $x=-1$，$y=2$(或直接观察也可得到)，从而原方程的一个特解为 $x_0=-100$，$y_0=200$，因此，方程的通解为 $x=-100+4t$，$y=200-7t$，$t\in\mathbf{Z}$.

在“百鸡问题”中，显然要求 $x\geqslant 0$，$y\geqslant 0$，于是 $25\leqslant t\leqslant\frac{200}{7}$，故 $t=25, 26, 27, 28$，从而得到四组解：

$$\begin{cases} x=0, \\ y=25, \\ z=75, \end{cases} \quad \begin{cases} x=4, \\ y=18, \\ z=78, \end{cases} \quad \begin{cases} x=8, \\ y=11, \\ z=81, \end{cases} \quad \begin{cases} x=12, \\ y=4, \\ z=84. \end{cases}$$

**例 2.1.2** 求不定方程 $3x+6y=15$ 的解.

**解** $(3, 6)=3$ 而 $3\mid 15$，所以方程有解.

由辗转相除法(或直接观察)，可知 $x=-1$，$y=1$ 是

$$3x+6y=3$$

的解，所以 $x_0=-5$，$y_0=5$ 是原方程的一个解. 由定理 2.1.2，所求方程的解是

$$\begin{cases} x=-5+2t, \\ y=5-t, \end{cases} t\in\mathbf{Z}.$$

**定理 2.1.3** 设 $a_1, a_2, \cdots, a_n, b$ 是整数，再设 $(a_1, a_2, \cdots, a_{n-1})=d_{n-1}$，$(a_1, a_2, \cdots, a_n)=d_n$，则 $(x_1', x_2', \cdots, x_n')$ 是方程(2-1)的解的充分必要条件是存在整数 $t$，使得 $(x_1', x_2', \cdots, x_n', t)$ 是方程组

$$\begin{cases} a_1x_1+a_2x_2+\cdots+a_{n-1}x_{n-1}=d_{n-1}t, \\ d_{n-1}t+a_nx_n=b \end{cases} \tag{2-5}$$

的解.

**证** 若有整数 $t$，使得 $(x_1', x_2', \cdots, x_n', t)$ 是方程组(2-5)的解，则显然 $(x_1', x_2', \cdots, x_n')$ 满足方程(2-1).

设 $(x_1', x_2', \cdots, x_n')$ 是方程(2-1)的解，则

$$a_1x_1'+a_2x_2'+\cdots+a_{n-1}x_{n-1}'+a_nx_n'=b. \tag{2-6}$$

令

$$a_1x_1'+a_2x_2'+\cdots+a_{n-1}x_{n-1}'=b',$$

则由定理 2.1.1，

$$d_{n-1}=(a_1, a_2, \cdots, a_{n-1})\mid b'.$$

因此，存在 $t\in\mathbf{Z}$，使得

$$a_1x_1'+a_2x_2'+\cdots+a_{n-1}x_{n-1}'=d_{n-1}t, \tag{2-7}$$

再由式(2-6)，得到

$$d_{n-1}t+a_nx_n'=b,$$

即 $(x_1', x_2', \cdots, x_n', t)$ 满足方程组(2-5). 证毕.

定理 2.1.3 说明了求解 $n$ 元一次不定方程的方法：先解方程组(2-5)中的第二个方程，再解方程组(2-5)中的第一个方程，于是，解 $n$ 元一次不定方程就化为解 $n-1$ 元一次不定方程. 重复这个过程，最终归结为求解二元一次不定方程. 由定理 1.2.8，记

$$(a_1, a_2)=d_2,\ (d_2, a_3)=d_3,\ \cdots,\ (d_{n-2}, a_{n-1})=d_{n-1},\ (d_{n-1}, a_n)=d_n,$$

逐个地解方程

$$\begin{gathered} d_{n-1}t_{n-1}+a_nx_n=b, \\ d_{n-2}t_{n-2}+a_{n-1}x_{n-1}=d_{n-1}t_{n-1}, \\ \cdots \\ d_2t_2+a_3x_3=d_3t_3, \\ a_1x_1+a_2x_2=d_2t_2, \end{gathered}$$

并且消去中间变量 $t_2, t_3, \cdots, t_{n-1}$，就可以得到方程(2-1)的解.

**例 2.1.3** 求不定方程 $9x+24y-5z=1000$ 的解.

**解** 因为 $(9, 24)=3$，$(3, -5)=1\mid 1000$，所以方程有解. 由定理 2.1.3，依次解方程

$$\begin{gathered} 9x+24y=3t, \\ 3t-5z=1000, \end{gathered}$$

分别得到

$$\begin{cases} x=3t+8u, \\ y=-t-3u, \end{cases} \quad u \in \mathbf{Z}, \tag{2-8}$$

$$\begin{cases} t=2000-5v, \\ z=1000-3v, \end{cases} \quad v \in \mathbf{Z}. \tag{2-9}$$

将式(2-8)与式(2-9)中的 $t$ 消去，得到

$$\begin{cases} x=6000+8u-15v, \\ y=-2000-3u+5v, \\ z=1000-3v, \end{cases} \quad u, v \in \mathbf{Z}.$$

**例 2.1.4**　设 $a$ 与 $b$ 是正整数，$(a, b)=1$，则任何大于 $ab-a-b$ 的整数 $n$ 都可以表示成 $n=ax+by$ 的形式，其中 $x$ 与 $y$ 是非负整数，但是 $n=ab-a-b$ 不能表示成这种形式.

**证**　(1)由定理 2.1.2，方程

$$ax+by=n \tag{2-10}$$

的解具有

$$\begin{cases} x=x_0+bt, \\ y=y_0-at, \end{cases} \quad t \in \mathbf{Z} \tag{2-11}$$

的形式，其中 $x_0$ 与 $y_0$ 满足方程(2-10).

由假设条件 $n > ab-a-b$ 及式(2-10)与式(2-11)，有

$$ax=n-by=n-b(y_0-at) > ab-a-b-b(y_0-at). \tag{2-12}$$

取整数 $t$，使得

$$0 \leqslant y=y_0-at \leqslant a-1,$$

则由式(2-12)得到

$$ax > ab-a-b-b(a-1)=-a,$$

$$x>-1,\ x \geqslant 0,$$

即 $n=ax+by$，$x \geqslant 0$，$y \geqslant 0$.

(2)设有 $x \geqslant 0$，$y \geqslant 0$，使得

$$ax+by=ab-a-b, \tag{2-13}$$

则

$$a(x+1)+b(y+1)=ab. \tag{2-14}$$

所以 $a \mid b(y+1)$. 但是$(a, b)=1$，则必有

$$a \mid y+1,\ y+1 \geqslant a.$$

同理，可以证明 $x+1 \geqslant b$，从而

$$a(x+1)+b(y+1) \geqslant 2ab,$$

这与式(2-14)矛盾，所以式(2-13)是不可能的.

**例 2.1.5**　苹果每斤 5 元，葡萄每斤 3 元，西瓜每三斤 1 元，现在用 100 元买这三样水果共 100 斤，问各买几斤？

**解**　设买苹果 $x$ 斤，葡萄 $y$ 斤，西瓜 $z$ 斤，则

$$5x+3y+\frac{1}{3}z=100,$$

$$x+y+z=100.$$

消去 $z$，得到

$$7x+4y=100. \tag{2-15}$$

显然 $x=0$，$y=25$ 是方程(2-15)的解，因此，方程(2-15)的一般解是

$$\begin{cases}x=4t,\\ y=25-7t,\end{cases} \quad t\in\mathbf{Z}.$$

因为 $x\geqslant 0$，$y\geqslant 0$，所以

$$0\leqslant t\leqslant 3,$$

即 $t$ 可以取值 0，1，2，3. 相应的 $x$，$y$，$z$ 的值是

$$(x, y, z)=(0, 25, 75),\ (4, 18, 78),\ (8, 11, 81),\ (12, 4, 84).$$

**例 2.1.6** 求不定方程 $x+2y+3z=7$ 的所有正整数解.

**解** 依次解方程

$$t+3z=7,$$
$$x+2y=t,$$

得到

$$\begin{cases}t=1+3u,\\ z=2-u,\end{cases} \quad u\in\mathbf{Z},$$

$$\begin{cases}x=t+2v,\\ y=-v,\end{cases} \quad v\in\mathbf{Z}.$$

从上式中消去 $t$，得到

$$\begin{cases}x=1+3u+2v,\\ y=-v,\\ z=2-u,\end{cases} \quad u, v\in\mathbf{Z}. \tag{2-16}$$

若使 $x\geqslant 1$，$y\geqslant 1$，$z\geqslant 1$，则应有

$$3u+2v\geqslant 0,\ -v\geqslant 1,\ 1-u\geqslant 0. \tag{2-17}$$

所以

$$3u\geqslant -2v\geqslant 2,\ u\leqslant 1\Rightarrow \frac{2}{3}\leqslant u\leqslant 1,$$

即 $u=1$. 由此及式(2-17)，有

$$3+2v\geqslant 0,\ -v\geqslant 1\Rightarrow -\frac{2}{3}\leqslant v\leqslant -1,$$

所以 $v=-1$. 将 $u=1$，$v=-1$ 代入式(2-16)，得到原方程的唯一一组正整数解 $x=2$，$y=1$，$z=1$.

## 2.2 勾股数 $x^2+y^2=z^2$

本节讨论一类特殊的二次方程

$$x^2+y^2=z^2. \tag{2-18}$$

的一组正整数解，即为一组勾股数，《周髀算经》中已经有记载："句广三、股修四、径隅五". 实际上给出了方程(2-18)的一组解：3，4，5. 刘徽的《九章算术注》中也给出了该方程的多组解：$5^2+12^2=13^2$，$8^2+15^2=17^2$，$7^2+24^2=25^2$ 等. 不难看出，$(x, y, z)=(0, 0, 0)$，$(0, \pm a, \pm a)$以及$(\pm a, 0, \pm a)$都是方程(2-18)的解. 若$(x, y, z)$是方程(2-18)的解，

则对于任何整数 $k$，$(kx, ky, kz)$ 也是方程(2-18)的解．此外，若 $(x, y)=k$，则 $k\mid z$，$(x, y, z)=k$．因此，只需研究方程(2-18)的满足下述假设的解：

$$x>0,\ y>0,\ z>0,\ (x, y)=1. \tag{2-19}$$

**定理 2.2.1** 若 $(x, y, z)$ 是方程(2-18)的满足条件(2-19)的解，则下面的结论成立：

(1) $x$ 与 $y$ 有不同的奇偶性；

(2) $x$ 与 $y$ 中有且仅有一个数被 3 整除；

(3) $x$，$y$，$z$ 中有且仅有一个数被 5 整除．

**证** (1)若 $2\mid x$，$2\mid y$，则与 $(x, y)=1$ 矛盾．所以 $x$ 与 $y$ 中至少有一个奇数．如果 $x$ 与 $y$ 都是奇数，则 $z$ 是偶数，因为

$$x^2\equiv 1,\ y^2\equiv 1,\ x^2+y^2\equiv 2 \pmod 4,$$
$$z^2\equiv 0 \text{ 或 } 1 \pmod 4,$$

所以 $x$，$y$，$z$ 不可能是方程(2-18)的解．因此，$x$ 与 $y$ 有不同的奇偶性．

(2)显然 $x$ 与 $y$ 不能都被 3 整除．若 $x$ 与 $y$ 都不能被 3 整除，则

$$x\equiv \pm 1,\ y\equiv \pm 1 \pmod 3,$$
$$x^2\equiv 1,\ y^2\equiv 1,\ x^2+y^2\equiv 2 \pmod 3. \tag{2-20}$$

但是，对任意的 $z$，总有 $z^2\equiv 0$ 或 $1 \pmod 3$．这与式(2-18)、式(2-20)矛盾．因此，结论(2)成立．

(3)显然 $x$，$y$，$z$ 中不能有两个数同时被 5 整除．若它们都不能被 5 整除，则

$$x,\ y,\ z\equiv \pm 1,\ \pm 2 \pmod 5,$$
$$x^2,\ y^2,\ z^2\equiv 1,\ 4 \pmod 5, \tag{2-21}$$
$$x^2+y^2\equiv 0,\ 2 \text{ 或 } 3 \pmod 5. \tag{2-22}$$

式(2-18)、式(2-21)与式(2-22)是矛盾的，因此，结论(3)成立．证毕．

**引理 2.2.1** 不定方程

$$xy=z^2,\ z>0,\ x>0,\ y>0,\ (x, y)=1 \tag{2-23}$$

的全部正整数解可以写成公式 $x=a^2$，$y=b^2$，$z=ab$，$a>0$，$b>0$，$(a, b)=1$．

**证** (1)设 $x$，$y$，$z$ 是式(2-23)的一解．令 $x=a^2x_1$，$y=b^2y_1$，$a>0$，$b>0$，其中 $x_1$，$y_1$ 不再被任何数的平方整除(除 1 外)，则 $a^2\mid z^2$，$b^2\mid z^2$，于是 $a\mid z$，$b\mid z$．又 $(x, y)=1$，故 $(a^2, b^2)=1$，从而 $(a, b)=1$，因而 $ab\mid z$．设 $z=abz_1$，代入式(2-23)可得 $x_1y_1=z_1^2$．若 $z_1^2\neq 1$，则有一素数 $p$，满足 $p^2\mid z_1^2$，于是 $p^2\mid x_1y_1$，这与 $x_1$，$y_1$ 的定义及 $(x_1, y_1)=1$ 相矛盾，故 $z_1^2=1$，$x_1y_1=1$．又 $z_1>0$，$x_1>0$，$y_1>0$，故 $z_1=x_1=y_1=1$，从而 $x=a^2$，$y=b^2$，$z=ab$，$a>0$，$b>0$，$(a, b)=1$．

(2)很显然，$x=a^2$，$y=b^2$，$z=ab$，$a>0$，$b>0$，$(a, b)=1$ 满足式(2-23)．

**定理 2.2.2** 方程(2-18)的满足式(2-19)和 $x$ 为偶数的一切正整数解具有下面的形式：

$$x=2ab,\ y=a^2-b^2,\ z=a^2+b^2, \tag{2-24}$$

其中 $a>b>0$，$(a, b)=1$，$a$ 与 $b$ 一奇一偶．

**证** (1)若 $x$，$y$，$z$ 由式(2-24)确定，容易验证它们满足方程(2-18)，并且 $x$ 为偶数．

设 $d$ 是 $(x, y)$ 的任一个素因数，则由式(2-18)得到 $d^2\mid z^2$，因此 $d\mid z$，于是，利用最大公因数的性质，有

$$d\mid (y, z)=(a^2-b^2,\ a^2+b^2)\Rightarrow$$
$$d\mid a^2-b^2,\ d\mid a^2+b^2\Rightarrow d\mid 2(a^2, b^2)=2.$$

所以，$d=1$ 或 2. 由于 $2\nmid y$，所以 $d=1$，这说明式(2-19)满足.

(2)若 $x$，$y$，$z$ 是方程(2-18)的满足式(2-19)以及 $x$ 为偶数的解，则 $2\nmid y$，$2\nmid z$，并且

$$\left(\frac{x}{2}\right)^2=\left(\frac{y+z}{2}\right)\left(\frac{y-z}{2}\right). \tag{2-25}$$

记 $d=\left(\frac{y+z}{2},\ \frac{y-z}{2}\right)$，则有 $d\mid\frac{y+z}{2}$，$d\mid\frac{y-z}{2}$，所以 $d\mid y$，$d\mid z$，于是 $d\mid(y,z)=1$，$d=1$. 因此，利用引理 2.2.1 及式(2-25)可得

$$\frac{x}{2}=ab,\ \frac{y+z}{2}=a^2,\ \frac{y-z}{2}=b^2,\ a>0,\ b>0,\ (a,\ b)=1.$$

从而

$$x=2ab,\ y=a^2-b^2,\ z=a^2+b^2.$$

由 $y>0$，可知 $a>b$；由于 $x$ 与 $y$ 有不同的奇偶性，所以 $y$ 为奇数，因此，$a$ 与 $b$ 有不同的奇偶性. 证毕.

**推论 2.2.1** 单位圆周上坐标都是有理数的点(称为有理点)，可以写成

$$\left(\pm\frac{2ab}{a^2+b^2},\ \pm\frac{a^2-b^2}{a^2+b^2}\right)\text{或}\left(\pm\frac{a^2-b^2}{a^2+b^2},\ \pm\frac{2ab}{a^2+b^2}\right)$$

的形式，其中 $a$ 与 $b$ 是不全为零的整数.

**例 2.2.1** 求 $z=65$ 的不定方程 $x^2+y^2=z^2$ 的全部整数解.

**解** $x=\pm65$，$y=0$；$x=0$，$y=\pm65$ 显然是方程的解.

由定理 2.2.2，$x=\pm16$，$y=\pm63$；$x=\pm56$，$y=\pm33$；$x=\pm60$，$y=\pm25$；$x=\pm52$，$y=\pm39$ 也是方程的解.

## 2.3 费马问题介绍

1637 年，法国数学家费马提出了一个著名的猜想：当 $n>2$ 时，$x^n+y^n=z^n$ 没有正整数解. 1770 年，欧拉首先证明了 $n=3$ 的情形下猜想成立，数百年来，各国优秀的数学家都挑战过这一问题，并由此得到了极为丰富的研究成果，但均未彻底解决该问题. 直到 1995 年，费马大定理才由英国数学家安德鲁·怀尔斯证明. 本节只给出证明：当 $n=4$ 时，$x^n+y^n=z^n$ 没有满足 $xyz\neq0$ 的正整数解.

**定理 2.3.1** 不定方程

$$x^4+y^4=z^2 \tag{2-26}$$

没有满足 $xyz\neq0$ 的整数解.

**证** 用反证法. 不妨只考虑方程(2-26)的正整数解. 若它有满足 $xyz\neq0$ 的正整数解，设 $(x_0,y_0,z_0)$ 是方程(2-26)的有最小的 $z$ 的一组解. 令 $d=(x_0,y_0)$，则由式(2-26)得到 $d^4\mid z_0^{\ 2}$，$d^2\mid z_0$，从而$\left(\frac{x_0}{d},\frac{y_0}{d},\frac{z_0}{d^2}\right)$也是方程(2-26)的解. 因此，由 $z_0$ 的最小性可知

$$d=(x_0,y_0)=1,\ (x_0^{\ 2},y_0^{\ 2})=d^2=1.$$

显然，$x_0^{\ 2}$ 与 $y_0^{\ 2}$ 有不同的奇偶性. 不妨设 $2\mid x_0$，$2\nmid y_0$.

由定理 2.2.2 可知，存在正整数 $a$，$b$，使得

$$(a,\ b)=1,\ a>b>0, \tag{2-27}$$

其中 $a$ 与 $b$ 有不同的奇偶性，并且

$$x_0^2=2ab,\ y_0^2=a^2-b^2,\ z_0=a^2+b^2. \tag{2-28}$$

下面根据 $a$ 与 $b$ 的奇偶性，考查两种情况.

（1） $2\mid a$，$2\nmid b$. 此时，

$$a^2\equiv 0\ (\mathrm{mod}\ 4),\ b^2\equiv 1\ (\mathrm{mod}\ 4),$$

因此，由式(2-28)，

$$y_0^2=a^2-b^2\equiv 1\ (\mathrm{mod}\ 4),$$

这与 $2\nmid y_0$，$y_0^2\equiv 1\ (\mathrm{mod}\ 4)$ 矛盾，所以这种情况不可能发生.

（2） $2\nmid a$，$2\mid b$. 此时，由式(2-27)及式(2-28)，有

$$x_0^2=2ab,\ (a,\ 2b)=1,\ a>b>0. \tag{2-29}$$

由引理 2.2.1 可知，存在正整数 $u$，$v_1$，使得

$$x_0=uv_1,\ a=u^2,\ 2b=v_1^2,\ (u,\ v_1)=1,\ u>0,\ v_1>0.$$

由 $2b=v_1^2$ 推出

$$2\mid v_1^2,\ 2\mid v_1,\ v_1=2v,$$

因此，存在整数 $u$，$v$，使得

$$a=u^2,\ b=2v^2,\ (u,\ v)=1,\ u>0,\ v>0. \tag{2-30}$$

代入式(2-28)，得到

$$y_0^2=u^4-4v^4,\ y_0^2+4v^4=u^4, \tag{2-31}$$

其中 $(u,\ v)=1$，从而 $(y_0,\ v)=1$. 由定理 2.2.2 可知，存在正整数 $s$，$t$，$(s,\ t)=1$，$s$ 与 $t$ 有不同的奇偶性，使得

$$y_0=s^2-t^2,\ 2v^2=2st,\ u^2=s^2+t^2,$$

$$y_0=s^2-t^2,\ v^2=st,\ u^2=s^2+t^2, \tag{2-32}$$

由 $(s,\ t)=1$，式(2-32)中的第二个等式，以及引理 2.2.1 可知，存在正整数 $m$，$n$，$(m,\ n)=1$，使得

$$v=mn,\ s=m^2,\ t=n^2.$$

由此及式(2-32)中第三个等式，得到

$$m^4+n^4=u^2, \tag{2-33}$$

即 $(m,\ n,\ u)$ 也满足方程(2-26).

另外，由式(2-28)及式(2-30)，有

$$z_0=a^2+b^2=u^4+4v^4>u,$$

这样，$(m,\ n,\ u)$ 的存在与 $z_0$ 的最小性矛盾，这就证明了定理. 证毕.

**推论 2.3.1** 方程 $x^4+y^4=z^4$ 没有满足 $xyz\neq 0$ 的整数解.

定理 2.3.1 中使用的证明方法称为无穷递降法，是由费马首先提出的一个重要方法，常用于判定方程的可解性.

## 2.4 几类不定方程的特殊解法

不定方程是一个内容丰富且求解方法十分灵活的课题，许多不定方程需要使用特殊的解法进行求解. 本节将介绍几类不定方程的特殊解法.

### 2.4.1 因数分解法

由于任何非零整数的因数个数是有限的，因此，可以用穷举法确定不定方程在有限范围内的解.

**例 2.4.1** 求方程 $x^2y+2x^2-3y-7=0$ 的整数解.

**解** 原方程可化为

$$(x^2-3)(y+2)=1.$$

因此有

$$\begin{cases}x^2-3=1,\\ y+2=1\end{cases} \text{或} \begin{cases}x^2-3=-1,\\ y+2=-1.\end{cases}$$

解这两个方程组，得到所求的解是

$$\begin{cases}x_1=2,\\ y_1=-1\end{cases} \text{或} \begin{cases}x_2=-2,\\ y_2=-1.\end{cases}$$

**例 2.4.2** 求方程 $x^3+y^3=1072$ 的正整数解.

**解** 对于任何正整数 $a$，$(x, y)=(1, a)$，$(a, 1)$ 及 $(a, a)$ 都不是方程的解. 所以，只需考虑 $x\geqslant 2$，$y\geqslant 2$，$x\neq y$ 的情况. 于是

$$x^2-xy+y^2>xy>x+y, \tag{2-34}$$

$$(x+y)^2>x^2-xy+y^2. \tag{2-35}$$

原方程即

$$(x+y)(x^2-xy+y^2)=2^4\times 67.$$

由此及式(2-34)与式(2-35)得到

$$\begin{cases}x+y=2^4,\\ x^2-xy+y^2=67.\end{cases}$$

解这两个方程组，得到

$$\begin{cases}x_1=7,\\ y_1=9\end{cases} \text{或} \begin{cases}x_2=9,\\ y_2=7.\end{cases}$$

### 2.4.2 余数分析法

考查方程中的项对某个正整数的余数或将不定方程的解按某个正整数 $m$ 的余数分类，再进行分析求解.

**例 2.4.3** 证明：若 $n=9k+t$，$t=3, 4, 5$ 或 $6$，$k\in\mathbf{Z}$，则方程 $x^3+y^3=n$ 没有整数解.

**解** 对任意的整数 $x$，$y$，记

$$x=3q_1+r_1,\ y=3q_2+r_2,\ 0\leqslant r_1, r_2\leqslant 2,\ q_1, q_2\in\mathbf{Z},$$

则

$$x^3\equiv r_1^3\equiv R_1 \pmod 9,\ y^3\equiv r_2^3\equiv R_2 \pmod 9,\ x^3+y^3\equiv R \pmod 9,$$

其中

$$R_1=0,\ 1 \text{或} 8,\ R_2=0,\ 1 \text{或} 8,\ R=0,\ 1,\ 2,\ 7 \text{或} 8.$$

由此得到所要证明的结论.

**例 2.4.4** 证明：若实数 $x$ 与 $y$ 满足方程

$$x^2-3y^2=2, \tag{2-36}$$

则 $x$ 与 $y$ 不能都是有理数.

**证** (反证法)设有理数

$$x=\frac{n}{m}, \quad y=\frac{l}{m}(m, n, l \in \mathbf{Z}, (m, n, l)=1, m \neq 0)$$

满足方程(2-36)，则

$$n^2-3l^2=2m^2. \tag{2-37}$$

考查两种可能的情形：

(1) $3 \nmid n$. 此时，

$$n \equiv \pm 1, \ n^2 \equiv 1 \pmod 3,$$

因此，由式(2-37)得到

$$2m^2 \equiv 1 \pmod 3,$$

这是不可能的，因为对于 $m \equiv 0$，1 或 2(mod 3)，则 $2m^2 \equiv 0$ 或 2 (mod 3).

(2) $3 \mid n$. 此时，由式(2-37)得到 $2m^2 \equiv 0 \pmod 3$，因此 $3 \mid m$，再由式(2-37)得到 $3 \mid l$,所以$(m, n, l)>1$，这与关于 $m$，$n$，$l$ 的假设矛盾.

### 2.4.3 不等分析法

利用方程中未知数为整数或相应的不等关系，确定出解的范围.

**例 2.4.5** 求方程

$$3x^2+7xy-2x-5y-35=0$$

的正整数解.

**解** 对于正整数 $x$，$y$，由原方程得到

$$y=\frac{-3x^2+2x+35}{7x-5}. \tag{2-38}$$

因此，若 $x \geqslant 1$，$y \geqslant 1$，则应有

$$\begin{cases} x \geqslant 1, \\ -3x^2+2x+35 \geqslant 7x-5. \end{cases}$$

解这个不等式组，得到 $1 \leqslant x \leqslant 2$.

分别取 $x=1$ 和 $x=2$，由式(2-38)得到 $y=17$ 和 $y=3$，故所求的解是$\begin{cases} x_1=1, \\ y_1=17 \end{cases}$或$\begin{cases} x_2=2, \\ y_2=3. \end{cases}$

## 习题 2

1. 将$\frac{17}{105}$写成三个既约分数之和，它们的分母分别是 3，5 和 7.

2. 求方程 $x_1+2x_2+3x_3=41$ 的所有正整数解.

3. 证明：二元一次不定方程 $ax+by=n$，$a>0$，$b>0$，$(a, b)=1$ 的非负整数解的个数为$\left[\frac{n}{ab}\right]$或$\left[\frac{n}{ab}\right]+1$.

4. 求解不定方程组：

$$\begin{cases} x_1+2x_2+3x_3=7, \\ 2x_1-5x_2+20x_3=11. \end{cases}$$

5. 设 $x$，$y$，$z$ 是勾股数，$x$ 是素数，证明：$2z-1$，$2(x+y+1)$都是平方数.

6. 设 $a$ 与 $b$ 是正整数，$(a, b)=1$，证明：1，2，…，$ab-a-b$ 中恰有$\frac{(a-1)(b-1)}{2}$个整数可以表示成 $ax+by(x \geqslant 0, y \geqslant 0)$的形式.

7. 求整数 $x$，$y$，$z$，$x>y>z$，使 $x-y$，$x-z$，$y-z$ 都是平方数.

8. 解不定方程：$x^2+3y^2=z^2$，$x>0$，$y>0$，$z>0$，$(x, y)=1$.

9. 求方程 $x^2+y^2=z^4$的满足$(x, y)=1$，$2 \mid x$ 的正整数解.

10. 证明下面的不定方程没有满足 $xyz \neq 0$ 的整数解.

(1) $x^2+y^2+z^2=x^2y^2$；

(2) $x^2+y^2+z^2=2xyz$.

11. 求方程 $x^2+xy-6=0$ 的整数解.

12. 求方程$\frac{1}{x}+\frac{1}{y}=\frac{1}{z}$的正整数解.

13. 求方程 $2^x-3^y=1$ 的正整数解.

14. 求方程组$\begin{cases} x+y+z=0 \\ x^3+y^3+z^3=-18 \end{cases}$的整数解.

15. 设 $2n+1$ 个有理数 $a_1$，$a_2$，…，$a_{2n+1}$满足条件 $P$：其中任意 $2n$ 个数可以分成两组，每组 $n$ 个数，两组数的和相等，证明：

$$a_1=a_2=\cdots=a_{2n+1}.$$

16. 设 $p$ 是素数，求方程$\frac{2}{p}=\frac{1}{x}+\frac{1}{y}$的整数解.

# 第3章　同余及同余式

在日常生活中，我们要注意的常常不是某些整数，而是这些数用某一固定的数去除所得的余数．例如，我们知道某月2号是星期一，那么9号、16号都是星期一，总之用7去除某月的号数，余数是2的都是星期一．这样，就在数学中产生了同余的概念，这个概念的产生可以说大大丰富了数学的内容．本章首先介绍同余的概念和基本性质，进而介绍所谓完全剩余系和缩系，然后建立著名的欧拉定理和费马定理，最后介绍了解某些同余式的一般方法．

## 3.1　同余的概念和基本性质

**定义 3.1.1**　给定一个正整数 $m$，如果用 $m$ 去除两个整数 $a\neq b$ 所得的最小非负余数相同，则认为 $a$，$b$ 对模数 $m$ 同余，记作 $a\equiv b(\bmod m)$，如果最小非负余数不同，则认为 $a$，$b$ 对模数不同余，记作 $a\not\equiv b(\bmod m)$.

从同余的定义出发，可得到模 $m$ 同余是等价关系，即

(1)（自反性）对任一整数 $a$，$a\equiv a(\bmod m)$；

(2)（对称性）若 $a\equiv b(\bmod m)$，则 $b\equiv a(\bmod m)$；

(3)（传递性）若 $a\equiv b(\bmod m)$，$b\equiv c(\bmod m)$，则 $a\equiv c(\bmod m)$.

还有以下性质：

**定理 3.1.1**　整数 $a$，$b$ 对模数 $m$ 同余的充分必要条件是 $m\mid(a-b)$.

**证**　设 $a\equiv b(\bmod m)$，则有 $a=mq_1+r$，$0\leqslant r<m$，$b=mq_2+r$，$0\leqslant r<m$，故 $a-b=m(q_1-q_2)$，$m\mid a-b$.

反之，设 $a=mq_1+r_1$，$b=mq_2+r_2$，$0\leqslant r_1<m$，$0\leqslant r_2<m$，$m\mid a-b$，则有 $m\mid a-b=m(q_1-q_2)+r_1-r_2$，

故 $m\mid r_1-r_2$，又因 $|r_1-r_2|<m$，便得 $r_1=r_2$，证毕．

定理3.1.1告诉我们，同余又可定义如下：若 $m\mid(a-b)$，则称 $a$，$b$ 对模数 $m$ 同余．

如何判断两个整数 $a$，$b$ 模 $m$ 同余呢?

直接运用同余的定义，就必须作欧几里得除法，即计算 $a$ 和 $b$ 被模 $m$ 除的最小非负余数，但这是一项冗长的工作，因此，本节引进一些等价的判别法，以便更快捷地判断两个整数 $a$，$b$ 模 $m$ 是否同余．

首先，通过整数 $a$，$b$ 的表达形式来判断整数 $a$，$b$ 模 $m$ 是否同余．

**定理 3.1.2**　设 $m$ 是一个正整数，$a$，$b$ 是两个整数，则

$$a\equiv b(\bmod m)$$

的充要条件是存在一个整数 $k$，使得

$$a=b+km.$$

**证**　如果 $a\equiv b(\bmod m)$，则根据同余的等价定义，则有

$$m \mid a-b.$$

又根据整除的定义，存在一个整数 $k$，使得 $a-b=km$. 故

$$a=b+km.$$

反过来，如果存在一个整数 $k$，使得 $a=b+km$，则有

$$a-b=km.$$

根据整除的定义，则有

$$m \mid (a-b).$$

再根据同余的等价定义，可得

$$a \equiv b \pmod{m}.$$

**例 3.1.1** 我们有 $39 \equiv 4 \pmod 7$，因为 $39=5\times7+4$.

另外，因为模同余是等价关系，所以有整数 $a$，$b$ 模 $m$ 的加法运算和乘法运算的性质，并且可以运用这个性质来判断整数 $a$，$b$ 模 $m$ 是否同余.

**定理 3.1.3** 设 $m$ 是一个正整数，$a_1$，$a_2$，$b_1$，$b_2$ 是四个整数. 如果

$$a_1 \equiv b_1 \pmod{m},\ a_2 \equiv b_2 \pmod{m},$$

则

(1) $a_1+a_2 \equiv b_1+b_2 \pmod{m}$；

(2) $a_1a_2 \equiv b_1b_2 \pmod{m}$.

**证** 依题设，根据定理 3.1.2，分别存在整数 $k_1$，$k_2$，使得

$$a_1=b_1+k_1m,\ a_2=b_2+k_2m.$$

从而

$$a_1+a_2=b_1+b_2+(k_1+k_2)m,$$

$$a_1a_2=b_1b_2+(k_1b_2+k_2b_1+k_1k_2m)m.$$

因为 $k_1+k_2$，$k_1b_2+k_2b_1+k_1k_2m$ 都是整数，所以根据定理 3.1.2，则有

$$a_1+a_2 \equiv b_1+b_2 \pmod{m}$$

及

$$a_1a_2 \equiv b_1b_2 \pmod{m},$$

即定理成立，证毕.

**例 3.1.2** 已知 $29 \equiv 1 \pmod 7$，$32 \equiv 4 \pmod 7$，所以

$$61=29+32 \equiv 1+4 \equiv 5 \pmod 7,$$

$$-3=29-32 \equiv 1-4 \equiv 4 \pmod 7,$$

$$928=29\times32 \equiv 1\times4 \equiv 4 \pmod 7,$$

$$841=29^2 \equiv 1^2 \equiv 1 \pmod 7,$$

$$1024=32^2 \equiv 4^2 \equiv 1 \pmod 7.$$

**例 3.1.3** 2013 年 6 月 7 日是星期五，问第 $2^{2013}$ 天是星期几？

**解** 因为

$$2^1 \equiv 2 \pmod 7,\ 2^2 \equiv 4 \pmod 7,\ 2^3=8 \equiv 1 \pmod 7,$$

又 $2013=671\times3$，所以

$$2^{2013}=(2^3)^{671} \equiv 1 \pmod 7.$$

故第 $2^{2013}$ 天是星期六.

接下来我们利用同余的性质来判断一些特殊的整除问题.

**定理 3.1.4**　若 $x\equiv y \pmod{m}$，$a_i\equiv b_i \pmod{m}$，$0\leqslant i\leqslant k$，则

$$a_0+a_1x+\cdots+a_kx^k\equiv b_0+b_1y+\cdots+b_ky^k \pmod{m}.$$

**证**　设 $x\equiv y \pmod{m}$，由定理 3.1.3，则有

$$x^i\equiv y^i \pmod{m},\ 0\leqslant i\leqslant k.$$

又 $a_i\equiv b_i \pmod{m}$，$0\leqslant i\leqslant k$，将它们对应相乘，则有

$$a_ix^i\equiv b_iy^i \pmod{m},\ 0\leqslant i\leqslant k.$$

最后，将这些同余式左右对应相加，得到

$$a_0+a_1x+\cdots+a_kx^k\equiv b_0+b_1y+\cdots+b_ky^k \pmod{m}.$$

定理 3.1.4 可以帮助我们很快地判断一些数是否被 3 或 9 整除 .

**定理 3.1.5**　设整数 $n$ 有十进制表示式：

$$n=a_k10^k+a_{k-1}10^{k-1}+\cdots+a_110+a_0,\ 0\leqslant a_i<10,$$

则 $3\mid n$ 的充分必要条件是

$$3\mid (a_k+\cdots+a_0),$$

而 $9\mid n$ 的充分必要条件是

$$9\mid (a_k+\cdots+a_0).$$

**证**　因为 $10\equiv 1 \pmod{3}$，又 $1^i=1$，$0\leqslant i\leqslant k$，所以，根据定理 3.1.4，则有

$$a^k10^k+a_{k-1}10^{k-1}+\cdots+a_110+a_0\equiv a_k+\cdots+a_0 \pmod{3}.$$

因此，

$$a_k10^k+a_{k-1}10^{k-1}+\cdots+a_110+a_0\equiv 0 \pmod{3}$$

的充分必要条件是

$$a_k+\cdots+a_0\equiv 0 \pmod{3}.$$

结论对于 $m=3$ 成立 .

同理，对于 $m=9$，结论也成立 .

**例 3.1.4**　设 $n=5874192$，则 $3\mid n$，$9\mid n$.

**解**　因为

$$a_k+\cdots+a_0=5+8+7+4+1+9+2=36,$$

又 $3\mid 36$，$9\mid 36$. 根据定理 3.1.5，则有 $3\mid n$，$9\mid n$.

**例 3.1.5**　设 $n=637683$，则 $n$ 被 3 整除，但不被 9 整除 .

**解**　因为

$$a_k+\cdots+a_0=6+3+7+6+8+3=33=3\times 11,$$

又 $3\mid 3\times 11$，$9\nmid 3\times 11$，根据定理 3.1.5，则有 $3\mid n$，$9\nmid n$.

**定理 3.1.6**　设整数 $n$ 有 1000 进制表示式：

$$n=a_k1000^k+\cdots+a_11000+a_0,\ 0\leqslant a_i<1000,$$

则 7(或 11，或 13) $\mid n$ 的充分必要条件是 7(或 11，或 13)能整除整数

$$(a_0+a_2+\cdots)-(a_1+a_3+\cdots).$$

**证**　因为

$$1000=7\times 11\times 13-1\equiv -1 \pmod{7},$$

所以

$$1000\equiv 1000^3\equiv 1000^5\equiv\cdots\equiv -1 \pmod{7},$$

以及

$$1000^2 \equiv 1000^4 \equiv 1000^6 \equiv \cdots \equiv 1 \pmod 7.$$

根据定理 3.1.4，则有

$$\begin{aligned} & a_k 1000^k + a_{k-1} 1000^{k-1} + \cdots + a_1 1000 + a_0 \\ & \equiv a_k (-1)^k + a_{k-1}(-1)^{k-1} + \cdots + a_1(-1) + a_0 \\ & \equiv (a_0 + a_2 + \cdots) - (a_1 + a_3 + \cdots) \pmod 7. \end{aligned}$$

因此，$7 \mid n$ 的充分必要条件是

$$7 \mid (a_0 + a_2 + \cdots) - (a_1 + a_3 + \cdots).$$

即结论对于 $m=7$ 成立.

同理，结论对于 $m=11$ 或 13 也成立.

**例 3.1.6** 设 $n=637693$，则 $n$ 被 7 整除，但不被 11，13 整除.

**解** 因为

$$n = 637 \times 1000 + 693,$$

又

$$(a_0 + a_2 + \cdots) - (a_1 + a_3 + \cdots) = 693 - 637 = 56 = 7 \times 8,$$

所以 $n$ 被 7 整除，但不被 11，13 整除.

下面，我们进一步讨论同余的性质.

**定理 3.1.7** 设 $m$ 是一个正整数，$ad=bd \pmod m$，如果$(d, m)=1$，则 $a \equiv b \pmod m$.

**证** 若 $ad \equiv bd \pmod m$，则 $m \mid ad-bd$，即 $m \mid d(a-b)$. 因为$(d, m)=1$，根据推论 1.3.1，则有 $m \mid a-b$，结论成立，证毕.

**例 3.1.7** 因为 $95 \equiv 25 \pmod 7$，$(5, 7)=1$，所以 $19 \equiv 5 \pmod 7$.

**定理 3.1.8** 设 $m$ 是一个正整数，$a \equiv b \pmod m$，$k>0$，则

$$ak \equiv bk \pmod{mk}.$$

**例 3.1.8** 因为 $19 \equiv 5 \pmod 7$，$k=4>0$，所以 $76 \equiv 20 \pmod{28}$.

**定理 3.1.9** 设 $m$ 是一个正整数，$a \equiv b \pmod m$，如果整数 $d \mid (a, b, m)$，则

$$\frac{a}{d} \equiv \frac{b}{d} \left(\bmod \frac{m}{d}\right).$$

**证** 因为 $d \mid (a, b, m)$，所以存在整数 $a'$，$b'$，$m'$，使得

$$a = da',\ b = db',\ m = dm'.$$

现在 $a \equiv b \pmod m$，所以存在整数 $k$，使得

$$a = b + mk,$$

即

$$da' = db' + dm'k.$$

因此，

$$a' = b' + m'k.$$

这就是

$$a' \equiv b' \pmod{m'}$$

或者

$$\frac{a}{d} \equiv \frac{b}{d} \left(\bmod \frac{m}{d}\right).$$

**例 3.1.9** 因为 $190 \equiv 50 \pmod{70}$，所以取 $d=10$，得到 $19 \equiv 5 \pmod 7$.

**定理 3.1.10**　设 $m$ 是一个正整数，$a\equiv b(\bmod m)$，如果 $d\mid m$，则

$$a\equiv b(\bmod d).$$

**证**　因为 $d\mid m$，所以存在整数 $m'$，使得 $m=dm'$，又因为 $a\equiv b(\bmod m)$，所以存在整数 $k$ 使得

$$a=b+mk.$$

该式又可写成

$$a=b+d(m'k).$$

故

$$a\equiv b(\bmod d).$$

**例 3.1.10**　因为 $190\equiv 50(\bmod 70)$，所以取 $d=7$，得到

$$190\equiv 50(\bmod 7).$$

**定理 3.1.11**　设 $m_i$ 是一个正整数，$a\equiv b(\bmod m_i)$，$i=1, \cdots, k$，则

$$a\equiv b(\bmod [m_1, \cdots, m_k]).$$

**证**　设 $a\equiv b(\bmod m_i)$，$i=1, \cdots, k$，则

$$m_i\mid(a-b), \quad i=1, \cdots, k.$$

根据定理 1.3.6，则有

$$[m_1, \cdots, m_k]\mid(a-b).$$

故

$$a\equiv b(\bmod [m_1, \cdots, m_k]).$$

**例 3.1.11**　因为 $190\equiv 50(\bmod 7)$，$190\equiv 50(\bmod 10)$ 以及 $(7, 10)=1$，所以

$$190\equiv 50(\bmod 70).$$

**例 3.1.12**　设 $p$, $q$ 是不同的素数，如果整数 $a$, $b$ 满足

$$a\equiv b(\bmod p), \quad a\equiv b(\bmod q),$$

则有 $a\equiv b(\bmod pq)$.

**证**　若 $a\equiv b(\bmod p)$，$a\equiv b(\bmod q)$，则

$$p\mid(a-b), \quad q\mid(a-b).$$

因为 $p$, $q$ 是不同的素数，所以根据定理 1.3.3，则有

$$pq\mid(a-b).$$

这就是

$$a\equiv b(\bmod pq).$$

**定理 3.1.12**　设 $m$ 是一个正整数，$a\equiv b(\bmod m)$，则

$$(a, m)=(b, m).$$

**证**　设 $a\equiv b(\bmod m)$，则存在整数 $k$ 使得 $a=b+mk$.

根据定理 1.2.2，则有

$$(a, m)=(b, m).$$

**例 3.1.13**　设 $m$, $n$, $a$ 都是正整数，如果

$$n^a\not\equiv 0, 1(\bmod m),$$

则存在 $n$ 的一个素因数 $p$，使得

$$p^a\not\equiv 0, 1(\bmod m).$$

**证**　反证法，如果存在 $n$ 的一个素因数 $p$，使得 $p^a\equiv 0(\bmod m)$，则 $m\mid p^a$，但 $p^a\mid n^a$，

故 $m \mid n^a$，即 $n^a \equiv 0 (\bmod m)$，这与假设矛盾．

如果对 $n$ 的每个素因数 $p$，都有

$$p^a \equiv 1 (\bmod m),$$

根据定理 3.1.3(2)，则有

$$n^a \equiv 1 (\bmod m).$$

这也与假设矛盾．因此，结论成立，证毕．

## 3.2　剩余类及完全剩余系

因为同余是一种等价关系，所以我们可以借助于同余对全体整数进行分类，把余数相同的数放在一起，这样就产生了剩余类概念．

本节讨论剩余类以及与剩余类有关的完全剩余系的性质，这些性质已在信息安全中得到普遍应用．

首先给出下面的定义：

**定义 3.2.1**　设 $m$ 是一个给定的正整数，$C_r(r=0, 1, \cdots, m-1)$ 表示所有形如 $qm+r$ 的整数组成的集，其中 $q=0, \pm1, \pm2, \cdots$，则 $C_0, \cdots, C_{m-1}$ 称为模数 $m$ 的剩余类，剩余类中的任一数称为该类的剩余．则有

**定理 3.2.1**　设 $m$ 是一个正整数，则

(1) 任一整数必包含在一个 $C_r$ 中，$0 \leqslant r \leqslant m-1$；

(2) $C_a = C_b$ 的充分必要条件是

$$a \equiv b (\bmod m);$$

(3) $C_a$ 与 $C_b$ 的交集为空集的充分必要条件是

$$a \not\equiv b (\bmod m).$$

**证**　(1)设 $a$ 为任一整数，则有

$$a = mq + r,\ 0 \leqslant r < m,$$

故 $a$ 恰包含在 $C_r$ 中．

(2)设 $a$，$b$ 是两个整数，并且都在 $C_r$ 内，则

$$a = q_1 m + r,\ b = q_2 m + r.$$

故 $m \mid (a-b)$反之，若 $m \mid (a-b)$，则由同余的定义知 $a$ 和 $b$ 同在某一 $C_r$ 类里，$0 \leqslant r < m$.

(3) 由(2)立即得到必要性，下面来证明充分性.

反证法，假设 $C_a$ 与 $C_b$ 的交集非空，即存在整数 $c$，满足 $c \in C_a$ 及 $c \in C_b$，则有

$$c = q_1 m + a \text{ 且 } c = q_2 m + b,$$

即有

$$q_1 m + a = q_2 m + b,$$

也即

$$a - b = (q_2 - q_1) m.$$

故

$$a \equiv b (\bmod m).$$

这与假设矛盾，故 $C_a$ 与 $C_b$ 的交集为空集，证毕．

**定义 3.2.2**　在模 $m$ 的剩余类 $C_0, C_1, \cdots, C_{m-1}$ 中各取一数 $r_j \in C_j$，$j = 0, 1, \cdots,$

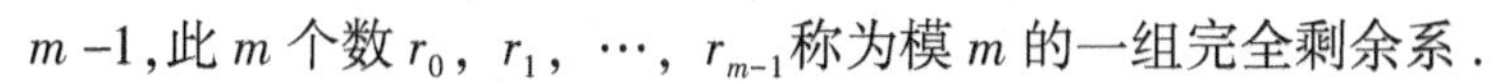

$m-1$,此 $m$ 个数 $r_0$, $r_1$, …, $r_{m-1}$称为模 $m$ 的一组完全剩余系.

**例 3.2.1** 设正整数 $m=10$, 对任意整数 $a$, 集合

$$C_a=\{a+10k \mid k\in\mathbf{Z}\}$$

是模 $m=10$ 的剩余类.

0, 1, 2, 3, 4, 5, 6, 7, 8, 9 为模 10 的一个完全剩余系.

1, 2, 3, 4, 5, 6, 7, 8, 9, 10 为模 10 的一个完全剩余系.

0, –1, –2, –3, –4, –5, –6, –7, –8, –9 为模 10 的一个完全剩余系.

0, 3, 6, 9, 12, 15, 18, 21, 24, 27 为模 10 的一个完全剩余系.

10, 11, 22, 33, 44, 55, 66, 77, 88, 99 为模 10 的一个完全剩余系.

**定理 3.2.2** 设 $m$ 是一个正整数, 则 $m$ 个整数 $r_0$, $r_1$, …, $r_{m-1}$为模 $m$ 的一个完全剩余系的充分必要条件是它们模 $m$ 两两不同余.

**证** 设 $r_0$, $r_1$, …, $r_{m-1}$是模 $m$ 的一个完全剩余系, 根据定理 3.2.1(2), 它们模 $m$ 两两不同余.

反过来, 设 $r_0$, $r_1$, …, $r_{m-1}$模 $m$ 两两不同余. 根据定理 3.2.1(3), 这 $m$ 个整数中的任何两个整数都不在同一个剩余类里. 因此, 它们成为模 $m$ 的一个完全剩余系.

**例 3.2.2** 设 $m$ 是一个正整数, 则

(1) 0, 1, …, $m-1$ 是模 $m$ 的一个完全剩余系, 称为模 $m$ 的最小非负完全剩余系;

(2) 1, …, $m-1$, $m$ 是模 $m$ 的一个完全剩余系, 称为模 $m$ 的最小正完全剩余系;

(3) $-(m-1)$, …, $-1$, 0 是模 $m$ 的一个完全剩余系, 称为模 $m$ 的最大非正完全剩余系;

(4) $-m$, $-(m-1)$, …, $-1$ 是模 $m$ 的一个完全剩余系, 称为模 $m$ 的最大负完全剩余系;

(5) 当 $m$ 为偶数时,

$$-m/2,\ -(m-2)/2,\ \cdots,\ -1,\ 0,\ 1,\ \cdots,\ (m-2)/2$$

或

$$-(m-2)/2,\ \cdots,\ -1,\ 0,\ 1,\ \cdots,\ (m-2)/2,\ m/2$$

是模 $m$ 的一个完全剩余系;

当 $m$ 为奇数时,

$$-(m-1)/2,\ \cdots,\ -1,\ 0,\ 1,\ \cdots,\ (m-1)/2$$

是模 $m$ 的一个完全剩余系, 上述的两个完全剩余系统称为模 $m$ 的一个绝对值最小完全剩余系.

**定理 3.2.3** $m_1>0$, $m_2>0$, $(m_1, m_2)=1$, 若 $x_1$, $x_2$ 分别遍历模 $m_1$, $m_2$ 的完全剩余系, 则 $m_2x_1+m_1x_2$ 遍历模 $m_1m_2$ 的完全剩余系.

**证** 因为 $x_1$, $x_2$ 分别遍历 $m_1$, $m_2$ 个数时, $m_2x_1+m_1x_2$ 遍历 $m_1m_2$ 个整数, 所以只需证明 $m_1m_2$ 个整数模 $m_1m_2$ 两两不同余, 若整数 $x_1$, $x_2$ 和 $y_1$, $y_2$ 满足

$$m_2x_1+m_1x_2\equiv m_2y_1+m_1y_2 \pmod{m_1m_2},$$

根据定理 3.1.10, 则有

$$m_2x_1+m_1x_2\equiv m_2y_1+m_1y_2 \pmod{m_1}$$

或者

$$m_2x_1\equiv m_2y_1 \pmod{m_1}.$$

进而, $m_1 \mid m_2(x_1-y_1)$, 因为$(m_1, m_2)=1$, 所以 $m_1 \mid (x_1-y_1)$, 故 $x_1$ 与 $y_1$ 模 $m_1$ 同余.

同理，$x_2$ 与 $y_2$ 模 $m_2$ 同余．

因此，定理是成立的，证毕．

**例 3.2.3** 设 $p$，$q$ 是两个不同的素数，$n$ 是它们的乘积，则对任意的整数 $c$，存在唯一的一对整数 $x$，$y$ 满足

$$qx+py\equiv c(\bmod n),\ 0\leqslant x<p,\ 0\leqslant y<q.$$

**证** 因为 $p$，$q$ 是两个不同的素数，所以 $p$，$q$ 是互素的，根据定理 3.2.3 及其证明，知 $x$，$y$ 分别遍历 $p$，$q$ 的完全剩余系时，$qx+py$ 遍历模 $n=pq$ 的完全剩余系，因此，存在唯一的一对整数 $x$，$y$ 满足 $qx+py\equiv c(\bmod n)$，$0\leqslant x<p$，$0\leqslant y<q$.

## 3.3 缩 系

在上节里讨论了完全剩余系的基本性质，这一节将进一步讨论完全剩余系中与模互质的整数．这就需要引进缩系(简化剩余系)的概念，在讨论缩系的过程中，需要用到数论上一个很重要的函数——欧拉函数，我们先给出几个定义．

**定义 3.3.1** 设 $m$ 是一个正整数，则 $m$ 个整数 0，1，…，$m-1$ 中与 $m$ 互素的整数的个数，记作 $\varphi(m)$，通常称为欧拉(Euler)函数．

**例 3.3.1** 设 $m=10$，则 10 个整数 0，1，2，3，4，5，6，7，8，9 中与 10 互素的整数为 1，3，7，9，所以 $\varphi(10)=4$.

**定义 3.3.2** 如果一个模数 $m$ 的剩余类里面的数与 $m$ 互素(显然，只需要有一个与 $m$ 互素，其余的均与 $m$ 互素)，就把它称为一个与模数 $m$ 互素的剩余类．

**定义 3.3.3** 在与模 $m$ 互素的全部剩余类中，各取一数所组成的集称为模数 $m$ 的一组缩系．模 $m$ 的缩系的元素个数为 $\varphi(m)$.

**例 3.3.2** 设 $m$ 是一个正整数，则

(1) $m$ 个整数 0，1，…，$m-1$ 中与 $m$ 互素的整数全体组成模 $m$ 的一个缩系，称为模 $m$ 的最小非负缩系；

(2) $m$ 个整数 1，…，$m-1$，$m$ 中与 $m$ 互素的整数全体组成模 $m$ 的一个缩系，称为模 $m$ 的最小正缩系；

(3) $m$ 个整数 $-(m-1)$，…，$-1$，0 中与 $m$ 互素的整数全体组成模 $m$ 的一个缩系，称为模 $m$ 的最大非正缩系；

(4) $m$ 个整数 $-m$，$-(m-1)$，…，$-1$ 中与 $m$ 互素的整数全体组成模 $m$ 的一个缩系，称为模 $m$ 的最大负缩系；

(5) 当 $m$ 为偶数时，$m$ 个整数

$$-m/2,\ -(m-2)/2,\ \cdots,\ -1,\ 0,\ 1,\ \cdots,\ (m-2)/2$$

或 $m$ 个整数

$$-(m-2)/2,\ \cdots,\ -1,\ 0,\ 1,\ \cdots,\ (m-2)/2,\ m/2$$

中与 $m$ 互素的整数全体组成模 $m$ 的一个缩系；

当 $m$ 为奇数时，$m$ 个整数

$$-(m-1)/2,\ \cdots,\ -1,\ 0,\ 1,\ \cdots,\ (m-1)/2$$

中与 $m$ 互素的整数全体组成模 $m$ 的一个缩系，上述两个缩系统称为模 $m$ 的一个绝对值最小缩系．

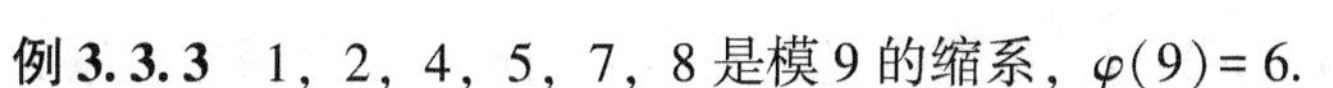

**例 3.3.3** 1，2，4，5，7，8 是模 9 的缩系，$\varphi(9)=6$.

**例 3.3.4** 1，3，5，9，11，13，15，17，19，23，25，27 是模 28 的缩系，$\varphi(28)=12$.

**例 3.3.5** 当 $m=p$ 为素数时，1，2，…，$p-1$ 是模 $p$ 的缩系，所以 $\varphi(p)=p-1$.

**定理 3.3.1** 设 $m$ 是一个正整数．若 $r_1$，…，$r_{\varphi(m)}$ 是 $\varphi(m)$ 个与 $m$ 互素的整数，则 $r_1$，…，$r_{\varphi(m)}$ 是模 $m$ 的一个缩系的充分必要条件是它们两两对模数 $m$ 不同余．

**定理 3.3.2** 设 $m$ 是一个正整数，$a$ 是满足 $(a, m)=1$ 的整数，如果 $x$ 遍历模 $m$ 的缩系，则 $ax$ 也遍历模 $m$ 的一个缩系．

**证** 当 $x$ 遍历模 $m$ 的缩系时，即 $x=x_1, x_2, \cdots, x_{\varphi(m)}$，由于 $(a, m)=1$，$(x_j, m)=1$，故 $(ax_j, m)=1$，$(j=1, 2, \cdots, \varphi(m))$，即 $a x_1$，…，$a x_{\varphi(m)}$ 是 $\varphi(m)$ 个与 $m$ 互素的整数，由定理 3.3.1，只需证明 $a x_1$，…，$a x_{\varphi(m)}$ 两两对模数 $m$ 不同余即可．若 $a x_i \equiv a x_j \pmod m$ $(i\neq j)$，可得 $x_i \equiv x_j \pmod m$，这与 $x_i$，$x_j$ 是模 $m$ 的缩系中两个不同的元素相矛盾，故 $ax_i \not\equiv a x_j \pmod m$.

**例 3.3.6** 已知 1，3，5，9，11，13，15，17，19，23，25，27 是模 28 的缩系，$(5, 28)=1$，所以

$5\times1\equiv5 \pmod{28}$，$5\times3=15$，$5\times5=25$，$5\times9=45\equiv17 \pmod{28}$，$5\times11=55\equiv27 \pmod{28}$，$5\times13=65\equiv9 \pmod{28}$，

$5\times15=75\equiv19 \pmod{28}$，$5\times17=85\equiv1 \pmod{28}$，$5\times19=95\equiv11 \pmod{28}$，$5\times23=115\equiv3 \pmod{28}$，$5\times25=125\equiv13 \pmod{28}$，$5\times27=135\equiv23 \pmod{28}$.

因此，$5\times1$，$5\times3$，$5\times5$，$5\times9$，$5\times11$，$5\times13$，$5\times15$，$5\times17$，$5\times19$，$5\times23$，$5\times25$，$5\times27$ 是模 28 的缩系.

**例 3.3.7** 设 $m=7$，$a$ 表示第一列数，为与 $m$ 互素的给定数，$x$ 表示第一行数，遍历模 $m$ 的简化剩余系，$a$ 所在行与 $x$ 所在列的交叉位置表示 $ax$ 模 $m$ 最小非负剩余，则得到如下的列表：

| $a$ \ $x$ | 1 | 2 | 3 | 4 | 5 | 6 |
|---|---|---|---|---|---|---|
| 1 | 1 | 2 | 3 | 4 | 5 | 6 |
| 2 | 2 | 4 | 6 | 1 | 3 | 5 |
| 3 | 3 | 6 | 2 | 5 | 1 | 4 |
| 4 | 4 | 1 | 5 | 2 | 6 | 3 |
| 5 | 5 | 3 | 1 | 6 | 4 | 2 |
| 6 | 6 | 5 | 4 | 3 | 2 | 1 |

其中，$a$ 所在行的数表示 $ax$ 随 $x$ 遍历模 $m$ 的缩系.

**定理 3.3.3** 设 $m$ 是一个正整数，$a$ 是满足 $(a, m)=1$ 的整数，则存在整数 $a'$，$1\leqslant a'<m$，使得

$$aa'\equiv1 \pmod m.$$

**证一(存在性证明)** 因为$(a, m)=1$，根据定理3.3.2，$x$遍历模$m$的最小缩系时，$ax$也遍历模$m$的一个缩系．因此，存在整数$x=a'$，$1\leqslant a'<m$使得$aa'$属于1的剩余类，即$aa'\equiv 1 \pmod m$，证毕.

因为在实际运用中，常常需要具体地求出整数，所以运用辗转相除法给出定理3.3.3的构造性证明.

**证二(构造性证明)** 因为$(a, m)=1$，根据推论1.2.1，运用辗转相除法可找到整数$s$，$t$，使得

$$sa+tm=(a, m)=1.$$

由上式知$(s, m)=1$，因此可设

$$s=km+r,\ 0<r<m,$$

取$a'=r$，则$1\leqslant a'<m$，且$a'a-1=-tm$，故

$$aa'\equiv 1 \pmod m.$$

证毕.

**例3.3.8** 设$m=7$，$a$表示与$m$互素的整数，根据定理3.3.3，则得到相应的同余式:

$$1\times 1\equiv 1,\ 2\times 4\equiv 1,\ 3\times 5\equiv 1 \pmod 7,$$
$$4\times 2\equiv 1,\ 5\times 3\equiv 1,\ 6\times 6\equiv 1 \pmod 7.$$

**例3.3.9** 设$m=46480$，$a=39423$，根据例1.2.9，由辗转相除法，可找到整数$s=-22703$，$t=26767$，使得

$$(-22703)\times 46480+26767\times 39423=1.$$

因此，$a'=26767 \pmod{46480}$使得

$$39423\times 26767\equiv 1 \pmod{46480}.$$

**定理3.3.4** 设$m_1>0$，$m_2>0$，$(m_1, m_2)=1$，如果$x_1$，$x_2$分别遍历模$m_1$和模$m_2$的简化剩余系，则$m_2x_1+m_1x_2$遍历模$m_1m_2$的简化剩余系.

**证** 首先证明$(x_1, m_1)=1$，$(x_2, m_2)=1$时，

$$(m_2x_1+m_1x_2, m_1m_2)=1.$$

事实上，因为$(m_1, m_2)=1$，根据定理1.2.3和定理1.3.1，则有

$$(m_2x_1+m_1x_2, m_1)=(m_2x_1, m_1)=(x_1, m_1)=1,$$
$$(m_2x_1+m_1x_2, m_2)=(m_1x_2, m_2)=(x_2, m_2)=1.$$

因此，再根据定理1.3.2，可得到

$$(m_2x_1+m_1x_2, m_1m_2)=1.$$

其次，证明模$m_1m_2$的任一简化剩余可表示为

$$m_2x_1+m_1x_2.$$

其中，$(x_1, m_1)=1$，$(x_2, m_2)=1$，事实上，根据定理3.2.3，模$m_1m_2$的任一剩余可以表示为

$$m_2x_1+m_1x_2.$$

因此，当$(m_2x_1+m_1x_2, m_1m_2)=1$时，根据定理1.3.1和定理1.2.2，则有

$$(x_1, m_1)=(m_2x_1, m_1)=(m_2x_1+m_1x_2, m_1)=1.$$

同理，$(x_2, m_2)=1$，结论成立，证毕.

由定理3.3.4我们可以推出欧拉函数$\varphi$的性质(即$\varphi$是所谓的乘性函数).

**推论3.3.1** 设$m$，$n$是互素的两个正整数，则

$$\varphi(mn)=\varphi(m)\varphi(n).$$

**证** 根据定理3.3.4，当$x$遍历模$m$的简化剩余系，共$\varphi(m)$个整数以及$y$遍历模$n$的简化剩余系，共$\varphi(n)$个整数时，$ym+xn$遍历模$mn$的简化剩余系，其整数个数为$\varphi(m)\varphi(n)$，但模$mn$的简化剩余系的元素个数又为$\varphi(mn)$，因此，$\varphi(mn)=\varphi(m)\varphi(n)$，证毕.

**例3.3.10** $\varphi(55)=\varphi(5)\varphi(11)=4\times10=40.$

**定理3.3.5** 设$n$有标准因数分解式为

$$n=p_1^{\alpha_1}\cdots p_k^{\alpha_k},$$

则

$$\varphi(n)=n\left(1-\frac{1}{p_1}\right)\cdots\left(1-\frac{1}{p_k}\right).$$

**证** 由推论3.3.1得$\varphi(n)=\varphi(p_1^{\alpha_1})\cdots\varphi(p_k^{\alpha_k})$. 今证明$\varphi(p^\alpha)=p^\alpha-p^{\alpha-1}$，由$\varphi(n)$的定义知，$\varphi(p^\alpha)$等于从$p^\alpha$减去在1，…，$p^\alpha$中与$p$不互素的数的个数，因为$p$是素数，故$\varphi(p^\alpha)$等于从$p^\alpha$减去在1，…，$p^\alpha$中被$p$整除的数的个数，而在1，…，$p$，$p+1$，…，$2p$，…，$p^{\alpha-1}\cdot p$中，易知$p$的倍数共有$p^{\alpha-1}$个，即得$\varphi(p^\alpha)=p^\alpha-p^{\alpha-1}$，证毕.

特别地，当$n$是不同素数$p$，$q$的乘积时，则有

**推论3.3.2** 设$p$，$q$是不同的素数，则

$$\varphi(pq)=pq-p-q+1.$$

**证** 由定理3.3.5，则有

$$\varphi(pq)=\varphi(p)\varphi(q)=(p-1)(q-1)=pq-p-q+1.$$

注意，当$n$为合数，且不知道$n$的因数分解式时，通常很难求出$n$的欧拉函数值$\varphi(n)$.

**例3.3.11** 设正整数$n$是两个不同素数的乘积，如果已知$n$和欧拉函数值$\varphi(n)$，则可求出$n$的因数分解式.

**证** 考虑未知数$p$，$q$的方程组：

$$\begin{cases}p+q=n+1-\varphi(n),\\ p\cdot q=n.\end{cases}$$

根据多项式的根与系数之间的关系，可以从二次方程$z^2-(n+1-\varphi(n))z+n=0$求出$n$的因数$pq$.

下面我们进一步考虑欧拉函数的性质，该性质将用于有限域的构造.

**定理3.3.6** 设$n\geqslant1$，则

$$\sum_{d\mid n}\varphi(d)=n.$$

**证** 我们对数集$C=\{1,\ \cdots,\ n\}$按照与$n$的最大公因数进行分类如下：

对于正整数$d\mid n$，记

$$C_d=\{m\mid 1\leqslant m\leqslant n,\ (m,\ n)=d\}.$$

因为$(m,\ n)=d$的充要条件是$\left(\frac{m}{d},\ \frac{n}{d}\right)=1$，所以$C_d$中元素$m$的形式为

$$C_d=\{m=dk\mid 1\leqslant k\leqslant\frac{n}{d},\ (k,\ \frac{n}{d})=1\}.$$

因此，$C_d$中的元素个数为$\varphi\left(\frac{n}{d}\right)$，因为整数1，…，$n$中的每个整数属于且仅属于一个类$C_d$，若记$\#(A)$表示有限集$A$的元素的个数，则$\#(C_d)=\varphi\left(\frac{n}{d}\right)$，$\#(C)=\ \sum\#(C_d)$或

$$n=\sum_{d\mid n}\varphi\left(\frac{n}{d}\right)$$

又 $d$ 遍历整数 $n$ 的所有正因数时，$\frac{n}{d}$ 也遍历整数 $n$ 的所有正因数，故 $n=\sum_{d\mid n}\varphi\left(\frac{n}{d}\right)=\sum_{d\mid n}\varphi(d)$.

**例 3.3.12** 设整数 $n=50$，则 $n$ 的正因数为 $d=1, 2, 5, 10, 25, 50$，这时，根据定理 3.3.6 可分类为：

$C_1=\{1, 3, 7, 9, 11, 13, 17, 19, 21, 23, 27, 29, 31, 33, 37, 39, 41, 43, 47, 49\}$；

$C_2=\{2, 4, 6, 8, 12, 14, 16, 18, 22, 24, 26, 28, 32, 34, 36, 38, 42, 44, 46, 48\}$；

$C_5=\{5, 15, 35, 45\}$；$C_{10}=\{10, 20, 30, 40\}$；

$C_{25}=\{25\}$；$C_{50}=\{50\}$.

这六类元素的个数分别为：

$$\#(C_1)=\varphi(50)=20,\ \#(C_2)=\varphi(25)=20,$$
$$\#(C_5)=\varphi(10)=4,\ \#(C_{10})=\varphi(5)=4,$$
$$\#(C_{25})=\varphi(2)=1,\ \#(C_{50})=\varphi(1)=1.$$

经验算，有

$$50=\varphi(50)+\varphi(25)+\varphi(10)+\varphi(5)+\varphi(2)+\varphi(1)=\sum_{d\mid 50}\varphi(d).$$

上面讨论欧拉函数 $\varphi(n)$ 的一些性质，接下来应用缩系的性质证明数论中两个著名的定理——欧拉定理和费马定理.

**定理 3.3.7(欧拉定理)** 设 $m$ 是大于 1 的整数，如果 $a$ 是满足 $(a, m)=1$ 的整数，则

$$a^{\varphi(m)}\equiv 1 \pmod m.$$

**证** 设 $r_1, \cdots, r_{\varphi(m)}$ 是模 $m$ 的简化剩余系，则由定理 3.3.2，$ar_1, ar_2, \cdots, ar_{\varphi(m)}$ 也是模 $m$ 的简化剩余系，故 $(ar_1)\cdots(ar_{\varphi(m)})\equiv r_1\cdots r_{\varphi(m)} \pmod m$，即 $a^{\varphi(m)}(r_1r_2\cdots r_{\varphi(m)})\equiv r_1\cdots r_{\varphi(m)} \pmod m$. 但 $(r_1, m)=(r_2, m)=\cdots=(r_{\varphi(m)}, m)=1$，故 $(r_1r_2\cdots r_{\varphi(m)}, m)=1$，从而，根据定理 3.1.7 得到 $a^{\varphi(m)}\equiv 1 \pmod m$，证毕.

**例 3.3.13** 设 $m=13$，$a=2$，则有 $(2, 13)=1$，$\varphi(13)=12$，故 $2^{12}\equiv 1 \pmod{13}$.

**例 3.3.14** 设 $m=19$，$19\nmid a$，则有 $(a, 19)=1$，$\varphi(19)=18$，故 $a^{18}\equiv 1 \pmod{19}$.

**推论 3.3.3(Fermat)** 设 $p$ 是素数，则

$$a^p\equiv a \pmod p.$$

**证** 若 $(a, p)=1$，由定理 3.3.7 及定理 3.3.5，即得 $a^{p-1}\equiv 1 \pmod p$，因而

$$a^p\equiv a \pmod p.$$

若 $(a, p)\neq 1$，则 $p\mid a$，故 $a^p\equiv a \pmod p$，证毕.

该推论通常称为费马小定理 . 3.4 节将给出欧拉定理和费马定理在密码学中的重要应用.

**定理 3.3.8(Wilson)** 设 $p$ 是一个素数，则

$$(p-1)!\equiv -1 \pmod p.$$

**证** 若 $p=2$，结论显然成立.

现设 $p\geqslant 3$，根据定理 3.3.3，对于每个整数 $a$，$1\leqslant a\leqslant p-1$，存在唯一的整数 $a'$，$1\leqslant a'$

$\leqslant p-1$，使得

$$aa' \equiv 1 \pmod{p}.$$

而 $a'=a$ 的充要条件是 $a$ 满足

$$a^2 \equiv 1 \pmod{p},$$

这时，$a=1$ 或 $a=p-1$，

我们将 2，3，…，$p-2$ 中的 $a$ 与 $a'$配对，得到

$$\begin{aligned} 1 \cdot 2 \cdots (p-2)(p-1) &\equiv 1 \cdot (p-1) \prod_a aa' \\ &\equiv 1 \cdot (p-1) \\ &\equiv -1 \pmod{p}. \end{aligned}$$

因此，结论成立，证毕.

**例 3.3.15**　设 $p=17$，则有

$$2\times9=18\equiv1,\ 3\times6=18\equiv1,\ 4\times13=52\equiv1,$$
$$5\times7=35\equiv1,\ 8\times15=120\equiv1,\ 10\times12=120\equiv1,$$
$$11\times14=154\equiv1,\ 1\times16\equiv-1 \pmod{17}.$$

因此，

$$\begin{aligned} &1\times2\times3\times4\times5\times6\times7\times8\times9\times10\times11\times12\times13\times14\times15\times16 \\ &=(1\times16)(2\times9)(3\times6)(4\times13)(5\times7)(8\times15)(10\times12)(11\times14) \\ &\equiv(-1)\times1\times1\times1\times1\times1\times1\times1 \\ &\equiv-1 \pmod{17}. \end{aligned}$$

## 3.4　RSA 公钥密码算法

1978 年，美国麻省理工学院的三名密码学者 R. L. Rivest，A. Shamir，L. M. Adleman 提出了一种基于大合数因子分解困难性的公开密钥密码，简称 RSA 密码．由于 RSA 密码既可用于加密，又可用于数字签名，安全、易懂，因此 RSA 密码已成为目前应用最广泛的公开密钥密码．许多国际标准化组织，如 ISO、ITU 和 SWIFT 等都已接受 RSA 作为标准，Internet 的 E-mail 保密系统 PGP 以及国际 VISA 和 MASTER 组织的电子商务协议(SET 协议)中都将 RSA 密码作为传送会话密钥和数字签名的标准.

### 3.4.1　RSA 加解密算法

(1) 随机地选择两个大素数 $p$ 和 $q$，而且保密；

(2)计算 $n=pq$，将 $n$ 公开；

(3)计算 $\varphi(n)=(p-1)(q-1)$，对 $\varphi(n)$保密；

(4)随机地选取一个正整数 $e$，满足 $1<e<\varphi(n)$且$(e, \varphi(n))=1$，将 $e$ 公开；

(5) 根据 $ed\equiv1 \bmod \varphi(n)$，求出 $d$，并对 $d$ 保密；

(6) 加密运算：

$$C=M^e \bmod n; \tag{3-1}$$

(7) 解密运算：

$$M=C^d \bmod n. \tag{3-2}$$

由以上算法可知，RSA 密码的公开加密钥 $k_e=\langle n, e\rangle$，而保密的解密钥 $k_d=\langle p, q, d, \varphi(n)\rangle$.

为了便于理解，我们以两个小的素数来说明 RSA 密钥对的生成过程.

**例 3.4.1** 设 $p=7$，$q=11$，取 $e=13$，求 $n$，$\varphi(n)$ 及 $d$.

求解过程如下：

(1) $n=7\times 11=77$.

(2) $\varphi(n)=(7-1)\times(11-1)=60$.

因 $e=13$，满足 $1<e<\varphi(n)$ 且 $(e, \varphi(n))=1$，所以，可以取加密密钥 $e=13$.

(3) 已知 $e=13$，通过公式 $ed\equiv 1 \bmod (60)$，求出 $d$ 的方法已由定理 3.3.3 给出，求得

$$d=37(\text{满足 } d\neq e \text{ 且 } 1<d<\varphi(n)).$$

注意，有时在给定的条件下，找到的 $d=e$，这样的密钥是不符合要求的，必须将 $d$ 和 $e$ 同时舍弃.

例如，设 $p=3$，$q=7$，取 $e=5$，则 $n=3\times 7=21$，$\varphi(n)=(3-1)\times(7-1)=12$，满足条件 $de\equiv 1(\bmod \varphi(n))$ 的 $d$ 只有 5，此时 $d=e$，所以这样的密钥对是不符合要求的.

现在利用 3.3 节中的欧拉定理和费马定理对 RSA 算法的加解密可逆性进行证明.

### 3.4.2 RSA 的可逆性证明

要证明加解密算法可逆性，根据式(3-1)和式(3-2)，即要证明：

$$M=C^d=(M^e)^d=M^{ed} \bmod n.$$

因为 $ed\equiv 1 \bmod \varphi(n)$，这说明 $ed=t\varphi(n)+1$，其中 $t$ 为某整数. 所以

$$M^{ed}=M^{t\varphi(n)+1} \bmod n.$$

因此，要证明 $M^{ed}=M \bmod n$，只要证明

$$M^{t\varphi(n)+1}=M \bmod n.$$

在 $(M, n)=1$ 的情况下，根据欧拉定理，

$$M^{t\varphi(n)}=1 \bmod n.$$

于是有 $M^{t\varphi(n)+1}=M \bmod n$.

在 $(M, n)\neq 1$ 的情况下，分两种情况：

(1) $M\in\{1, 2, 3, \cdots, n-1\}$；

因为 $n=pq$，$p$ 和 $q$ 为素数，$M\in\{1, 2, 3, \cdots, n-1\}$ 且 $(M, n)\neq 1$. 这说明 $M$ 必含 $p$ 或 $q$ 之一为其因子，而且不能同时包含两者，否则将有 $M\geqslant n$，这与 $M\in\{1, 2, 3, \cdots, n-1\}$ 矛盾.

不妨设 $M=ap$.

又因 $q$ 为素数，且 $M$ 不包含 $q$，故有 $(M, q)=1$，由欧拉定理有

$$M^{\varphi(q)}=1 \bmod q.$$

进一步有

$$M^{t(p-1)\varphi(q)}=1 \bmod q.$$

因为 $q$ 是素数，$\varphi(q)=q-1$，所以 $t(p-1)\varphi(q)=t\varphi(n)$，则有

$$M^{t\varphi(n)}=1 \bmod q.$$

于是，

$$M^{t\varphi(n)}=bq+1,$$

其中 $b$ 为某整数.

两边同乘 $M$,

$$M^{t\varphi(n)+1}=bqM+M.$$

因为 $M=ap$，故

$$M^{t\varphi(n)+1}=bqap+M=abn+M.$$

取模 $n$ 得

$$M^{t\varphi(n)+1}=M\bmod n.$$

(2) $M=0$;

当 $M=0$ 时，直接验证，可知命题成立.

### 3.4.3 RSA 密码的安全性分析

小合数的因子分解是容易的，然而大合数的因子分解却十分困难．只要合数足够大，进行因子分解是相当困难的．密码分析者攻击 RSA 密码的关键点就在于如何分解 $n$，若分解成功使 $n=pq$，则可以计算出 $\varphi(n)=(p-1)(q-1)$，然后由公开的 $e$ 通过 $ed\equiv 1\bmod \varphi(n)$ 解出秘密的 $d$.

由此可见，只要能对 $n$ 进行因子分解，便可攻破 RSA 密码．由此可得出，破译 RSA 密码的难度大于或等于对 $n$ 进行因子分解的难度，目前尚不能证明两者是否能确切相等．因为不能确知除了对 $n$ 进行因子分解的方法外，是否还有别的更简捷的破译方法.

因此，应用 RSA 密码应密切关注世界因子分解的进展．虽然大合数的因子分解是十分困难的，但是随着科学技术的发展，人们对大合数因子分解的能力在不断提高，而且分解所需的成本在不断下降．因此，目前要应用 RSA 密码，应当采用足够大的整数 $n$. 普遍认为，$n$ 至少应取 1024bit 位，最好取 2048bit 位.

## 3.5 模重复平方计算法

在部分密码学加、解密算法中(如 RSA 算法)，常常要对大整数模 $m$ 和大整数 $n$，计算 $b^n(\bmod m)$，当然，我们可以递归地计算

$$b^n\equiv(b^{n-1}(\bmod m))\cdot b(\bmod m).$$

但这种计算较为费时，需作 $n-1$ 次乘法，现在，将 $n$ 写成二进制

$$n=n_0+n_1 2+\cdots+n_{k-1}2^{k-1},$$

其中，$n_i\in\{0,1\}$，$i=0,1,\cdots,k-1$，则 $b^n(\bmod m)$ 的计算可归纳为

$$b^n\equiv\underbrace{\underbrace{b^{n_0}(b^2)^{n_1}}\cdots(b^{2^{k-2}})^{n_{k-2}}}\cdot(b^{2^{k-1}})^{n_{k-1}}(\bmod m).$$

我们最多作 $2[\log_2 n]$ 次乘法，这个计算方法称为“模重复平方计算法”，具体算法如下：

(1) 令 $a=1$，并将 $n$ 写成二进制：

$$n=n_0+n_1 2+\cdots+n_{k-1}2^{k-1},$$

其中，$n_i\in\{0,1\}$，$i=0,1,\cdots,k-1$.

(2) 如果 $n_0=1$，则计算 $a_0\equiv a\cdot b(\bmod m)$，否则取 $a_0=a$，即计算 $a_0\equiv a\cdot b^{n_0}(\bmod m)$，再计算 $b_1\equiv b^2(\bmod m)$.

(3) 如果 $n_1=1$，则计算 $a_1\equiv a_0\cdot b_1(\bmod m)$，否则取 $a_1=a_0$，即计算 $a_1\equiv a_0\cdot b_1^{n_1}$

(mod $m$)，再计算 $b_2 \equiv b_1^2 \pmod m$.

……

(k) 如果 $n_{k-2}=1$，则计算 $a_{k-2} \equiv a_{k-3} \cdot b_{k-2} \pmod m$，否则取 $a_{k-2}=a_{k-3}$，即计算 $a_{k-2} \equiv a_{k-3} \cdot b_{k-2}^{n_{k-2}} \pmod m$，再计算 $b_{k-1} \equiv b_{k-2}^2 \pmod m$.

(k+1) 如果 $n_{k-1}=1$，则计算 $a_{k-1} \equiv a_{k-2} \cdot b_{k-1} \pmod m$，否则取 $a_{k-1}=a_{k-2}$，即计算 $a_{k-1} \equiv a_{k-2} \cdot b_{k-1}^{n_{k-1}} \pmod m$. 最后，$a_{k-1}$ 就是 $b^n \pmod m$.

**例 3.5.1** 计算 $137^{113} \pmod{227}$.

**解** 设 $m=227$，$b=137$，令 $a=1$，将 113 写成二进制：

$$113=1+2^4+2^5+2^6.$$

依次计算如下：

(1) $n_0=1$，计算

$$a_0=a \cdot b^{n_0} \equiv 137,\ b_1 \equiv b^2 \equiv 155 \pmod{227}.$$

(2) $n_1=0$，计算

$$a_1=a_0 \cdot b_1^{n_1} \equiv 137,\ b_2 \equiv b_1^2 \equiv 190 \pmod{227}.$$

(3) $n_2=0$，计算

$$a_2=a_1 \cdot b_2^{n_2} \equiv 137,\ b_3 \equiv b_2^2 \equiv 7 \pmod{227}.$$

(4) $n_3=0$，计算

$$a_3=a_2 \cdot b_3^{n_3} \equiv 137,\ b_4 \equiv b_3^2 \equiv 49 \pmod{227}.$$

(5) $n_4=1$，计算

$$a_4=a_3 \cdot b_4^{n_4} \equiv 130,\ b_5 \equiv b_4^2 \equiv 131 \pmod{227}.$$

(6) $n_5=1$，计算

$$a_5=a_4 \cdot b_5^{n_5} \equiv 5,\ b_6 \equiv b_5^2 \equiv 136 \pmod{227}.$$

(7) $n_6=1$，计算

$$a_6=a_5 \cdot b_6^{n_6} \equiv 226 \equiv -1 \pmod{227}.$$

## 3.6 一次同余式

前面几节讨论了同余的基本性质，以下几节内容着重讨论同余式的一般解法，解同余式是与解代数方程类似的问题，例如，当 $x$ 与什么数同余能使 $x^5+x+1 \equiv 0 \pmod 7$ 成立？这就是解同余式的问题．由验算易看出 $x \equiv 2 \pmod 7$ 是一个解．下面先讨论一次同余式、一次同余式组，进而讨论高次同余式．其中，还特别介绍中国古代数学家在这方面的卓越成就.

**定义 3.6.1** 设 $m$ 是一个正整数，设 $f(x)$ 为多项式

$$f(x)=a_n x^n+\cdots+a_1 x+a_0,$$

其中 $a_i$ 是整数，则

$$f(x) \equiv 0 \pmod m \tag{3-3}$$

称为模 $m$ 同余式．若 $a_n \not\equiv 0 \pmod m$，则 $n$ 称为 $f(x)$ 的次数，记为 $\deg f$. 此时，式(3-3)又称为模 $m$ 的 $n$ 次同余式.

如果整数 $a$ 使得

$$f(a) \equiv 0 \pmod m$$

成立，则 $a$ 称为该同余式(3-3)的解，事实上，满足 $x\equiv a(\bmod m)$ 的所有整数都使得同余式(3-3)成立．因此，同余式(3-3)的解 $a$ 通常写成

$$x\equiv a(\bmod m).$$

不同的解是指互不同余的解，所有不同解的个数称为解数．要求同余式(3-3)的解，只要逐个把0，1，…，$m-1$ 代入式(3-3)中进行验算就可以确定，但当 $m$ 较大时，计算量往往较大.

**例 3.6.1**　$x^3+x+2\equiv 0(\bmod 5)$ 是首项系数为1的模5同余式．将0，1，2，3，4代入该同余式验算可知 $x\equiv 4(\bmod 5)$ 是该同余式的唯一解．事实上，我们有

$$4^3+4+2=70\equiv 0(\bmod 5).$$

现在我们考虑一次同余式的求解.

下面四个定理完全解决了一元一次同余式的解的问题.

**定理 3.6.1**　设 $(a, m)=1$，$m>0$，则同余式

$$ax\equiv b(\bmod m) \tag{3-4}$$

恰有一个解.

**证**　因为1，2，…，$m$ 组成一组模数 $m$ 的完全剩余系，$(a, m)=1$，故 $a$，$2a$，…，$ma$ 也组成模数 $m$ 的一组完全剩余系，故其中恰有一个数设为 $aj$，适合 $aj\equiv b(\bmod m)$，$x\equiv j(\bmod m)$ 就是式(3-4)的唯一解．证毕.

定理3.6.1并没有告诉我们如何去确定这个解，除非将1，2，…，$m$ 逐一代入验算，下面这个定理，直接给出了解.

**定理 3.6.2**　在定理3.6.1的条件下，$x\equiv ba^{\varphi(m)-1}(\bmod m)$ 是式(3-4)的唯一解.

**证**　由欧拉定理，直接可得.

**定理 3.6.3**　设 $(a, m)=d$，$m>0$，同余式

$$ax\equiv b(\bmod m) \tag{3-5}$$

有解的充分必要条件是 $d\mid b$.

**证**　如果式(3-5)有解，则由 $d\mid a$，$d\mid m$，推出 $d\mid b$. 如果 $d\mid b$，则因 $\left(\frac{a}{d}, \frac{m}{d}\right)=1$，故同余式

$$\frac{a}{d}x\equiv\frac{b}{d}\left(\bmod \frac{m}{d}\right) \tag{3-6}$$

有一组解，即式(3-6)有一组解.

**定理 3.6.4**　设 $(a, m)=d$，$m>0$，$d\mid b$，则同余式

$$ax\equiv b(\bmod m) \tag{3-7}$$

恰有 $d$ 个解.

**证**　由 $d\mid b$ 和定理3.6.3知式(3-7)有解．如有整数 $c$ 适合式(3-7)，$c$ 也适合同余式(3-6)，即

$$\frac{a}{d}x\equiv\frac{b}{d}\left(\bmod \frac{m}{d}\right).$$

反之，如 $c$ 适合同余式(3-6)，$c$ 也适合同余式(3-7)，设 $t$ 适合式(3-6)，则式(3-7)有唯一解.

$$x\equiv t\left(\bmod \frac{m}{d}\right),$$

即全体整数

$$t+k\frac{m}{d},\ k=0,\ \pm1,\ \pm2,\ \cdots,$$

对模数 $m$ 来说，恰可选出 $d$ 个互不同余的整数

$$t,\ t+\frac{m}{d},\ t+2\cdot\frac{m}{d},\ \cdots,\ t+(d-1)\frac{m}{d}. \tag{3-8}$$

这是因为对于 $t+k\frac{m}{d}$，设 $k=qd+r$，$0\leqslant r<d$，代入得 $t+k\frac{m}{d}=t+(qd+r)\frac{m}{d}=t+r\frac{m}{d}+qm\equiv t+r\frac{m}{d}\pmod m$. 又若 $0\leqslant e<d$，$0\leqslant f<d$，$t+e\frac{m}{d}\equiv t+f\frac{m}{d}\pmod m$，则推出 $f=e$，这就证明了式(3-7)的任一解恰与式(3-8)中的某一数模数 $m$ 同余，而式(3-8)中的 $d$ 个数又关于模数 $m$ 两两互不同余，即知式(3-7)恰有 $d$ 个解．证毕.

**例 3.6.2**　求解一次同余式

$$33x\equiv22\pmod{77}.$$

**解** 首先，计算最大公因数$(33,\ 77)=11$，并且有$(33,\ 77)\mid22$，所以原同余式有解；

其次，运用广义欧几里得除法，求出同余式

$$3x\equiv1\pmod 7$$

的一个特解 $x_0'\equiv5\pmod 7$；

再次，写出同余式

$$3x\equiv2\pmod 7$$

的一个特解 $x_0\equiv2\times x_0'\equiv2\times5\equiv\pmod 7$；

最后，写出原同余式的全部解

$$x\equiv3+t\frac{77}{(33,\ 77)}\equiv3+7t\pmod{77},\ t=0,\ 1,\ \cdots,\ 10$$

或者

$$x\equiv3,\ 10,\ 17,\ 24,\ 31,\ 38,\ 45,\ 52,\ 59,\ 66,\ 73\pmod{77}.$$

下面我们引入模 $m$ 逆元的定义．

**定义 3.6.2**　设 $m$ 是一个正整数，$a$ 是一个整数，如果存在整数 $a'$，使得

$$aa'\equiv1\pmod m$$

成立，则 $a$ 称为模 $m$ 可逆元.

根据定理 3.6.1，在$(a,\ m)=1$ 时，在模 $m$ 的意义下，$a'$是唯一存在的．这时 $a'$称为 $a$ 的模 $m$ 逆元，记作 $a'=a^{-1}\pmod m$.

有了模 $m$ 逆元的说法，可以将同余式(3-4)的求解写成：

**定理 3.6.5**　设$(a,\ m)=d$，$m>0$，$d\mid b$，则同余式

$$ax\equiv b\pmod m$$

的全部解为

$$x\equiv\frac{b}{d}\times\left(\left(\frac{a}{d}\right)^{-1}\bmod\left(\frac{m}{d}\right)\right)+t\frac{m}{d}\pmod m,$$

$$t=0,\ 1,\ \cdots,\ d-1.$$

现在，我们给出模简化剩余的一个等价描述.

**定理 3.6.6**　设 $m$ 是一个正整数，则整数 $a$ 是模 $m$ 简化剩余的充要条件是整数 $a$ 是模 $m$

可逆元.

**证** 必要性，如果整数 $a$ 是模 $m$ 简化剩余，则$(a,m)=1$，根据定理 3.6.1，存在整数 $a'$，使得

$$aa'\equiv 1(\bmod m).$$

因此，由定义 3.6.2，$a$ 是模 $m$ 可逆元.

充分性，如果 $a$ 是模 $m$ 可逆元，则存在整数 $a'$，使得

$$aa'\equiv 1(\bmod m),$$

即同余式

$$ax\equiv 1(\bmod m)$$

有解 $x\equiv a'(\bmod m)$. 根据定理 3.6.3，则有$(a,m)\mid 1$，从而，$(a,m)=1$. 因此，整数 $a$ 是模 $m$ 简化剩余，证毕.

## 3.7 中国剩余定理

上节讨论了含一个未知数的同余式的解法，本节要讨论如何解下面重要的同余式组 $x\equiv b_1(\bmod m_1)$，$x\equiv b_2(\bmod m_2)$，…，$x\equiv b_k(\bmod m_k)$.

在我国古代的《孙子算经》里已经提出了这种形式的问题，并且很好地解决了它.《孙子算经》里所提出的问题之一如下：

"今有物不知其数，三三数之有二，五五数之有三，七七数之有二，问物有多少？

答案：二十三.

解答过程为：三三数之有二对应于一百四十，五五数之有三对应于六十三，七七数之有二对应于三十，将这些数相加得到二百三十三，再减去二百一十，即得物之数二十三."

将"物不知数"问题用同余式组表示就是：

$$\begin{cases}x\equiv 2(\bmod 3),\\ x\equiv 3(\bmod 5),\\ x\equiv 2(\bmod 7).\end{cases}$$

《孙子算经》里面所用的方法可列表如下：

| 除数 | 余数 | 最小公倍数 | 衍数 | 乘率 | 各总 | 答数 | 最小答数 |
|---|---|---|---|---|---|---|---|
| 3 | 2 | | 5×7 | 2 | 35×2×2 | | |
| 5 | 3 | 3×5×7=105 | 7×3 | 1 | 21×1×3 | 140+63+ | 233−2×105=23 |
| 7 | 2 | | 3×5 | 1 | 15×1×2 | 30=233 | |

现在考虑"物不知数"问题的推广形式，即非常重要的中国剩余定理或孙子定理.

**定理 3.7.1(中国剩余定理)** 设 $m_1$，…，$m_k$ 是 $k$ 个两两互素的正整数，$m=m_1\cdots m_k$，$m=m_iM_i(i=1,\cdots,k)$，则对任意的整数 $b_1$，…，$b_k$，同余式组

$$\begin{cases}x\equiv b_1(\bmod m_1),\\ \qquad\cdots,\\ x\equiv b_k(\bmod m_k)\end{cases}\tag{3-9}$$

有唯一解

$$x=M'Mb_1+M'Mb_2+\cdots+M'Mb_k(\bmod m), \tag{3-10}$$

其中，$M_i'M_i\equiv 1(\bmod m_i)(i=1,\cdots,k)$.

**证** 由于$(m_i, m_j)=1$，$i\neq j$，即得$(M_i, m_i)=1$，由定理 3.6.1 知，对每一 $M_i$有一 $M_i'$存在，使得 $M_i'M_i\equiv 1(\bmod m_i)$. 另外，由 $m=m_iM_i$，可得 $m_j \mid M_i$，$i\neq j$，故

$$\sum_{j=1}^{k} M_j'M_jb_j \equiv M_i'M_ib_i \equiv b_i(\bmod m_i), \ i=1,\cdots,k,$$ 即式(3-10)为式(3-9)的解.

若 $x_1$，$x_2$是适合式(3-9)的任意两个整数，则 $x_1\equiv x_2(\bmod m_i)(i=1,\cdots,k)$. 因为$(m_i, m_j)=1$，$i\neq j$，于是 $x_1\equiv x_2(\bmod m)$，故式(3-9)仅有解式(3-10).

该定理提供了解式(3-9)的方法，现在我们也把它列表如下：

| 除数 | 余数 | 最小公倍数 | 衍数 | 乘率 | 各总 | 答数 |
|---|---|---|---|---|---|---|
| $m_1$ | $b_1$ | $m=m_1m_2\cdots m_k$ | $M_1$ | $M_1'$ | $M_1M_1'b_1$ | |
| $m_2$ | $b_2$ | | $M_2$ | $M_2'$ | $M_2M_2'b_2$ | $x\equiv\sum_{i=1}^{k}M_iM'_ib_i(\bmod m)$ |
| ⋮ | ⋮ | | ⋮ | ⋮ | ⋮ | |
| $m_k$ | $b_k$ | | $M_k$ | $M_k'$ | $M_kM_k'b_k$ | |

**例 3.7.1** 求解同余式组

$$\begin{cases} x\equiv 1(\bmod 5), \\ x\equiv 5(\bmod 6), \\ x\equiv 4(\bmod 7), \\ x\equiv 10(\bmod 11). \end{cases}$$

**解** 令 $m=5\times 6\times 7\times 11=2310$，

$$M_1=6\times 7\times 11=462, \quad M_2=5\times 7\times 11=385,$$
$$M_3=5\times 6\times 11=330, \quad M_4=5\times 6\times 7=210.$$

分别求解同余式

$$M_i'M_i\equiv 1(\bmod m_i), \ i=1,2,3,4,$$

得到

$$M_1'=3,\ M_2'=1,\ M_3'=1,\ M_4'=1,\ b_1=1,\ b_2=5,\ b_3=4,\ b_4=10.$$

故同余式组的解为

$$\begin{aligned} x &\equiv 3\times 462+385\times 5+330\times 4+210\times 10 \\ &\equiv 6731\equiv 2111(\bmod 2310). \end{aligned}$$

应用中国剩余定理，我们可以将一些复杂的运算转化为较简单的运算.

**例 3.7.2** 计算 $2^{1000000}(\bmod 77)$.

**解** 方法一 利用欧拉定理及模重复平方计算法直接计算.

因为 $77=7\times 11$，$\varphi(77)=\varphi(7)\varphi(11)=60$，所以由欧拉定理，

$$2^{60}\equiv 1(\bmod 77).$$

又 $1000000=16666\times 60+40$，所以

$$2^{1000000}=(2^{60})^{16666}\times 2^{40}\equiv 2^{40}(\bmod 77).$$

设 $m=77$，$b=2$，令 $a=1$，将40写成二进制，$40=2^3+2^5$ 运用模重复平方法，依次计算如下：

(1) $n_0=0$，计算

$$a_0=a\equiv 1,\ b_1\equiv b_2\equiv 4(\bmod 77).$$

(2) $n_1=0$，计算

$$a_1=a_0\equiv 1,\ b_2\equiv b_1^2\equiv 16(\bmod 77).$$

(3) $n_2=0$，计算

$$a_2=a_1\equiv 1,\ b_3\equiv b_2^2\equiv 25(\bmod 77).$$

(4) $n_3=1$，计算

$$a_3=a_2\cdot b_3\equiv 25,\ b_4\equiv b_3^2\equiv 9(\bmod 77).$$

(5) $n_4=0$，计算

$$a_4=a_3\equiv 25,\ b_5\equiv b_4^2\equiv 4(\bmod 77).$$

(6) $n_5=1$，计算

$$a_5=a_4\cdot b_5\equiv 23(\bmod 77).$$

最后，计算得出

$$2^{1000000}\equiv 23(\bmod 77).$$

方法二　令 $x=2^{1000000}$，因为 $77=7\times 11$，所以计算 $x(\bmod 77)$ 等价于求解同余式组

$$\begin{cases}x\equiv b_1(\bmod 7),\\ x\equiv b_2(\bmod 11).\end{cases}$$

因为欧拉定理给出 $2^{\varphi(7)}\equiv 2^6\equiv 1(\bmod 7)$，以及 $1000000=166666\times 6+4$，所以 $b_1\equiv 2^{1000000}\equiv(2^6)^{166666}\times 2^4\equiv 2(\bmod 7)$.

类似地，因为 $2^{\varphi(11)}\equiv 2^{10}\equiv 1(\bmod 11)$，$1000000=100000\times 10$，所以 $b_2\equiv 2^{1000000}\equiv(2^{10})^{100000}\equiv 1(\bmod 11)$.

令 $m_1=7$，$m_2=11$，$m=m_1\cdot m_2=77$，

$$M_1=m_2=11,\ M_2=m_1=7.$$

分别求解同余式

$$11M_1'\equiv 1(\bmod 7),\ 7M_2'\equiv 1(\bmod 11),$$

得到

$$M_1'=2,\ M_2'=8.$$

故

$$x\equiv 2\times 11\times 2+8\times 7\times 1\equiv 100\equiv 23(\bmod 77).$$

因此，$2^{1000000}\equiv 23(\bmod 77)$.

现在，我们推广定理3.2.3.

**定理3.7.2**　在定理3.7.1的条件下，若 $b_1,\cdots,b_k$ 分别遍历模 $m_1,\cdots,m_k$ 的完全剩余系，则

$$a\equiv M_1'M_1b_1+\cdots+M_k'M_kb_k(\bmod m)$$

遍历模 $m=m_1\cdots m_k$ 的完全剩余系.

**证**　令

$$x_0=M_1'M_1b_1+\cdots+M_k'M_kb_k(\bmod m),$$

则当 $b_1$，…，$b_k$ 分别遍历模 $m_1$，…，$m_k$ 的完全剩余系时，$x_0$ 遍历 $m_1\cdots m_k$ 个数，如果能够证明它们模 $m$ 两两不同余，则定理成立．事实上，若

$$M_1'M_1b_1+\cdots+M_k'M_kb_k\equiv M_1'M_1b_1'+\cdots+M_k'M_kb_k'(\bmod m),$$

则根据定理 3.1.10，

$$M_i'M_ib_i\equiv M_i'M_ib_i'(\bmod m_i),\ i=1,\ \cdots,\ k.$$

因为 $M_i'M_i\equiv 1(\bmod m_i)$，$i=1$，…，$k$，所以

$$b_i\equiv b_i'(\bmod m_i),\ i=1,\ \cdots,\ k.$$

但 $b_i$，$b_i'$ 是同一个完全剩余系中的两个数，故 $b_i\not\equiv b_i'(\bmod m_i)$，$i=1$，…，$k$，矛盾.

结论成立.

中国剩余定理在文件加密及公开密钥密码中都有广泛应用，感兴趣的读者可参阅相关资料.

## 3.8　高次同余式的解法和解数

本节利用以前的结果，初步讨论高次同余式的解数及解法．我们的方法是先把合数模的同余式化成素数幂模的同余式，然后讨论素数幂模的同余式的解法.

**定理 3.8.1**　设 $m_1$，…，$m_k$ 是 $k$ 个两两互素的正整数，$m=m_1\cdots m_k$，则同余式

$$f(x)\equiv 0(\bmod m) \tag{3-11}$$

与同余式组

$$\begin{cases}f(x)\equiv 0(\bmod m_1),\\ \quad\cdots,\\ f(x)\equiv 0(\bmod m_k)\end{cases} \tag{3-12}$$

等价，如果用 $T_i$ 表示同余式

$$f(x)\equiv 0(\bmod m_i)$$

的解数，$i=1$，…，$k$，$T$ 表示同余式(3-11)的解数，则

$$T=T_1\cdots T_k.$$

**证**　设 $x_0$ 是同余式(3-11)的解，则

$$f(x_0)\equiv 0(\bmod m).$$

根据定理 3.1.10，则有

$$f(x_0)\equiv 0(\bmod m_i),\ i=1,\ \cdots,\ k,$$

即 $x_0$ 是同余式组(3-12)的解.

反过来，设

$$f(x_0)\equiv 0(\bmod m_i),\ i=1,\ \cdots,\ k,$$

根据定理 3.1.11，则有

$$f(x_0)\equiv 0(\bmod m),$$

即同余式组(3-12)的解 $x_0$ 也是同余式(3-11)的解.

设同余式 $f(x)\equiv 0(\bmod m_i)$ 的解是 $b_i$，$i=1$，…，$k$，则由中国剩余定理，可求得同余式组

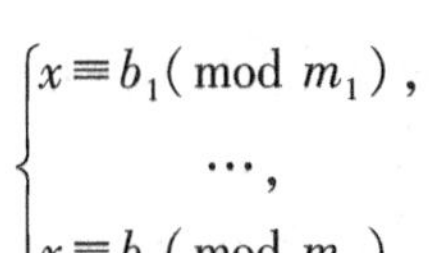

$$\begin{cases} x \equiv b_1 (\bmod m_1), \\ \cdots, \\ x \equiv b_k (\bmod m_k) \end{cases}$$

的解是

$$x \equiv M_1' M_1 b_1 + \cdots + M_k' M_k b_k (\bmod m).$$

因为

$$f(x) \equiv f(b_i) \equiv 0 (\bmod m_i),\ i=1,\ \cdots,\ k,$$

所以，$x$ 也是

$$f(x) \equiv 0 (\bmod m)$$

的解．故 $x$ 随 $b_i$ 遍历 $f(x) \equiv 0 (\bmod m_i)$ 的所有解（$i=1,\ \cdots,\ k$）而遍历 $f(x) \equiv 0 (\bmod m)$ 的所有解．即 $\begin{cases} f(x) \equiv 0 (\bmod m_1), \\ \cdots, \\ f(x) \equiv 0 (\bmod m_k) \end{cases}$ 的解数为

$$T = T_1 \cdots T_k.$$

**例 3.8.1** 解同余式

$$f(x) = 5x^7 + x + 3 \equiv 0 (\bmod 315).$$

**解** 由定理 3.8.1 知，原同余式等价于同余式组

$$\begin{cases} f(x) \equiv 0 (\bmod 3^2), \\ f(x) \equiv 0 (\bmod 7), \\ f(x) \equiv 0 (\bmod 5). \end{cases}$$

直接验算，

$$f(x) \equiv 0 (\bmod 3^2) \text{的解为 } x \equiv 1,\ 4,\ 6,\ 7 (\bmod 3^2),$$

$$f(x) \equiv 0 (\bmod 7) \text{的解为 } x \equiv 3\ (\bmod 7),$$

$$f(x) \equiv 0 (\bmod 5) \text{的解为 } x \equiv 2\ (\bmod 5).$$

根据中国剩余定理，可求得同余式组

$$\begin{cases} x \equiv b_1 (\bmod 3^2), \\ x \equiv b_2 (\bmod 7), \\ x \equiv b_3 (\bmod 5). \end{cases}$$

的解为

$$x \equiv 35 \times 8 \times b_1 + 45 \times 5 \times b_2 + 63 \times 2 \times b_3 (\bmod 315).$$

故原同余式的解为

$$x \equiv 262,\ 157,\ 87,\ 52\ (\bmod 315),$$

共 $4 \times 1 \times 1 = 4$ 个.

因为任一正整数 $m$ 有标准分解式

$$m = p_1^{\alpha_1} p_2^{\alpha_2} \cdots p_k^{\alpha_k},$$

由定理 3.8.1 知，要求解同余式

$$f(x) \equiv 0 (\bmod m),$$

只需求解同余式

$$f(x)\equiv 0(\bmod p_i^{\alpha_i})\quad (i=1,2,\cdots,k).$$

因此，我们讨论 $p$ 为素数时同余式

$$f(x)\equiv 0(\bmod p^{\alpha})\tag{3-13}$$

的解法，但是由定理 3.1.10 易知，适合式(3-13)的每一个整数都适合同余式

$$f(x)\equiv 0(\bmod p).\tag{3-14}$$

因此欲求式(3-13)的解，可以从式(3-14)的解出发，我们来证明定理 3.8.2.

**定理 3.8.2** 设

$$x\equiv x_1(\bmod p),$$

即

$$x=x_1+pt_1,\ t_1=0,\ \pm1,\ \pm2,\ \cdots\tag{3-15}$$

是式(3-14)的一解，并且 $p\nmid f'(x_1)$（$f'(x)$ 是 $f(x)$ 的导函数），则式(3-15)刚好给出式(3-13)的一解(对模 $p^{\alpha}$ 来说)：

$$x=x_{\alpha}+p^{\alpha}t_{\alpha},\quad t_{\alpha}=0,\ \pm1,\ \pm2,\ \cdots,$$

即 $x\equiv x_{\alpha}(\bmod p^{\alpha})$，其中 $x_{\alpha}$ 由下面关系式递归得到

$$x_i\equiv x_{i-1}+p^{i-1}t_{i-1}(\bmod p^i),$$

其中，$t_{i-1}\equiv -\dfrac{f(x_{i-1})}{p^{i-1}}(f'(x_1)^{-1}(\bmod p))\ (\bmod p)\ (i=2,\ 3,\ \cdots,\ \alpha)$. 这里 $(f'(x_1))^{-1}$ $(\bmod p)$ 是 $f'(x_1)$ 的模 $p$ 逆元.

**证** 我们用数学归纳法来证明：(1) 要求同余式 $f(x)\equiv 0(\bmod p^2)$ 由式(3-15)所给出的解，即要求满足 $f(x_1+pt_1)\equiv 0(\bmod p^2)$ 的 $t_1$，应用泰勒(Taylor)公式将此式左端展开，即得

$$f(x_1)+pt_1f'(x_1)\equiv 0(\bmod p^2).$$

但 $f(x_1)\equiv 0(\bmod p)$，故得

$$t_1\cdot f'(x_1)\equiv -\frac{f(x_1)}{p}(\bmod p).$$

由于 $p\nmid f'(x_1)$，故对模 $p$ 来说恰有一解

$$t_1\equiv -\frac{f(x_1)}{p}(f'(x_1)^{-1}(\bmod p))\ (\bmod p).$$

令 $t_1'=-\dfrac{f(x_1)}{p}(f'(x_1)^{-1}(\bmod p))$，即 $t_1=t_1'+pt_2$，$t_2=0,\ \pm1,\ \pm2,\ \cdots$.

代入式(3-15)，即得

$$x=x_1+p(t_1'+pt_2)\equiv x_2(\bmod p^2),$$

其中，$x_2\equiv x_1+pt_1(\bmod p^2)$，且满足 $f(x)\equiv 0(\bmod p^2)$，故 $x\equiv x_2(\bmod p^2)$ 是 $f(x)\equiv 0(\bmod p^2)$ 的一解，且是由式(3-15)给出的唯一解.

(2) 假定定理对 $\alpha-1$ 的情形成立，即式(3-15)刚好给出

$$f(x)\equiv 0(\bmod p^{\alpha-1})$$

的一个解：$x=x_{\alpha-1}+p^{\alpha-1}t_{\alpha-1}$，$t_{\alpha-1}=0,\ \pm1,\ \pm2,\ \cdots$，$x_{\alpha-1}\equiv x_1(\bmod p^{\alpha})$，把它代入式(3-13)，并将左端应用泰勒公式展开，即得

$$f(x_{\alpha-1})+p^{\alpha-1}t_{\alpha-1}f'(x_{\alpha-1})\equiv 0(\bmod p^{\alpha}).$$

但 $f(x_{\alpha-1})\equiv 0(\bmod p^{\alpha-1})$，因此

$$t_{\alpha-1} \cdot f'(x_{\alpha-1}) \equiv \frac{f(x_{\alpha-1})}{p^{\alpha-1}} \pmod p.$$

由 $x_{\alpha-1} \equiv x_1 \pmod p$，即得 $f'(x_{\alpha-1}) \equiv f'(x_1) \pmod p$，而 $p \nmid f'(x_1)$，于是 $p \nmid f'(x_{\alpha-1})$，故上式恰有一解

$$t_{\alpha-1} \equiv \frac{f(x_{\alpha-1})}{p^{\alpha-1}}(f'(x_1)^{-1} \pmod p) \pmod p.$$

因此，刚好给出式(3-13)的一解

$$x \equiv x_\alpha \equiv x_{\alpha-1}+p^{\alpha-1}t_{\alpha-1} \pmod{p^\alpha}.$$

故定理对 $\alpha$ 的情形同样成立，由归纳法，定理获证.

定理 3.8.2 的证法同时提供了一个由式(3-14)的解求式(3-13)的解的方法，我们举一例来说明.

**例 3.8.2** 解同余式

$$f(x) \equiv 0 \pmod{27},\ f(x)=x^4+7x+4.$$

**解** $f(x) \equiv 0 \pmod 3$ 有一解 $x \equiv 1 \pmod 3$，并且 $f'(1) \not\equiv 0 \pmod 3$，以 $x=1+3t_1$ 代入 $f(x) \equiv 0 \pmod 9$，得

$$f(1)+3t_1f'(1) \equiv 0 \pmod 9.$$

但 $f(1) \equiv 3 \pmod 9$，$f'(1) \equiv 2 \pmod 9$，故

$$3+3t_1 \times 2 \equiv 0 \pmod 9，即\ 2t_1+1 \equiv 0 \pmod 3.$$

因此 $t_1=1+3t_2$，而

$$x=1+3(1+3t_2)=4+9t_2$$

是 $f(x) \equiv 0 \pmod 9$ 的一解，以 $x=4+9t_2$ 代入 $f(x) \equiv 0 \pmod{27}$，即得 $f(4)+9t_2f'(4) \equiv 0 \pmod{27}$，$18+9t_2 \times 20 \equiv 0 \pmod{27}$，

即 $20t_2+2 \equiv 0 \pmod 3$，$t_2=2+3t_3$，故

$$x=4+9(2+3t_3)=22+27t_3$$

为所求的解.

## 3.9 素数模的同余式

在 3.8 节中，我们把解高次同余式的问题归结到了素数模的高次同余式，但还没有一般的方法去解素数模的同余式，本节现就素数模同余式的次数与解数的关系作初步讨论.

首先考虑素数模 $p$ 同余式

$$f(x)=a_nx^n+\cdots+a_1x+a_0 \equiv 0 \pmod p \tag{3-16}$$

其中 $a_n \not\equiv 0 \pmod p$.

**定理 3.9.1** 同余式(3-16)与一个次数不超过 $p-1$ 模 $p$ 同余式等价.

**证** 由多项式的欧几里得除法，存在整系数多项式 $q(x)$，$r(x)$，使得

$$f(x)=(x^p-x)q(x)+r(x),$$

其中 $r(x)$ 的次数小于或等于 $p-1$，由费马小定理，对任何整数 $x$，都有

$$x^p-x \equiv 0 \pmod p.$$

对任何整数 $x$ 来说

$$f(x) \equiv r(x) \pmod p,$$

因此，式(3-16)与 $r(x)\equiv 0 \pmod p$ 等价．证毕.

**例 3.9.1** 求与同余式

$$4x^{14}+3x^{13}+x^{11}+2x^9+x^6+x^3+2x^2+x\equiv 0 \pmod 5$$

等价的次数小于 5 的同余式.

**解** 作多项式的欧几里得除法，有

$$\begin{aligned}&4x^{14}+3x^{13}+x^{11}+2x^9+x^6+x^3+2x^2+x\\&=(x^5-x)(4x^9+3x^8+x^6+4x^5+5x^4+x^2+5x+5)+2x^3+7x^2+6x,\end{aligned}$$

所以，原同余式等价于

$$2x^3+7x^2+6x\equiv 0 \pmod 5.$$

**定理 3.9.2** 设 $1\leqslant k\leqslant n$，如果

$$x\equiv a_i \pmod p,\ i=1,\ \cdots,\ k$$

是同余式(3-16)的 $k$ 个不同解，则对任何整数 $x$，都有

$$f(x)\equiv (x-a_1)\cdots(x-a_k)f_k(x) \pmod p, \tag{3-17}$$

其中，$f_k(x)$ 是 $n-k$ 次多项式，首项系数是 $a_n$.

**证** 由多项式的欧几里得除法，存在多项式 $f_1(x)$ 和 $r(x)$，使得

$$f(x)=(x-a_1)f_1(x)+r.$$

易知，$f_1(x)$ 的次数是 $n-1$，首项系数是 $a_n$，$r$ 为常数，因为 $f(a_1)\equiv 0 \pmod p$，所以 $r\equiv 0 \pmod p$，即有

$$f(x)\equiv (x-a_1)f_1(x) \pmod p.$$

再由 $f(a_i)\equiv 0 \pmod p$ 及 $a_i\not\equiv a_1 \pmod p$，$i=2,\ \cdots,\ k$，得到

$$f_1(a_i)\equiv 0 \pmod p,\ i=2,\ \cdots,\ k.$$

类似地，对于多项式 $f_1(x)$ 可找到多项式 $f_2(x)$，使得

$$\begin{cases}f_1(x)\equiv (x-a_2)f_2(x) \pmod p,\\ f_2(a_i)\equiv 0 \pmod p,\ i=3,\ \cdots,\ k,\end{cases}$$

$$f_{k-1}(x)\equiv (x-a_k)f_k(x) \pmod p.$$

故

$$f(x)\equiv (x-a_1)\cdots(x-a_kk)f_k(x) \pmod p.$$

证毕.

**例 3.9.2** 有同余式

$$\begin{aligned}&3x^{14}-4x^{13}+2x^{11}+x^9+x^6+x^3+12x^2+x\\&\equiv x(x-1)(x-2)(3x^{11}+3x^{10}+3x^9+4x^7+3x^6+x^5+2x^4+x^2+3x+3) \pmod 5.\end{aligned}$$

根据定理 3.9.2 及费马小定理，我们立即得到：

**定理 3.9.3** 设 $p$ 是一个素数，则

(1) 对任何整数 $x$，有

$$x^{p-1}-1\equiv (x-1)\cdots(x-(p-1)) \pmod p;$$

(2) (**Wilson 定理**) $(p-1)!+1\equiv 0 \pmod p$.

证明留给读者.

由 Wilson 定理，可得到整数是否为素数的判别条件：

整数 $n$ 为素数的充分必要条件是

$$(n-1)!+1\equiv 0 \pmod n.$$

由 Wilson 定理知，条件是必要的，现证充分性．用反证法，若 $n$ 不是素数，令 $q$ 是 $n$ 的真因数：$1<q<n$，于是 $q\mid(n-1)!$，故有 $(n-1)!\equiv 0(\bmod q)$，从而 $(n-1)!+1\not\equiv 0(\bmod q)$．由条件 $(n-1)!+1\equiv 0(\bmod n)$，得 $(n-1)!+1\equiv 0(\bmod q)$，矛盾，故 $n$ 是素数.

现在我们讨论模 $p$ 同余式的解数.

首先，给出同余式解数的上界估计.

**定理 3.9.4** 同余式(3-16)的解数不超过它的次数.

**证** 反证法，设式(3-16)的解数超过 $n$ 个，则式(3-16)至少有 $n+1$ 个解，设它们为

$$x\equiv a_i(\bmod p),\ i=1,\ \cdots,\ n,\ n+1.$$

根据定理 2，对于 $n$ 个解 $a_1,\ \cdots,\ a_n$，可得到

$$f(x)\equiv(x-a_1)\cdots(x-a_n)f_n(x)(\bmod p).$$

因为 $f(a_{n+1})\equiv 0(\bmod p)$，所以

$$(a_{n+1}-a_1)\cdots(a_{n+1}-a_n)f_n(a_{n+1})\equiv 0(\bmod p).$$

因为 $a_{i+1}\not\equiv a_1(\bmod p)$，$i=2,\ \cdots,\ n$，且 $p$ 是素数，所以 $f_n(a_{n+1})\equiv 0(\bmod p)$，但 $f_n(x)$ 是首项系数为 $a_n$，次数为 $n-n=0$ 的多项式，故 $p\mid a_n$，矛盾.

**推论 3.9.1** 次数小于素数 $p$ 的整系数多项式对所有整数取值模 $p$ 为零的充要条件是其所有系数被 $p$ 整除.

现在给出同余式(3-16)的解数与次数相等的情况，我们来证明

**定理 3.9.5** 设 $p$ 是一个素数，$n$ 是一个正整数，$n\leqslant p$，那么同余式

$$f(x)=x^n+\cdots+a_1x+a_0\equiv 0(\bmod p) \tag{3-18}$$

有 $n$ 个解的充分必要条件是 $x^p-x$ 被 $f(x)$ 除所得余式的所有系数都是 $p$ 的倍数.

**证** 因为 $f(x)$ 是首一多项式，由多项式的欧几里得除法，知存在整系数多项式 $q(x)$ 和 $r(x)$，使得

$$x^p-x=f(x)q(x)+r(x), \tag{3-19}$$

其中，$r(x)$ 的次数小于 $n$，$q(x)$ 的次数是 $p-n$.

现在，若同余式(3-18)有 $n$ 个解，则由费马小定理，这 $n$ 个解都是

$$x^p-x\equiv 0(\bmod p)$$

的解，由式(3-19)知这 $n$ 个解也是

$$r(x)\equiv 0(\bmod p)$$

的解，但 $r(x)$ 的次数小于 $n$，故由推论 3.9.1，$r(x)$ 的系数都是 $p$ 的倍数.

反过来，若多项式 $r(x)$ 的系数都被 $p$ 整除，则由推论 3.9.1，$r(x)$ 对所有整数 $x$ 取值模 $p$ 为零．根据费马小定理，对任何整数 $x$，又有

$$x^p-x\equiv 0(\bmod p).$$

因此，对任何整数 $x$，有

$$f(x)q(x)\equiv 0(\bmod p). \tag{3-20}$$

这就是说，式(3-20)有 $p$ 个不同的解，

$$x\equiv 0,\ 1,\ \cdots,\ p-1(\bmod p).$$

现在设 $f(x)\equiv 0(\bmod p)$ 的解数 $k<n$．因为次数为 $p-n$ 的多项式 $q(x)$ 的同余式 $q(x)\equiv 0(\bmod p)$ 的解数 $h\leqslant p-n$，所以式(3-20)的解数小于或等于 $k+h<p$，矛盾.

**推论 3.9.2** 设 $p$ 是一个素数，$d$ 是 $p-1$ 的正因数，那么多项式 $x^d-1$ 模 $p$ 有 $d$ 个不同的根.

**证** 因为 $d\mid(p-1)$，所以存在整数 $q$，使得 $p-1=dq$. 这样，我们有因式分解式

$$x^{p-1}-1=(x^d-1)(x^{d(q-1)}+x^{d(q-2)}+\cdots+x^d+1).$$

根据定理 3.9.5，多项式 $x^d-1$ 模 $p$ 有 $d$ 个不同的根.

**例 3.9.3** 判断同余式

$$4x^3+6x^2+5x+1\equiv 0(\bmod 7)$$

是否有三个解.

**解** 根据定理 3.9.5，需将多项式变成首一的. 注意到 $4\times 2\equiv 1(\bmod 7)$，则有

$$2(4x^3+6x^2+5x+1)\equiv x^3-2x^2+3x+2(\bmod 7).$$

此同余式与原同余式等价，作多项式的欧几里得除法，则有

$$x^7-x=(x^3-2x^2+3x+2)(x^4+2x^3+x^2-6x-19)+(-22x^2+68x+38).$$

根据定理 3.9.5，原同余式的解数小于 3.

**例 3.9.4** 求解同余式

$$14x^{18}+2x^{15}-x^{10}+4x-3\equiv 0(\bmod 7).$$

**解** 利用同余关系先去掉系数为 7 的倍数的项，得到

$$2x^{15}-x^{10}+4x-3\equiv 0(\bmod 7).$$

其次，作多项式的欧几里得除法，则有

$$2x^{15}-x^{10}+4x-3=(x^7-x)(2x^8-x^3+2x^2)+(-x^4+2x^3+4x-3).$$

原同余式等价于同余式

$$x^4-2x^3-4x+3\equiv 0(\bmod 7).$$

直接验算 $x=0,\ \pm1,\ \pm2,\ \pm3$，知同余式无解.

## 习题 3

1. 设 $n=75312289$，则 $n$ 被 13 整除，但不被 7，11 整除.
2. $641\mid F_5$，其中 $F_5=2^{2^5}+1$.
3. 当 $n$ 是奇数时，$3\mid(2^n+1)$；当 $n$ 是偶数时，$3\nmid(2^n+1)$.
4. 若 $ac\equiv bc(\bmod m)$，且 $(m,c)=d$，则 $a\equiv b(\bmod \frac{m}{d})$.
5. 2003 年 5 月 9 日是星期五，问第 $2^{20080509}$ 天是星期几？
6. 证明：若 $a_i\equiv b_i(\bmod m)$，$1\leqslant i\leqslant k$，则
   (1) $a_1+\cdots+a_k\equiv b_1+\cdots+b_k(\bmod m)$；
   (2) $a_1\cdots a_k\equiv b_1\cdots b_k(\bmod m)$.
7. 设 $p$ 是素数，证明：如果 $a^2\equiv b^2(\bmod p)$，则 $p\mid(a+b)$ 或 $p\mid(a-b)$.
8. 设 $n=pq$，其中 $p$，$q$ 是素数，证明：
   如果 $a^2\equiv b^2(\bmod n)$，$n\nmid(a-b)$，$n\nmid(a+b)$，则 $(n,a-b)>1$，$(n,a+b)>1$.
9. 设 $n$ 是一个正整数，设 $\mathbf{Z}/n\mathbf{Z}=\{0,1,2,\cdots,n-1\}$，分别列出 $\mathbf{Z}/6\mathbf{Z}$ 和 $\mathbf{Z}/11\mathbf{Z}$ 中的加法表与乘法表.
10. 证明：如果 $a^k\equiv b^k(\bmod m)$，$a^{k+1}\equiv b^{k+1}(\bmod m)$，这里 $a$，$b$，$k$，$m$ 是整数，$k>0$，$m>0$，并且 $(a,m)=1$，那么 $a\equiv b(\bmod m)$，如果去掉 $(a,m)=1$ 这个条件，结果仍成立吗？

11. 计算：$2^{32}$(mod 47)；$2^{47}$(mod 47)；$2^{567}$(mod 61).

12. 下列哪些整数能被 3 整除，其中又有哪些能被 9 整除？

(1) 1842681；　(2) 184154076；　(3) 8937752733；　(4) 4153768913345.

13. 设$(k, m)=1$，而$a_1, \cdots, a_m$是模数 $m$ 的一组完全剩余系，证明：$ka_1, \cdots, ka_m$是模数 $m$ 的一组完全剩余系.

14. 设 $m$ 是正整数，$a$ 是满足$(a, m)=1$ 的整数，$b$ 是任意整数，若 $x$ 遍历模 $m$ 的一个完全剩余系，证明：$ax+b$ 也遍历模 $m$ 的一个完全剩余系.

15. (1)写出模 11 的一个完全剩余系，它的每个数都是奇数.

(2)写出模 9 的一个完全剩余系，它的每个数都是偶数.

(3) (1)或(2)中的要求对模 10 的完全剩余系能实现吗？

16. 证明：当 $m>2$ 时，$0^2, 1^2, \cdots, (m-1)^2$一定不是模 $m$ 的完全剩余系.

17. 证明：若 $n$ 是素数，则 $1^3+2^3\cdots+(n-1)^3\equiv 0 \pmod n$.

18. (1) 把剩余类 1(mod 5)写成模 15 的剩余类之和；

(2) 把剩余类 6(mod10)写成模 80 的剩余类之和.

19. 证明定理 3. 3. 1.

20. 证明：如果 $c_1, c_2, \cdots, c_{\varphi(m)}$是模 $m$ 的简化剩余系，那么

$$c_1+c_2+\cdots+c_{\varphi(m)}\equiv 0 \pmod m.$$

21. 运用 Wilson 定理，求 $8\times9\times10\times11\times12\times13 \pmod 7$.

22. 证明：如果 $p$ 是奇素数，那么

$$1^2 3^2\cdots(p-4)^2(p-2)^2\equiv(-1)^{(p+1)/2} \pmod p.$$

23. 证明：如果 $p$ 是素数，并且 $p\equiv 3 \pmod 4$，那么

$$\{(p-1)/2\}!\ \equiv\pm 1 \pmod p.$$

24. 证明：如果 $p$ 是素数，并且 $0<k<p$，那么$(p-k)!\,(k-1)!\ \equiv(-1)^k \pmod p$.

25. 证明：如果 $p$ 是素数，$a$ 是整数，那么 $p! \mid (a^p+(p-1)!\,a)$.

26. 证明：如果 $a$ 是整数，那么 $a^7\equiv a \pmod{63}$.

27. 证明：如果 $a$ 是与 32760 互素的整数，那么 $a^{12}\equiv 1 \pmod{32760}$.

28. 证明：如果 $p$ 和 $q$ 是不同的素数，则

$$p^{q-1}+q^{p-1}\equiv 1 \pmod{pq}.$$

29. 证明：如果 $m$ 和 $n$ 是互素的整数，则 $m^{\varphi(n)}+n^{\varphi(m)}\equiv 1 \pmod{mn}$.

30. 计算 $2^{20120118}$(mod 7).

31. 计算乘法逆元素：

(1)$61^{-1}$mod 1024；(2)$7^{-1}$mod 327；(3)$79^{-1}$mod 2623.

32. 求出下列一次同余方程的所有解：

(1) $3x\equiv 2 \pmod 7$；　(2) $8x\equiv 3 \pmod 9$；

(3) $7x\equiv 14 \pmod{21}$；　(4) $15x\equiv 9 \pmod{25}$.

33. 求出下列一次同余式方程的所有解：

(1) $127x\equiv 833 \pmod{1012}$；　(2) $23x\equiv 742 \pmod{1155}$.

34. 运用欧拉定理求解下列一次同余方程：

(1) $4x\equiv 7 \pmod{15}$；　(2) $5x\equiv 4 \pmod{11}$；　(3) $3x\equiv 5 \pmod{16}$.

35. 已知 RSA 密码算法的公开钥为 $n=51$，$e=11$，试确定私钥，并对明文 2 进行加密.

36. 证明：同余方程组

$$\begin{cases} x\equiv a_1(\bmod m_1), \\ x\equiv a_2(\bmod m_2), \\ \cdots, \\ x\equiv a_k(\bmod m_k) \end{cases}$$

的解是：

$$x\equiv a_1M_1^{\varphi(m_1)}+a_2M_2^{\varphi(m_2)}+\cdots+a_kM_k^{\varphi(m_k)}(\bmod m),$$

这里 $m_j$ 两两互素，$m=m_1m_2\cdots m_k$，$M_j=m/m_j$，$j=1, 2, \cdots, k$.

37. 求解下列同余式组：

(1) $x\equiv1(\bmod 7)$，　$x\equiv3(\bmod 5)$，　$x\equiv5(\bmod 9)$；

(2) $3x\equiv5(\bmod 4)$，　$5x\equiv2(\bmod 7)$；

(3) $4x\equiv3(\bmod 25)$，　$3x\equiv8(\bmod 20)$；

(4) $x\equiv8(\bmod 15)$，　$x\equiv5(\bmod 8)$，　$x\equiv13(\bmod 25)$.

38. 计算 $2^{1000000}(\bmod 1309)$.

39. 将同余式方程化为同余式组来求解：

(1) $23x\equiv1(\bmod 140)$；　　(2) $17x\equiv229(\bmod 1540)$.

40. 设整数 $m_1, \cdots, m_k$ 两两互素，则同余方程组 $a_jx\equiv b_j(\bmod m_j)$，$1\leqslant j\leqslant k$ 有解的充要条件是每一个同余方程 $a_jx\equiv b_j(\bmod m_j)$ 均可解，即 $(a_j, m_j)\mid b_j(1\leqslant j\leqslant k)$.

41. 解同余式 $6x^3+27x^2+17x+20\equiv0(\bmod 30)$.

42. 解同余式 $31x^4+57x^3+96x+191\equiv0(\bmod 225)$.

43. 求解同余式

$$3x^{14}+4x^{13}+2x^{11}+x^9+x^6+x^3+12x^2+x\equiv0(\bmod 7).$$

44. 设同余式

$$f(x)\equiv a_nx^n+\cdots+a_1x+a_0\equiv0(\bmod p)$$

的解的个数大于 $n$，这里 $p$ 是素数，$a_i$ 是整数 $(i=0, 1, \cdots, n)$，则 $p\mid a_i(i=0, 1, \cdots, n)$.

45. 证明：对于任意素数 $p$，多项式

$$f(x)=(x-1)(x-2)\cdots(x-p+1)-x^{p-1}+1$$

的所有系数被 $p$ 整除.

46. 证明：设素数 $p>3$，则有

$$\sum_{k=1}^{p-1}\frac{(p-1)!}{k}\equiv0(\bmod p^2)\text{（Wolstenholme 定理）}.$$

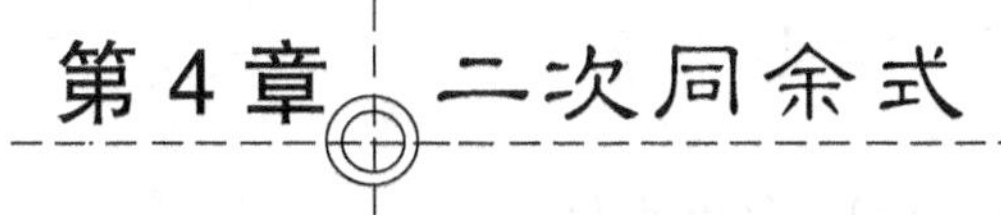

# 第4章 二次同余式

二次同余式是研究高次同余式的基础，在密码学中应用很广泛．本章重点介绍二次剩余理论及其某些应用，其中二次互反律是数论中重要的定理，在数论许多方面都很有用．讨论的步骤大致如下：首先把一般的二次同余式求解问题归结到讨论形如 $x^2\equiv a(\bmod m)$ 的同余式，从而引入二次剩余与二次非剩余的概念，再应用数论中常用的函数(勒让德符号及雅可比符号)去讨论 $m$ 是单质数的情形，进而讨论一般的情形.

## 4.1 二次剩余

二次同余式的一般形式为

$$ax^2+bx+c\equiv 0(\bmod m),\ a\equiv 0(\bmod m). \tag{4-1}$$

用 $4a$ 乘式(4-1)再加上 $b^2$，得

$$4a^2x^2+4abx+b^2\equiv b^2-4ac(\bmod 4am),$$

即

$$(2ax+b)^2\equiv b^2-4ac(\bmod 4am).$$

若令 $y=2ax+b$，$D=b^2-4ac$，则上式变为

$$y^2\equiv D(\bmod 4am). \tag{4-2}$$

由同余式的性质可知式(4-2)与式(4-1)同时有解或同时无解：故讨论式(4-1)有解的问题可以转为讨论式(4-2)有解的问题．为了讨论式(4-2)是否有解，我们引入二次剩余和二次非剩余的概念.

**定义 4.1.1** 设 $m$ 是正整数，若同余式

$$x^2\equiv a(\bmod m),\ (a,\ m)=1 \tag{4-3}$$

有解，则 $a$ 称为模 $m$ 的二次剩余(或二次剩余)；否则，$a$ 称为模 $m$ 的二次非剩余(或二次非剩余).

我们提出以下问题：

(1)正整数 $a$ 模 $m$ 二次剩余与实数中的平方根$\sqrt{a}$有什么区别？

(2)如何判断同余式(4-3)有解？

(3)如何求同余式(4-3)的解？

**例 4.1.1** 1 是模 3 二次剩余，−1 是模 3 二次非剩余.

**例 4.1.2** 1，3，4，5，9 是模 11 二次剩余，−1，2，6，7，8 是模 11 二次非剩余.

因为 $1^2\equiv(-1)^2\equiv 1$，$2^2\equiv(-2)^2\equiv 4$，$3^2\equiv(-3)^2\equiv 9$，$4^2\equiv(-4)^2\equiv 5$，$5^2\equiv(-5)^2\equiv 3$ $(\bmod 11)$.

**例 4.1.3** −1，1，2，4，8，9，13，15 是模 17 二次剩余；

3，5，6，7，10，11，12，14 是模 17 二次非剩余.

因为 $1^2\equiv16^2\equiv1$，$2^2\equiv15^2\equiv4$，$3^2\equiv14^2\equiv9$，$4^2\equiv13^2\equiv16\equiv-1$，$5^2\equiv12^2\equiv8$，$6^2\equiv11^2\equiv2$，$7^2\equiv10^2\equiv15$，$8^2\equiv9^2\equiv13 \pmod{17}$.

**例 4.1.4** 求满足方程 $E$：$y^2\equiv x^3+x+1 \pmod 7$ 的所有点.

**解** 易知模 7 的二次剩余是 1，2，4，二次非剩余是–1，3，5.

对 $x=0$，1，2，3，4，5，6，分别求出 $y$.

$$
\begin{aligned}
&x=0\text{ 时，}y^2=1 \pmod 7\text{，}y=1\text{，}6 \pmod 7\text{，}\\
&x=1\text{ 时，}y^2=3 \pmod 7\text{，无解，}\\
&x=2\text{ 时，}y^2=4 \pmod 7\text{，}y=2\text{，}5 \pmod 7\text{，}\\
&x=3\text{ 时，}y^2=3 \pmod 7\text{，无解，}\\
&x=4\text{ 时，}y^2=6 \pmod 7\text{，无解，}\\
&x=5\text{ 时，}y^2=5 \pmod 7\text{，无解，}\\
&x=6\text{ 时，}y^2=6 \pmod 7\text{，无解.}
\end{aligned}
$$

**例 4.1.5** 求满足方程 $E$：$y^2\equiv x^3+x+2 \pmod 7$ 的所有点.

**解** 对 $x=0$，1，2，3，4，5，6，分别求出 $y$.

$$
\begin{aligned}
&x=0\text{ 时，}y^2=2 \pmod 7\text{，}y=3\text{，}4 \pmod 7\text{，}\\
&x=1\text{ 时，}y^2=4 \pmod 7\text{，}y=2\text{，}5 \pmod 7\text{，}\\
&x=2\text{ 时，}y^2=5 \pmod 7\text{，无解，}\\
&x=3\text{ 时，}y^2=4 \pmod 7\text{，}y=2\text{，}5 \pmod 7\text{，}\\
&x=4\text{ 时，}y^2=0 \pmod 7\text{，}y=0 \pmod 7\text{，}\\
&x=5\text{ 时，}y^2=6 \pmod 7\text{，无解，}\\
&x=6\text{ 时，}y^2=0 \pmod 7\text{，}y=0 \pmod 7\text{.}
\end{aligned}
$$

下面我们先来讨论模为奇素数 $p$ 的二次同余式

$$x^2\equiv a \pmod p\text{，}(a\text{，}p)=1. \tag{4-4}$$

我们证明

**定理 4.1.1（欧拉判别条件）** 设 $p$ 是奇素数，$(a, p)=1$，则

(1) $a$ 是模 $p$ 的二次剩余的充分必要条件是

$$a^{\frac{p-1}{2}}\equiv1 \pmod p\text{；} \tag{4-5}$$

(2) $a$ 是模 $p$ 的二次非剩余的充分必要条件是

$$a^{\frac{p-1}{2}}\equiv-1 \pmod p\text{；} \tag{4-6}$$

并且当 $a$ 是模 $p$ 的二次剩余时，式(4-4)恰有二解.

**证** (1) 因为 $x^2-a$ 能整除 $x^{p-1}-a^{\frac{p-1}{2}}$，即有一整系数多项式 $q(x)$ 使 $x^{p-1}-a^{\frac{p-1}{2}}=(x^2-a)q(x)$，故

$$
\begin{aligned}
x^p-x&=x\left((x^2)^{\frac{p-1}{2}}-a^{\frac{p-1}{2}}\right)+\left(a^{\frac{p-1}{2}}-1\right)x\\
&=(x^2-a)xq(x)+\left(a^{\frac{p-1}{2}}-1\right)x.
\end{aligned}
$$

若 $a$ 是模 $p$ 的二次剩余，即

$$x^2\equiv a \pmod p$$

有两个解 $x$，根据定理 3.9.5，同余式的系数被 $p$ 整除，即

$$p \mid \left(a^{\frac{p-1}{2}}-1\right).$$

所以式(4-5)成立.

反过来，若式(4-5)成立，则同样根据定理 3.9.5，则同余式

$$x^2 \equiv a(\bmod p)$$

有解，即 $a$ 是模 $p$ 二次剩余.

(2)因为 $p$ 是奇素数，$(a, p)=1$，根据欧拉定理，有表达式

$$\left(a^{\frac{p-1}{2}}+1\right)\left(a^{\frac{p-1}{2}}-1\right)=a^{p-1}-1 \equiv 0(\bmod p).$$

再根据定理 1.4.2，则有

$$p \mid \left(a^{\frac{p-1}{2}}-1\right) \text{或} p \mid \left(a^{\frac{p-1}{2}}+1\right).$$

因此，结论(2)告诉我们：$a$ 是模 $p$ 的二次非剩余的充分必要条件是

$$a^{\frac{p-1}{2}} \equiv -1(\bmod p).$$

**例 4.1.6** 判断 137 是否为模 227 二次剩余.

**解** 根据定理 4.1.1，我们要计算：

$$137^{\frac{227-1}{2}}=137^{113}(\bmod 227).$$

运用模重复平方法可计算出 $137^{113} \equiv -1(\bmod 227)$，因此，137 为模 227 二次非剩余.

**推论 4.1.1** 设 $p$ 是奇素数，$(a_1, p)=1$，$(a_2, p)=1$，则

(1)如果 $a_1$，$a_2$都是模 $p$ 的二次剩余，则 $a_1a_2$是模 $p$ 的二次剩余；

(2)如果 $a_1$，$a_2$都是模 $p$ 的二次非剩余，则 $a_1a_2$是模 $p$ 的二次剩余；

(3)如果 $a_1$是模 $p$ 的二次剩余，而 $a_2$是模 $p$ 的二次非剩余，则 $a_1a_2$是模 $p$ 的二次非剩余.

**证** 因为

$$(a_1a_2)^{\frac{p-1}{2}}=a_1^{\frac{p-1}{2}}a_2^{\frac{p-1}{2}},$$

所以由定理 4.1.1 即得结论.

**定理 4.1.2** 设 $p$ 是奇素数，则模 $p$ 的简化剩余系中二次剩余与二次非剩余的个数各为 $(p-1)/2$，且 $(p-1)/2$ 个二次剩余与序列

$$1^2, 2^2, \cdots, \left(\frac{p-1}{2}\right)^2 \tag{4-7}$$

中的一个数同余，且仅与一个数同余.

**证** 由定理 4.1.1，二次剩余的个数等于同余式

$$x^{\frac{p-1}{2}} \equiv 1(\bmod p)$$

的解数，但

$$\left(x^{\frac{p-1}{2}}-1\right) \mid \left(x^{p-1}-1\right),$$

由定理 3.9.5，此同余式的解数是$\dfrac{p-1}{2}$，故二次剩余的个数是$\dfrac{p-1}{2}$，而二次非剩余个数是 $p-1$

$\dfrac{p-1}{2}=\dfrac{p-1}{2}$.

再证明定理的第二部分：

显然，式(4-7)中的数都是二次剩余，且互不同余.

若 $k^2\equiv l^2 \pmod p$，$1\leqslant k<l\leqslant\frac{p-1}{2}$，则$x^2\equiv l^2\pmod p$有四解 $x\equiv\pm k$，$\pm l\pmod p$，这与定理 4.1.1 矛盾，再由定理的前一部分即知第二部分成立.

## 4.2 勒让德符号

上一节虽然得出了二次剩余与二次非剩余的欧拉判别条件，但是这个判别条件当 $p$ 比较大时，很难实际运用，本节在引入勒让德符号以后，会给出一个比较便于实际计算的判别方法.

**定义 4.2.1** 设 $p$ 是奇素数，我们定义勒让德(Legendre)符号如下：

$$\left(\frac{a}{p}\right)=\begin{cases}1, & \text{若 } a \text{ 是模 } p \text{ 的平方剩余},\\ -1, & \text{若 } a \text{ 是模 } p \text{ 的平方非剩余},\\ 0, & \text{若 } p\mid a,\end{cases}$$

其中，$\left(\frac{a}{p}\right)$读作 $a$ 对 $p$ 的勒让德符号.

**例 4.2.1** 根据例 4.1.2，则有

$$\left(\frac{1}{11}\right)=\left(\frac{3}{11}\right)=\left(\frac{4}{11}\right)=\left(\frac{5}{11}\right)=\left(\frac{9}{11}\right)=1,$$

$$\left(\frac{2}{11}\right)=\left(\frac{6}{11}\right)=\left(\frac{7}{11}\right)=\left(\frac{8}{11}\right)=\left(\frac{10}{11}\right)=-1.$$

由勒让德符号的定义可以看出，如果能够很快算出它的值，那么也就会立刻知道同余式 $x^2\equiv a\pmod p$有解与否，现在我们先讨论勒让德符号的几个简单性质.

首先，利用勒让德符号，可以将定理 4.1.1 叙述为：

**定理 4.2.1(欧拉判别法则)** 设 $p$ 是奇素数，则对任意整数 $a$，

$$\left(\frac{a}{p}\right)\equiv a^{\frac{p-1}{2}}\pmod p.$$

根据欧拉判别法则，并注意到 $a=1$ 时，$a^{\frac{p-1}{2}}=1$ 以及 $a=-1$ 时，$a^{\frac{p-1}{2}}=(-1)^{\frac{p-1}{2}}$，且 $p$ 是奇数，我们有

**推论 4.2.1** 设 $p$ 是奇素数，则

(1) $\left(\frac{1}{p}\right)=1$；

(2) $\left(\frac{-1}{p}\right)=(-1)^{\frac{p-1}{2}}$.

(1)说明 1 永远是二次剩余；(2)说明当 $p=4m+1$ 时，$-1$ 是二次剩余，当 $p=4m+3$ 时，$-1$ 是二次非剩余.

**推论 4.2.2** 设 $p$ 是奇素数，那么

$$\left(\frac{-1}{p}\right)=\begin{cases}1, & \text{若 } p\equiv 1\pmod 4,\\ -1, & \text{若 } p\equiv 3\pmod 4.\end{cases}$$

**证** 根据欧拉判别法则，则有

$$\left(\frac{-1}{p}\right)=(-1)^{\frac{p-1}{2}}.$$

若 $p\equiv 1(\bmod 4)$，则存在正整数 $k$，使得 $p=4k+1$，从而

$$\left(\frac{-1}{p}\right)=(-1)^{\frac{p-1}{2}}=(-1)^{2k}=1.$$

若 $p\equiv 3(\bmod 4)$，则存在正整数 $k$，使得 $p=4k+3$，从而

$$\left(\frac{-1}{p}\right)=(-1)^{\frac{p-1}{2}}=(-1)^{2k+1}=-1.$$

**定理 4.2.2**　设 $p$ 是奇素数，则

（1）若 $a\equiv a_1(\bmod p)$，则 $\left(\frac{a}{p}\right)=\left(\frac{a_1}{p}\right)$；

（2）$\left(\frac{a_1a_2\cdots a_n}{p}\right)=\left(\frac{a_1}{p}\right)\left(\frac{a_2}{p}\right)\cdots\left(\frac{a_n}{p}\right)$；

（3）$\left(\frac{ab^2}{p}\right)=\left(\frac{a}{p}\right)$，$p\nmid b$ .

**证**　(1)由定义即得.

(2)

$$\begin{aligned}\left(\frac{a_1a_2\cdots a_n}{p}\right)&\equiv(a_1a_2\cdots a_n)^{\frac{p-1}{2}}\\&\equiv a_1^{\frac{p-1}{2}}a_2^{\frac{p-1}{2}}\cdots a_n^{\frac{p-1}{2}}\\&\equiv\left(\frac{a_1}{p}\right)\left(\frac{a_2}{p}\right)\cdots\left(\frac{a_n}{p}\right)\ (\bmod p).\end{aligned}$$

由定义，$\left|\left(\frac{a_1a_2\cdots a_n}{p}\right)-\left(\frac{a_1}{p}\right)\left(\frac{a_2}{p}\right)\cdots\left(\frac{a_n}{p}\right)\right|\leqslant 2.$

又 $p>2$，故得

$$\left(\frac{a_1a_2\cdots a_n}{p}\right)=\left(\frac{a_1}{p}\right)\left(\frac{a_2}{p}\right)\cdots\left(\frac{a_n}{p}\right).$$

特别地，我们得到了(3)，即

$$\left(\frac{ab^2}{p}\right)p=\left(\frac{a}{p}\right),\quad p\nmid b.$$

定理 4.2.2(1)说明，要计算 $a$ 对 $p$ 的勒让德符号的值可以用 $a_1\equiv a(\bmod p)$，$0\leqslant a_1<p$ 去代替 $a$；(2)说明若 $a$ 是合数，那么可把 $a$ 对 $p$ 的勒让德符号表示成 $a$ 的因数对 $p$ 的勒让德符号的乘积；而(3)说明在计算过程中可以去掉符号上方不被 $p$ 整除的任何平方因数.

## 4.3　高斯引理

对于一个与 $p$ 互素的整数 $a$，高斯(Gauss)给出了另一判别法则，以判断 $a$ 是否为模 $p$ 二次剩余，通常称高斯引理.

**引理 4.3.1(高斯引理)**　设 $p$ 是奇素数，$a$ 是整数，$(a, p)=1$，如果整数 $a\times 1$，$a\times 2$，…，$a\times\left(\frac{p-1}{2}\right)$中模 $p$ 的最小正剩余是 $r_k$，且大于$\frac{p}{2}$的 $r_k$的个数是 $m$，则

$$\left(\frac{a}{p}\right)=(-1)^m.$$

**证** 设 $a_1$，…，$a_t$ 是小于 $\frac{p}{2}$ 的 $r_k$，$b_1$，…，$b_m$ 是大于 $\frac{p}{2}$ 的 $r_k$，由 $(a, p)=1$ 知，$(ak, p)=1\left(k=1, 2, \cdots, \frac{p-1}{2}\right)$，因此，当 $i\neq j$ 时，$a_i\neq a_j, b_i\neq b_j$. 即 $a\times 1$，$a\times 2$，…，$a\times\left(\frac{p-1}{2}\right)$ 的模 $p$ 最小正剩余 $a_1$，…，$a_t$，$b_1$，…，$b_m$ 是 $\frac{p-1}{2}$ 个两两互异的正数，$t+m=\frac{p-1}{2}$，而

$$a^{\frac{p-1}{2}}\left(\frac{p-1}{2}\right)! = \prod_{k=1}^{\frac{p-1}{2}}(a\cdot k) \equiv \prod_{i=1}^{t}a_i\prod_{j=1}^{m}b_j \pmod p. \tag{4-8}$$

由于 $\frac{p}{2}<b_j<p$，故 $1\leqslant p-b_j<\frac{p}{2}$，且有 $p-b_i\neq a_j$，否则即有一组 $i$，$j$ 使 $a_i+b_j=p$，也即有 $k_1$ 及 $k_2$ 使 $ak_1\equiv a_i \pmod p$，$ak_2\equiv b_j \pmod p\left(1\leqslant k_1, k_2\leqslant\frac{p-1}{2}\right)$，从而 $ak_1+ak_2\equiv 0 \pmod p$，因而 $k_1+k_2\equiv 0 \pmod p$，但 $2\leqslant k_1+k_2\leqslant p-1$，而此为不可能的，于是 $a_1$，…，$a_t$，$p-b_1$，…，$p-b_m$ 是 1，2，…，$\frac{p-1}{2}$ 的一个排列，从而得

$$a^{\frac{p-1}{2}}\left(\frac{p-1}{2}\right)! \equiv (-1)^m\prod_{i=1}^{t}a_i\prod_{j=1}^{m}(p-b_j)=(-1)^m\left(\frac{p-1}{2}\right)! \pmod p.$$

因此，

$$\left(\frac{a}{p}\right)\equiv a^{\frac{p-1}{2}}\equiv(-1)^m \pmod p.$$

证毕.

**定理 4.3.1** 设 $p$ 是奇素数，

(1) $\left(\frac{2}{p}\right)=(-1)^{\frac{p^2-1}{8}}$；

(2) 若 $(a, 2p)=1$，则 $\left(\frac{a}{p}\right)=(-1)^s$，其中 $s=\sum_{k=1}^{\frac{p-1}{2}}\left[\frac{ak}{p}\right]$.

**证** $r_k$，$a_i$，$b_j$，$m$ 及 $t$ 的意义如高斯引理所规定.

因为 $ak=p\left[\frac{ak}{p}\right]+r_k$，$0<r_k<p$，$k=1$，…，$\frac{p-1}{2}$，

对 $k=1$，…，$\frac{p-1}{2}$ 求和，则有

$$\begin{aligned}a\cdot\frac{p^2-1}{8}&=p\sum_{k=1}^{\frac{p-1}{2}}\left[\frac{ak}{p}\right]+\sum_{i=1}^{t}a_i+\sum_{j=1}^{m}b_j\\&=p\sum_{k=1}^{\frac{p-1}{2}}\left[\frac{ak}{p}\right]+\sum_{i=1}^{t}a_i+\sum_{j=1}^{m}(p-b_j)+2\sum_{j=1}^{m}b_j-mp\\&=p\sum_{k=1}^{\frac{p-1}{2}}\left[\frac{ak}{p}\right]+\frac{p^2-1}{8}-mp+2\sum_{j=1}^{m}b_j.\end{aligned}$$

因此，

$$(a-1)\frac{p^2-1}{8} \equiv \sum_{k=1}^{\frac{p-1}{2}} \left[\frac{ak}{p}\right] + m \pmod 2.$$

若 $a=2$，则 $0 \leqslant \left[\frac{ak}{p}\right] \leqslant \left[\frac{p-1}{p}\right] = 0$，因而

$$m \equiv \frac{p^2-1}{8} \pmod 2.$$

若 $a$ 为奇数，则

$$m \equiv \sum_{k=1}^{\frac{p-1}{2}} \left[\frac{ak}{p}\right] \pmod 2.$$

故由高斯引理知，定理 4.3.1 成立.

**推论 4.3.1** 设 $p$ 是奇素数，那么

$$\left(\frac{2}{p}\right) = \begin{cases} 1，若 p \equiv \pm 1 \pmod 8, \\ -1，若 p \equiv \pm 3 \pmod 8. \end{cases}$$

**证** 根据定理 4.3.1(1)，则有

$$\left(\frac{2}{p}\right) = (-1)^{\frac{p^2-1}{8}}.$$

若 $p \equiv \pm 1 \pmod 8$，则存在正整数 $k$，使得 $p = 8k \pm 1$，从而

$$\left(\frac{2}{p}\right) = (-1)^{\frac{p^2-1}{8}} = (-1)^{2(4k^2 \pm k)} = 1.$$

若 $p \equiv \pm 3 \pmod 8$，则存在正整数 $k$，使得 $p = 8k \pm 3$，从而

$$\left(\frac{2}{p}\right) = (-1)^{\frac{p^2-1}{8}} = (-1)^{2(4k^2 \pm 3k)+1} = -1.$$

## 4.4 二次互反律

**定理 4.4.1(二次互反律)** 若 $p$、$q$ 是互素奇素数，则

$$\left(\frac{q}{p}\right) = (-1)^{\frac{p-1}{2}\frac{q-1}{2}} \left(\frac{p}{q}\right).$$

**证** 需要证明

$$\left(\frac{q}{p}\right)\left(\frac{p}{q}\right) = (-1)^{\frac{p-1}{2}\frac{q-1}{2}}.$$

因为 $(2, pq) = 1$，故有

$$\left(\frac{q}{p}\right) = (-1)^{S_1},\ S_1 = \sum_{h=1}^{\frac{p-1}{2}} \left[\frac{qh}{p}\right],\ \left(\frac{p}{q}\right) = (-1)^{S_2},\ S_2 = \sum_{k=1}^{\frac{q-1}{2}} \left[\frac{pk}{q}\right].$$

所以，只需证明

$$S_1 + S_2 = \sum_{h=1}^{\frac{p-1}{2}} \left[\frac{qh}{p}\right] + \sum_{k=1}^{\frac{q-1}{2}} \left[\frac{pk}{q}\right] = \frac{p-1}{2}\frac{q-1}{2}.$$

考查长为 $\frac{p}{2}$，宽为 $\frac{q}{2}$ 的长方形内的整点个数：

①在垂直直线 $ST$ 上，整点个数为 $\left[\frac{qh}{p}\right]$，因此，下三角形内的整点个数为 $\sum_{h=1}^{\frac{p-1}{2}}\left[\frac{qh}{p}\right]$；

②在水平直线 $NM$ 上，整点个数为 $\left[\frac{pk}{q}\right]$，因此，上三角形内的整点个数为 $\sum_{k=1}^{\frac{q-1}{2}}\left[\frac{pk}{q}\right]$，由于对角线上无整点，所以长方形内整点个数为

$$\sum_{h=1}^{\frac{p-1}{2}}\left[\frac{qh}{p}\right]+\sum_{k=1}^{\frac{q-1}{2}}\left[\frac{pk}{q}\right]=\frac{p-1}{2}\frac{q-1}{2}.$$

证毕.

**例 4.4.1** 求所有奇素数 $p$，它以 3 为其二次剩余.

**解** 即要求所有奇素数 $p$，使得

$$\left(\frac{3}{p}\right)=1.$$

易知，$p$ 是大于 3 的奇素数，根据二次互反律，

$$\left(\frac{3}{p}\right)=(-1)^{(p-1)/2}\left(\frac{p}{3}\right).$$

因为

$$(-1)^{(p-1)/2}=\begin{cases}1, & 若\ p\equiv 1(\bmod 4),\\ -1, & 若\ p\equiv -1(\bmod 4),\end{cases}$$

以及

$$\left(\frac{p}{3}\right)=\begin{cases}\left(\frac{1}{3}\right)=1, & p\equiv 1(\bmod 3),\\ \left(\frac{-1}{3}\right)=-1, & p\equiv -1(\bmod 3),\end{cases}$$

所以，$\left(\frac{3}{p}\right)=1$ 的充分必要条件是

$$\begin{cases}p\equiv 1(\bmod 4),\\ p\equiv 1(\bmod 3),\end{cases}\quad 或\begin{cases}p\equiv -1(\bmod 4),\\ p\equiv -1(\bmod 3).\end{cases}$$

这分别等价于

$$p\equiv 1(\bmod 12)\ 或\ p\equiv -1(\bmod 12).$$

因此，3 是模 $p$ 二次剩余的充分必要条件是

$$p\equiv \pm 1(\bmod 12).$$

**例 4.4.2** 计算勒让德符号 $\left(\frac{2}{17}\right)$，$\left(\frac{3}{17}\right)$ 的值.

**解** 根据定理 4.3.1(1)，有

$$\left(\frac{2}{17}\right)=(-1)^{\frac{17^2-1}{8}}=(-1)^{2\times 18}=1.$$

根据二次互反律，

$$\left(\frac{3}{17}\right)=(-1)^{\frac{3-1}{2}\frac{17-1}{2}}\left(\frac{17}{3}\right).$$

又根据定理 4.2.2(1) 和推论 4.2.1(2)，

$$\left(\frac{17}{3}\right)=\left(\frac{-1}{3}\right)=(-1)^{\frac{3-1}{2}}=-1$$

因此,

$$\left(\frac{3}{17}\right)=-1.$$

**例 4.4.3** 判断同余式 $x^2\equiv 90(\bmod 137)$ 是否有解.

**解** 因为 137 是素数，根据定理 4.2.2,

$$\left(\frac{90}{137}\right)=\left(\frac{2\times 3^2\times 5}{137}\right)=\left(\frac{2}{137}\right)\left(\frac{5}{137}\right).$$

由定理 4.3.1(1)，则有

$$\left(\frac{2}{137}\right)=(-1)^{\frac{137^2-1}{8}}=1.$$

又由二次互反律及定理 4.3.1(1)，则有

$$\left(\frac{5}{137}\right)=(-1)^{\frac{5-1}{2}\times\frac{137-1}{2}}\left(\frac{137}{5}\right)=\left(\frac{2}{5}\right)=(-1)^{\frac{25-1}{8}}=-1.$$

因此,

$$\left(\frac{90}{137}\right)=-1.$$

同余式 $x^2\equiv 90(\bmod 137)$ 无解.

**例 4.4.4** 判断同余式

$$x^2\equiv -1(\bmod 365)$$

是否有解，有解时，求出其解数.

**解** $365=5\times 73$ 不是素数，原同余式等价于

$$\begin{cases}x^2\equiv -1(\bmod 5),\\ x^2\equiv -1(\bmod 73).\end{cases}$$

因为

$$\left(\frac{-1}{5}\right)=\left(\frac{-1}{73}\right)=1,$$

故同余式组有解，原同余式有解，解数为 4.

**例 4.4.5** 证明：形为 $4k+1$ 的素数有无穷多个.

**证** 反证法，如果形为 $4k+1$ 的素数只有有限多个，设这些素数为 $p_1$，…，$p_s$，考虑整数

$$P=(2p_1\cdots p_s)^2+1.$$

因为 $P$ 形为 $4k+1$，$P>p_i$，$i=1$，…，$s$，所以 $P$ 为合数，其素因数 $p$ 为奇数. 因为

$$\left(\frac{-1}{p}\right)=\left(\frac{-1+P}{p}\right)=\left(\frac{(2p_1\cdots p_s)^2}{p}\right)=1,$$

所以，$-1$ 为模 $p$ 二次剩余，从而 $p$ 是形为 $4k+1$ 的素数. 但显然有 $p\neq p_i$，$i=1$，…，$s$，矛盾.

二次互反律是数论中一个深刻的结果，除了能够方便地计算勒让德符号外，在数论许多方面都非常有用. 这个定理是由欧拉提出，高斯首先证明的. 到目前为止，已经有了 150 多个不同的证明. 由二次互反律引申出来的工作，导致了代数数论的发展和类域论的形成.

## 4.5 雅可比符号

勒让德符号能够实际应用于计算，但是在计算过程中当需要用二次互反律时，就必须将符号上方分解成标准分解式．我们知道把一个数分解成标准分解式是没有一般方法的，因此这个方法对于实际计算来说，还有一定程度的缺点．为了去掉这个缺点，一个最好的方法就是引进雅可比符号．

定义雅可比(Jacobi)符号是一个对于给定的大于 1 的奇数 $m$ 定义在一切整数 $a$ 上的函数，它在 $a$ 上的函数值是

$$\left(\frac{a}{m}\right)=\left(\frac{a}{p_1}\right)\left(\frac{a}{p_2}\right)\cdots\left(\frac{a}{p_r}\right),$$

其中，$m=p_1p_2\cdots p_r$，$p_i$ 是素数，$\left(\frac{a}{p_i}\right)$是 $a$ 对$p_i$ 的勒让德符号．

应该指出，雅可比符号一方面是勒让德符号的推广，另一方面它与勒让德符号有一点很重要的不同，就是根据勒让德符号的值可以判断同余式是否有解，但雅可比符号的值一般来说没有这个功用．例如，根据定义，

$$\left(\frac{2}{9}\right)=\left(\frac{2}{3}\right)\left(\frac{2}{3}\right)=1.$$

但同余式 $x^2\equiv 2 \pmod 9$ 无解，这一差别读者应该注意，引入了雅可比符号以后，勒让德符号值的实际计算的问题就基本上解决了，并且简化了．我们先证明雅可比符号有很多与勒让德符号相同的性质．

**定理 4.5.1** 设 $m$ 是正奇数，则

(1) $\left(\frac{a+m}{m}\right)=\left(\frac{a}{m}\right)$；

(2) $\left(\frac{ab}{m}\right)=\left(\frac{a}{m}\right)\left(\frac{b}{m}\right)$；

(3) 设$(a,\ m)=1$，则$\left(\frac{a^2}{m}\right)=1$．

**证** 设 $m=p_1\cdots p_r$，其中$p_i$ 为奇素数．根据雅可比符号的定义以及定理 4.2.2，则有

(1) $\left(\frac{a+m}{m}\right)=\left(\frac{a+m}{p_1}\right)\cdots\left(\frac{a+m}{p_r}\right)=\left(\frac{a}{p_1}\right)\cdots\left(\frac{a}{p_r}\right)=\left(\frac{a}{m}\right)$；

(2)
$$\begin{aligned}\left(\frac{ab}{m}\right)&=\left(\frac{ab}{p_1}\right)\cdots\left(\frac{ab}{p_r}\right)\\&=\left(\frac{a}{p_1}\right)\left(\frac{b}{p_1}\right)\left(\frac{a}{p_2}\right)\left(\frac{b}{p_2}\right)\cdots\left(\frac{a}{p_r}\right)\left(\frac{b}{p_r}\right)\\&=\left(\frac{a}{p_1}\right)\cdots\left(\frac{a}{p_r}\right)\left(\frac{b}{p_1}\right)\cdots\left(\frac{b}{p_r}\right)\\&=\left(\frac{a}{m}\right)\left(\frac{b}{m}\right);\end{aligned}$$

(3) $\left(\frac{a^2}{m}\right)=\left(\frac{a^2}{p_1}\right)\cdots\left(\frac{a^2}{p_r}\right)=1$.

**引理 4.5.1** 设 $m=p_1\cdots p_r$是奇数，则

(1) $\frac{m-1}{2} \equiv \frac{p_1-1}{2}+\cdots+\frac{p_r-1}{2} \pmod 2$;

(2) $\frac{m^2-1}{8} \equiv \frac{p_1^2-1}{8}+\cdots+\frac{p_r^2-1}{8} \pmod 2$.

**证** 因为有表达式

$$m \equiv \left(1+2\times\frac{p_1-1}{2}\right)\cdots\left(1+2\times\frac{p_r-1}{2}\right) \equiv 1+2\times\left(\frac{p_1-1}{2}+\cdots+\frac{p_r-1}{2}\right) \pmod 4,$$

$$m^2 \equiv \left(1+8\times\frac{p_1^2-1}{8}\right)\cdots\left(1+8\times\frac{p_r^2-1}{8}\right) \equiv 1+8\times\left(\frac{p_1^2-1}{8}+\cdots+\frac{p_r^2-1}{8}\right) \pmod{16},$$

所以引理成立，证毕.

**定理 4.5.2** 设 $m$ 是奇数，则

(1) $\left(\frac{1}{m}\right)=1$;

(2) $\left(-\frac{1}{m}\right)=(-1)^{\frac{m-1}{2}}$;

(3) $\left(\frac{2}{m}\right)=(-1)^{\frac{m^2-1}{8}}$.

**证** 因为 $m=p_1\cdots p_r$ 是奇数，其中 $p_i$ 是奇素数．根据雅可比符号的定义和推论 4.2.1 以及引理，我们有

(1) $\left(\frac{1}{m}\right)=\left(\frac{1}{p_1}\right)\cdots\left(\frac{1}{p_r}\right)=1$;

(2) $\left(\frac{-1}{m}\right)=\left(\frac{-1}{p_1}\right)\cdots\left(\frac{-1}{p_r}\right)=(-1)^{\frac{p_1-1}{2}+\cdots+\frac{p_r-1}{2}}=(-1)^{\frac{m-1}{2}}$.

再根据雅可比符号的定义和定理 4.3.1 以及引理 4.3.1，有

(3) $\left(\frac{2}{m}\right)=\left(\frac{2}{p_1}\right)\cdots\left(\frac{2}{p_r}\right)=(-1)^{\frac{p_1^2-1}{8}+\cdots+\frac{p_r^2-1}{8}}=(-1)^{\frac{m^2-1}{8}}$.

**定理 4.5.3** 设 $m$，$n$ 都是奇数，则

$$\left(\frac{n}{m}\right)=(-1)^{\frac{m-1}{2}\cdot\frac{n-1}{2}}\left(\frac{m}{n}\right).$$

**证** 设 $m=p_1\cdots p_r$，$n=q_1\cdots q_s$. 如果 $(m, n)>1$，则根据雅可比符号的定义和勒让德符号的定义，我们有

$$\left(\frac{n}{m}\right)=\left(\frac{m}{n}\right)=0.$$

结论成立．因此，可设$(m, n)=1$. 根据雅可比符号的定义和二次互反律，我们有

$$\left(\frac{n}{m}\right)\left(\frac{m}{n}\right)=\prod_{i=1}^{r}\left(\frac{n}{p_i}\right)\prod_{j=1}^{s}\left(\frac{m}{q_j}\right)=\prod_{i=1}^{r}\prod_{j=1}^{s}\left(\frac{q_j}{p_i}\right)\left(\frac{p_i}{q_j}\right)=(-1)^{\sum_{i=1}^{r}\sum_{j=1}^{s}\frac{p_i-1}{2}\frac{q_j-1}{2}},$$

再根据引理，

$$\sum_{i=1}^{r}\sum_{j=1}^{s}\frac{p_i-1}{2}\frac{q_j-1}{2} \equiv \sum_{i=1}^{r}\frac{p_i-1}{2}\sum_{j=1}^{s}\frac{q_j-1}{2} \equiv \frac{m-1}{2}\cdot\frac{n-1}{2} \pmod 2.$$

因此，结论成立，证毕.

雅可比符号$\left(\frac{a}{m}\right)$的好处就是它一方面具有勒让德符号一样的性质，而在 $r=1$ 时，它的

值与勒让德符号的值相等．另一方面，它并没有 $m$ 必须是素数的限制，因此要想计算勒让德符号的值，只需把它看成是雅可比符号来计算．而在计算雅可比符号的值时，由于不必考虑 $m$ 是不是素数，所以在实际计算上就非常方便，并且利用雅可比符号最后一定能把勒让德符号的值算出来．当 $\left(\frac{a}{m}\right)$（雅可比符号）为 $-1$ 时，可断定 $a$ 是模 $m$ 二次非剩余，但当 $\left(\frac{a}{m}\right)=1$ 时，判别失效.

**例 4.5.1** 计算雅可比符号 $\left(\frac{191}{397}\right)$.

**解** 不用考虑 397 是否为素数，直接计算雅可比符号，因为

$$\begin{aligned}\left(\frac{191}{397}\right)&=(-1)^{\frac{190}{2}\times\frac{396}{2}}\left(\frac{397}{191}\right)=(-1)^{95\times198}\left(\frac{15}{191}\right)=\left(\frac{3}{191}\right)\left(\frac{5}{191}\right)\\&=(-1)^{\frac{2}{2}\times\frac{190}{2}}\left(\frac{191}{3}\right)(-1)^{\frac{4}{2}\times\frac{190}{2}}\left(\frac{191}{5}\right)=(-1)\left(\frac{2}{3}\right)\left(\frac{1}{5}\right)=1.\end{aligned}$$

**例 4.5.2** 求出同余式 $y^2\equiv x^3+x+1\pmod{17}$ 的所有解及解数.

**解** 令 $f(x)=x^3+x+1$，根据例 4.1.3，有

| | | |
|---|---|---|
| $f(0)\equiv1$, | $y=1$，$y=16$； | $f(1)\equiv3$，无解； |
| $f(2)\equiv11$, | 无解； | $f(3)\equiv14$，无解； |
| $f(4)\equiv1$, | $y=1$，$y=16$； | $f(5)\equiv12$，无解； |
| $f(6)\equiv2$, | $y=6$，$y=11$； | $f(7)\equiv11$，无解； |
| $f(8)\equiv11$, | 无解； | $f(9)\equiv8$，$y=5$，$y=12$； |
| $f(10)\equiv8$, | $y=5$，$y=12$； | $f(11)\equiv0$，$y=0$； |
| $f(12)\equiv7$, | 无解； | $f(13)\equiv1$，$y=1$，$y=16$； |
| $f(14)\equiv5$, | 无解； | $f(15)\equiv8$，$y=5$，$y=12$； |
| $f(16)\equiv-1$, | $y=4$，$y=13$. | |

因此，原同余式的解为

(0, 1), (0, 16), (4, 1), (4, 16), (6, 6), (6, 11); (9, 5), (9, 12), (10, 5), (10, 12), (11, 0), (13, 1), (13, 16), (15, 5), (15, 12), (16, 4), (16, 13).

## 4.6 二次同余式的解法和解数

本节分别考虑模为奇素数和合数的二次同余式的解法和解数．首先来讨论 $p$ 为奇素数的情形.

对于二次同余式

$$x^2\equiv a\pmod{p},\ p\text{ 是奇素数},\ p\nmid a,\tag{4-9}$$

如果勒让德符号 $\left(\frac{a}{P}\right)=-1$，则无解；如果 $\left(\frac{a}{P}\right)=1$，则有解，当 $p$ 不太大时，可将 $x=1,2,\cdots,\frac{p-1}{2}$ 直接代入式(4-9)中求解．但是当 $p$ 大时，求出式(4-9)的解却不是一件容易的事.

现在在有解的情况下，即 $a$ 满足

$$a^{\frac{p-1}{2}} \equiv \left(\frac{a}{P}\right) \equiv 1 (\bmod p)$$

的情况下，考虑二次同余式(4-9)的具体求解，求解过程按照下面的算法进行.

对于奇素数 $p$，将 $p-1$ 写成形式 $p-1=2^t \times s$，$t \geqslant 1$，其中 $s$ 是奇数.

(1) 任意选取一个模 $p$ 二次非剩余 $n$. 即整数 $n$ 使得 $\left(\frac{n}{p}\right)=-1$，再令 $b:=n^s (\bmod p)$.

我们有

$$b^{2^t} \equiv 1,\ b^{2^{t-1}} \equiv -1 (\bmod p),$$

即 $b$ 是模 $p$ 的 $2^t$ 次单位根，但非模 $p$ 的 $2^{t-1}$ 次单位根.

(2) 计算

$$x_{t-1} := a^{\frac{s+1}{2}} (\bmod p).$$

我们有 $a^{-1}x_{t-1}^2$ 满足同余式

$$y^{2^{t-1}} \equiv 1 (\bmod p),$$

即 $a^{-1}x_{t-1}^2$ 是模 $p$ 的 $2^{t-1}$ 次单位根，事实上，

$$(a^{-1}x_{t-1}^2)^{2^{t-1}} \equiv a^{2^{t-1}s} \equiv a^{(p-1)/2} \equiv \left(\frac{a}{p}\right) \equiv 1\ (\bmod p).$$

(3) 如果 $t=1$，则 $x=x_{t-1}=x_0 \equiv a^{\frac{s+1}{2}} (\bmod p)$ 满足同余式

$$x^2 \equiv a (\bmod p).$$

如果 $t \geqslant 2$，我们要寻找整数 $x_{t-2}$，使得 $a^{-1}x_{t-2}^2$ 满足同余式

$$y^{2^{t-2}} \equiv 1\ (\bmod p),$$

即 $a^{-1}x_{t-2}^2$ 是模 $p$ 的 $2^{t-2}$ 次单位根.

①如果

$$(a^{-1}x_{t-1}^2)^{2^{t-2}} \equiv 1\ (\bmod p),$$

令 $j_0:=0$，$x_{t-2}:=x_{t-1}=x_{t-1}b^{j_0} (\bmod p)$，$x_{t-2}$ 即为所求；

② 如果

$$(a^{-1}x_{t-1}^2)^{2^{t-2}} \equiv -1 \equiv (b^{-2})^{2^{t-2}} (\bmod p),$$

令 $j_0:=1$，$x_{t-2}:=x_{t-1}b=x_{t-1}b^{j_0} (\bmod p)$，$x_{t-2}$ 即为所求.

如此继续下去，假设找到整数 $x_{t-k}$，使得 $a^{-1}x_{t-k}^2$ 满足同余式

$$y^{2^{t-k}} \equiv 1\ (\bmod p),$$

即 $a^{-1}x_{t-k}^2$ 是模 $p$ 的 $2^{t-k}$ 次单位根，即

$$(a^{-1}x_{t-k}^2)^{2^{t-k}} \equiv 1 (\bmod p).$$

如果 $t=k$，则 $x=x_{t-k} (\bmod p)$ 满足同余式

$$x^2 \equiv a (\bmod p).$$

如果 $t \geqslant k+1$，我们要寻找整数 $x_{t-k-1}$，使得 $a^{-1}x_{t-k-1}^2$ 满足同余式

$$y^{2^{t-k-1}} \equiv 1 (\bmod p),$$

即 $a^{-1}x_{t-k-1}^2$ 是模 $p$ 的 $2^{t-k-1}$ 次单位根.

①如果

$$(a^{-1}x_{t-k}^2)^{2^{t-k-1}} \equiv 1 (\bmod p),$$

令 $j_{k-1}:=0$，$x_{t-k-1}:=x_{t-k}=x_{t-k}b^{j_{k-1}2^{k-1}} (\bmod p)$，则 $x_{t-k-1}$ 即为所求；

②如果

$$(a^{-1}x_{t-k}^2)^{2^{t-k-1}} \equiv -1 \equiv (b^{-2^k})^{2^{t-k-1}} (\bmod p),$$

令 $j_{k-1} := 1$，$x_{t-k-1} := x_{t-k} b^{2^{k-1}} = x_{t-k} b^{j_{k-1} 2^{k-1}} (\bmod p)$，则$x_{t-k-1}$即为所求.

特别地，对于 $k=t-1$，则有

$$\begin{aligned} x &= x_0 \\ &\equiv x_1 b^{j_{t-2} 2^{t-2}} \\ &\cdots \\ &\equiv x_{t-1} b^{j_0 + j_1 2 + \cdots j_{t-2} 2^{t-2}} \\ &\equiv a^{\frac{s+1}{2}} b^{j_0 + j_1 2 + \cdots + j_{t-2} 2^{t-2}} (\bmod p) \end{aligned}$$

满足同余式

$$x^2 \equiv a (\bmod p).$$

**例 4.6.1** 应用上述算法求解同余式

$$x^2 \equiv 186 (\bmod 401).$$

**解** 因为 $a=186=2\times3\times31$，计算勒让德符号，

$$\left(\frac{2}{401}\right) = (-1)^{(401^2-1)/8} = 1,\ \left(\frac{3}{401}\right) = (-1)^{\frac{3-1}{2}\times\frac{401-1}{2}}\left(\frac{401}{3}\right) = \left(\frac{-1}{3}\right) = -1,$$

$$\left(\frac{31}{401}\right) = (-1)^{\frac{3-1}{2}\times\frac{401-1}{2}}\left(\frac{401}{31}\right) = \left(\frac{-2}{31}\right) = \left(\frac{-1}{31}\right)\left(\frac{2}{31}\right) = (-1)^{\frac{31-1}{2}}(-1)^{\frac{31^2-1}{8}} = -1,$$

所以

$$\left(\frac{186}{401}\right) = \left(\frac{2}{401}\right)\left(\frac{3}{401}\right)\left(\frac{31}{401}\right) = 1\times(-1)\times(-1) = 1.$$

故原同余式有解.

对于奇素数 $p=401$，将 $p-1$ 写成形式 $p-1=400=2^4\times25$，其中 $t=4$，$s=25$ 是奇数.

(1)任意选取一个模 401 二次非剩余 $n=3$，即整数 $n=3$ 使得$\left(\frac{3}{403}\right)=-1$，再令$b := 3^{25} \equiv 268 (\bmod 401)$.

(2)计算

$$x_3 := 186^{\frac{25+1}{2}} \equiv 103 (\bmod 401)$$

以及 $a^{-1} \equiv 235 (\bmod 401)$.

(3)因为

$$(a^{-1}x_3^2)^{2^2} \equiv 98^4 \equiv -1 (\bmod 401),$$

令 $j_0 := 1$，$x_2 = x_3 b^{j_0} = 103\times268 \equiv 336 (\bmod 401)$.

(4)因为

$$(a^{-1}x_2^2)^2 \equiv (-1)^2 \equiv 1 (\bmod 401),$$

令 $j_1 := 0$，$x_1 := x_2 b^{j_1 2} = 336 (\bmod 401)$.

(5)因为 $$a^{-1}x_1^2 \equiv -1 (\bmod 401),$$

令 $j_2 := 1$，$x_0 := x_1 b\, j_2 2^2 = 336\times268^4 \equiv 304 (\bmod 401)$，则 $x \equiv x_0 \equiv 304 (\bmod p)$满足同余式

$$x^2 \equiv 186 (\bmod 401).$$

下面给出当 $p$ 为特殊形式素数时同余式 $x^2 \equiv a (\bmod p)$的解.

**例 4.6.2** 设 $p$ 是形为 $4k+3$ 的素数，如果同余式

$$x^2 \equiv a (\bmod p)$$

有解，则其解是

$$x \equiv \pm a^{(p+1)/4} (\bmod p).$$

**解** 由于 $p$ 是形为 $4k+3$ 的素数，故存在奇数 $p$，使得 $p-1=2q$，现在同余式

$$x^2 \equiv a (\bmod p)$$

有解，可知

$$a^{\frac{p-1}{2}} \equiv 1 (\bmod p)$$

或有

$$a^q \equiv 1 (\bmod p).$$

两端同乘以 $a$，得到

$$a^{q+1} \equiv a (\bmod p).$$

因此，同余式的解为

$$x \equiv \pm a^{\frac{q+1}{2}} \equiv \pm a^{\frac{(p+1)}{4}} (\bmod p).$$

**例 4.6.3** 设 $p$，$q$ 是形为 $4k+3$ 的不同素数，$n=pq$，如果整数 $a$ 满足 $\left(\frac{a}{p}\right)=\left(\frac{a}{q}\right)=1$，求解同余式

$$x^2 \equiv a (\bmod n).$$

**解** 求解同余式 $$x^2 \equiv a (\bmod n)$$

等价于解同余式组

$$\begin{cases} x^2 \equiv a (\bmod p), \\ x^2 \equiv a (\bmod q). \end{cases}$$

同余式 $x^2 \equiv a (\bmod p)$ 的解为

$$x \equiv \pm a^{(p+1)/4} (\bmod p).$$

同余式 $x^2 \equiv a (\bmod q)$ 的解为

$$x \equiv \pm a^{(q+1)/4} (\bmod q).$$

根据中国剩余定理，原同余式的解为

$$x \equiv \pm (a^{\frac{p+1}{4}} (\bmod p)) uq \pm (a^{\frac{q+1}{4}} (\bmod q)) vp (\bmod pq),$$

其中，$u$，$v$ 由 $uq \equiv 1 (\bmod p)$，$vp \equiv 1 (\bmod q)$ 确定.

例 4.6.3 即为 Rabin 公钥密码的解密过程，我们简要介绍一下 Rabin 公钥密码算法：

(1)密钥的产生

选取两个相异的形为 $4k+3$ 的大素数 $p$ 和 $q$，计算 $n=pq$. 以 $n$ 为公钥，$p$，$q$ 为私钥.

(2)加密算法

$$c \equiv m^2 (\bmod n),$$

其中，$m$ 是明文，$c$ 是密文.

(3)解密算法，求解同余式 $x^2 \equiv c (\bmod n)$(方法如例 4.6.3 所示).

可以看出该算法的加密函数不是一一映射，解密结果有四种可能，实际应用中用户不能确切地知道哪一个解是原始的明文．解决这一问题的方法是在待加密的明文消息中插入一些附加信息，比如用户的身份、日期或者加解密双方事先约定的某个数值等，则可以帮助接收者辨别出解密后的真实明文消息.

上面我们讨论了奇素数模的同余式(4-9)的解法，下面将讨论合数模同余式

$$x^2 \equiv a (\bmod m), \ (a, m)=1 \tag{4-10}$$

有解的条件及解的个数.

由算术基本定理可把 $m$ 写成标准分解式：$m=2^{\delta}p_1^{\alpha_1}p_2^{\alpha_2}\cdots p_k^{\alpha_k}$，式(4-10)有解的充分必要条件是同余式组(定理 3.8.1)

$$\begin{cases} x^2\equiv a(\bmod 2^{\delta}), \\ x^2\equiv a(\bmod p_1^{\alpha_1}), \\ \cdots, \\ x^2\equiv a(\bmod p_k^{\alpha_k}) \end{cases} \tag{4-11}$$

有解，并且在有解的情况下，式(4-10)的解数是同余式组(4-11)中各式解数的乘积，因此从讨论同余式

$$x^2\equiv a(\bmod p^{\alpha}),\ \alpha>0,\ (a,\ p)=1 \tag{4-12}$$

开始.

**定理 4.6.1** 设 $p$ 是奇素数，则同余式(4-12)有解的充分必要条件是 $\left(\dfrac{a}{p}\right)=1$，且有解时，式(4-12)的解数是 2.

**证** 若 $\left(\dfrac{a}{p}\right)=-1$，则同余式 $x^2\equiv a(\bmod p)$ 无解，因而式(4-12)无解，故条件的必要性获证.

若 $\left(\dfrac{a}{p}\right)=1$，则由欧拉判别条件，同余式 $x^2\equiv a(\bmod p)$ 恰有两个解．设 $x\equiv x_1(\bmod p)$ 是它的一个解，那么由 $(a,\ p)=1$ 即得 $(x_1,\ p)=1$. 又因为 $2\nmid p$，故 $(2x_1,\ p)=1$，若令 $f(x)=x^2-a$，则 $p\nmid f'(x_1)$，由定理 3.8.2 知，从 $x\equiv x_1(\bmod p)$ 可得出(4-12)的唯一解．因此，由 $x^2\equiv a(\bmod p)$ 的两解给出式(4-12)的两个解，并且仅有两个，故结论获证，证毕.

现在来讨论同余式

$$x^2\equiv a(\bmod 2^{\alpha}),\ \alpha>0\ ,\ (2,\ a)=1 \tag{4-13}$$

的解，首先可以看出，当 $\alpha=1$ 时，式(4-13)永远有解，并且解数是 1，因此以下只讨论 $\alpha>1$ 的情形.

**定理 4.6.2** 设 $\alpha>1$，则同余式(4-13)有解的必要条件是

(1)当 $\alpha=2$ 时，$a\equiv 1(\bmod 4)$；

(2)当 $\alpha\geqslant 3$ 时，$a\equiv 1(\bmod 8)$.

若上述条件成立，则式(4-13)有解，进一步，当 $\alpha=2$ 时，解数是 2；当 $\alpha\geqslant 3$ 时，解数是 4.

**证** 若同余式(4-13)有解，则存在整数 $x_1$，使得

$$x_1^2\equiv a(\bmod 2^{\alpha}).$$

根据 $(a,\ 2)=1$，我们有 $(x_1,\ 2)=1$，记 $x_1=1+2t$，上式可写成

$$a\equiv 1+4t(t+1)(\bmod 2^{\alpha}).$$

注意到 $2\mid t(t+1)$，则有

(1)当 $\alpha=2$ 时，$a\equiv 1(\bmod 4)$；

(2)当 $\alpha\geqslant 3$ 时，$a\equiv 1(\bmod 8)$；

因此，必要性成立.

现在，若必要条件满足，则

(1)当 $\alpha=2$ 时，$a\equiv 1(\bmod 4)$，这时

$$x \equiv 1,\ 3 \pmod{2^2}$$

是同余式(4-13)仅有的两解.

(2)当 $\alpha \geqslant 3$ 时，$a \equiv 1 \pmod 8$，这时，

对 $\alpha = 3$，易验证：

$$x = \pm 1,\ \pm 5 \pmod{2^3}$$

是同余式(4-13)仅有的4解，它们可表示为

$$\pm(1+2^2 t_3)\ ,\ t_3 = 0,\ \pm 1,\ \cdots$$

或者

$$\pm(x_3+2^2 t_3)\ ,\ t_3 = 0,\ \pm 1,\ \cdots$$

对 $\alpha = 4$，由

$$(x_3+2^2 t_3)^2 \equiv a \pmod{2^4}$$

且

$$2x_3(2^2 t_3) \equiv 2^3 t_3 \pmod{2^4}$$

或

$$t_3 \equiv \frac{a-x_3^2}{2^3} \pmod 2,$$

故同余式

$$x^2 \equiv a \pmod{2^4}$$

的解可表示为

$$x = \pm\left(1+4\cdot\frac{a-x_3^2}{2^3}+2^3 t_4\right),\ t_4 = 0,\ \pm 1,\ \cdots$$

或者

$$x = \pm(x_4+2^3 t_4),\qquad t_4 = 0,\ \pm 1,\ \cdots.$$

类似地，对于 $\alpha \geqslant 4$，如果满足同余式

$$x^2 \equiv a \pmod{2^{\alpha-1}}$$

的解为

$$x = \pm(x_{\alpha-1}+2^{\alpha-2} t_{\alpha-1}),\ t_{\alpha-1} = 0,\ \pm 1,\ \cdots,$$

则由

$$(x_{\alpha-1}+2^{\alpha-2} t_{\alpha-1})^2 \equiv a \pmod{2^\alpha}$$

并注意到

$$2x_{\alpha-1}(2^{\alpha-2} t_{\alpha-1}) \equiv 2^{\alpha-1} t_{\alpha-1} \pmod{2^\alpha},$$

我们有

$$x_{\alpha-1}^2+2^{\alpha-2} t_{\alpha-1} \equiv a \pmod{2^\alpha}$$

或

$$t_{\alpha-1} \equiv \frac{a-x_{\alpha-1}^2}{2^{\alpha-1}} \pmod{2^\alpha}.$$

故同余式

$$x^2 \equiv a \pmod{2^\alpha}$$

的解可表示为

$$x=\pm(x_{\alpha-1}+2^{\alpha-2}\frac{a-x_{a-1}^{2}}{2^{\alpha-1}}+2^{\alpha-1}t_{\alpha}),\quad t_{\alpha}=0,\ \pm1,\ \cdots$$

或

$$x=\pm(x_{\alpha}+2^{\alpha-1}t_{\alpha}),\ t_{\alpha}=0,\ \pm1,\ \cdots.$$

它们对模 $2^{\alpha}$ 的 4 个解是：

$$x_{\alpha},\ x_{\alpha}+2^{\alpha-1},\ -x_{\alpha},\ -x_{\alpha}-2^{\alpha-1}.$$

**例 4.6.4** 求解同余式

$$x^{2}\equiv57(\mathrm{mod}\ 64),\ 64=2^{6}.$$

**解** 因为 $57\equiv1(\mathrm{mod}\ 8)$，所以同余式有 4 个解.

$\alpha=3$ 时，解为

$$\pm(1+4t_{3}),\ t_{3}=0,\ \pm1,\ \cdots.$$

$\alpha=4$ 时，由于

$$(1+4t_{3})^{2}\equiv57(\mathrm{mod}\ 2^{4})$$

或

$$t_{3}\equiv\frac{57-1^{2}}{8}\equiv1(\mathrm{mod}\ 2),$$

故同余式 $x^{2}\equiv a(\mathrm{mod}\ 2^{4})$ 的解为

$$\pm(1+4\times1+8t_{4})=\pm(5+8t_{4}),\ t_{4}=0,\ \pm1,\ \cdots.$$

$\alpha=5$ 时，由于

$$(5+8t_{4})^{2}\equiv57(\mathrm{mod}\ 2^{5})$$

或

$$t_{4}\equiv\frac{57-5^{2}}{16}\equiv0(\mathrm{mod}\ 2),$$

故同余式 $x^{2}\equiv a(\mathrm{mod}\ 2^{5})$ 的解为

$$\pm(5+8\times0+16t_{5})=\pm(5+16t_{5}),\ t_{5}=0,\ \pm1,\ \cdots.$$

$\alpha=6$ 时，由于

$$(5+16t_{5})^{2}\equiv57(\mathrm{mod}\ 2^{5})$$

或

$$t_{5}\equiv\frac{57-5^{2}}{32}\equiv1(\mathrm{mod}\ 2),$$

故同余式 $x^{2}\equiv a$ ($\mathrm{mod}\ 2^{6}$)的解为

$$x=\pm(5+16\times1+32t_{6})=\pm(21+32t_{6}),\ t_{6}=0,\ \pm1,\ \cdots.$$

因此，同余式模 $64=2^{6}$ 的解是：

$$21,\ 53,\ -21\equiv43,\ -53\equiv11(\mathrm{mod}\ 64).$$

不是所有素数都能表示成两个整数的平方和，例如，由于 $x^{2}+y^{2}\equiv0,\ 1,\ 2(\mathrm{mod}\ 4)$，故 $p\equiv3(\mathrm{mod}\ 4)$时，$p$ 不能表示成平方和，下面的定理说明当 $p=2$ 或 $p=4k+1$ 时，$p$ 可表示成平方和.

**定理 4.6.3** 设 $p$ 是素数，那么

$$x^{2}+y^{2}=p$$

有解的充分必要条件是 $p=2$ 或 $-1$ 为模 $p$ 二次剩余，即 $p=2$ 或 $p=4k+1$.

**证** 必要性 设 $(x_0, y_0)$ 是 $x^2+y^2=p$ 的解，即 $x_0^2+y_0^2=p$.
则一定有

$$0<|x_0|,\ |y_0|<p,\ (x_0, p)=(y_0, p)=1.$$

因此，存在 $y_0^{-1}$，使得

$$y_0^{-1}y=1(\bmod p).$$

当 $p>2$ 时，

$$(x_0y_0^{-1})^2=(p-y_0^2)(y_0^{-1})^2\equiv-(y_0^{-1}y_0)^2\equiv-1(\bmod p),$$

即

$$x^2\equiv-1(\bmod p)$$

有解，从而 $p=4k+1$，必要性成立.

充分性 $p=2$ 时，$p=1^2+1^2$，方程有解.

$p>2$ 时，$p=4k+1$，因为

$$\left(\frac{-1}{p}\right)=1,$$

所以，存在整数 $x_0$，使得

$$x_0^2\equiv-1(\bmod p),\ 0<|x_0|<\frac{p}{2}.$$

因此推出，对于整数 $x_0$，$y_0=1$，存在整数 $m_0$，使得

$$x_0^2+y_0^2=m_0p,\ 0<m_0<p.$$

设 $m$ 是使得

$$x^2+y^2=m_p,\ 0<m<p$$

成立的最小正整数. 下面证明 $m=1$.

若 $m>1$，令

$$u\equiv x,\ v\equiv y(\bmod m),\ |u|,\ |v|<\frac{m}{2},$$

则有

$$0<u^2+v^2\leqslant\frac{m^2}{2},\ u^2+v^2\equiv x^2+y^2(\bmod m),$$

进而

$$(u^2+v^2)(x^2+y^2)=m'm^2p,\ 0<m'<m.$$

将上式变形为

$$(ux+vy)^2+(uy-vx)^2=m'm^2p.$$

因为

$$ux+vy\equiv x^2+y^2\equiv0,\ uy-vx\equiv0(\bmod m),$$

所以，整数 $x'=\frac{ux+vy}{m}$，$y'=\frac{uy-vx}{m}$ 和 $m'$ 满足

$$x'^2+y'^2=\left(\frac{ux+vy}{m}\right)^2+\left(\frac{uy-vx}{m}\right)^2=m'p,$$

与 $m$ 的最小性矛盾，故 $m=1$.

## 习题 4

1. 求模 $p=13$，23，31，37，47 的二次剩余和二次非剩余.

2. 求满足方程 $E$：$y^2=x^3-3x+1 \pmod 7$ 的所有点.

3. 求满足方程 $E$：$y^2=x^3+3x+2 \pmod 7$ 的所有点.

4. 求满足方程 $E$：$y^2=x^3+x+1 \pmod{17}$ 的所有点.

5. 求满足方程 $E$：$y^2=x^3+5x+1 \pmod 7$ 的所有点.

6. 设 $p$ 是素数，$a$ 是整数，$(a, p)=1$，证明：存在整数 $u$，$v$，使得 $u^2+av^2\equiv 0 \pmod p$ 的充要条件是 $-a$ 是模 $p$ 的二次剩余.

7. 计算下列勒让德符号

(1)$\left(\frac{17}{37}\right)$；(2)$\left(\frac{151}{373}\right)$；(3)$\left(\frac{171}{397}\right)$；(4)$\left(\frac{901}{2003}\right)$；(5)$\left(\frac{47}{200723}\right)$；(6)$\left(\frac{13}{20040803}\right)$.

8. 求下列同余方程的解数：

(1)$x^2\equiv -2 \pmod{47}$；(2) $x^2\equiv 2 \pmod{67}$；(3)$x^2\equiv -2 \pmod{37}$；(4) $x^2\equiv 2 \pmod{47}$.

9. 设 $p$ 是奇素数，证明：

(1) 模 $p$ 的所有二次剩余的乘积对模 $p$ 的剩余是 $(-1)^{(p+1)/2}$；

(2) 模 $p$ 的所有二次非剩余的乘积对模 $p$ 的剩余是 $(-1)^{(p-1)/2}$.

10. 若 $\left(\frac{r}{p}\right)=1$，$\left(\frac{n}{p}\right)=-1$，则 $r\cdot 1^2, \cdots, r\cdot\left(\frac{p-1}{2}\right)^2$，$n\cdot 1^2, \cdots, n\cdot\left(\frac{p-1}{2}\right)^2$ 为模 $p$ 的一个简化剩余系.

11. 判断下列同余式是否有解：

(1)$x^2\equiv 429 \pmod{563}$；(2)$x^2\equiv 680 \pmod{769}$；(3)$x^2\equiv 503 \pmod{1013}$；

其中，503，563，769，1013 都是素数.

12. 求出 $m-2$ 为二次剩余的素数的一般表达式；$m-2$ 为二次非剩余时的质数的一般表达式.

13. 证明：下列形式的素数均有无穷多个：$8k-1$，$8k+3$，$8k-3$.

14. 设 $n$ 是正整数，$4n+3$ 及 $8n+7$ 都是素数，说明 $2^{4n+3}\equiv 1 \pmod{8n+7}$，由此证明：$23\mid(2^{11}-1)$；$47\mid(2^{23}-1)$；$503\mid(2^{251}-1)$.

15. 求出下列同余式的解数：

(1)$x^2\equiv 3766 \pmod{5987}$；(2) $x^2\equiv 3149 \pmod{5987}$；

其中 5987 是一质数.

16. (1) 在有解的情况下，求同余式 $x^2\equiv a \pmod p$，$p=4m+3$ 的解.

(2) 在有解的情况下，求同余式 $x^2\equiv a \pmod p$，$p=8m+5$ 的解.

17. 解同余式 $x^2\equiv 59 \pmod{125}$，$x^2\equiv 41 \pmod{64}$.

18. 设整数 $n$ 能表成两个平方和 $n=x^2+y^2$，如果 $(x, y)=1$，则称 $n$ 能本原地表成两个平方和. 设 $p$ 是 $m$ 的一个奇素因子，$p$ 能表成两个平方和，$m$ 能本原地表成两个平方和，则 $\frac{m}{p}$ 也能本原地表成两个平方和.

19. $n^2+1$ 的每个素因子都能表成两个平方和.

# 第 5 章　原　　根

在上一章，我们讨论了如何判断同余式 $x^2 \equiv a(\mathrm{mod}\ m)$ 有解与否的问题，本章将进一步讨论同余式

$$x^n \equiv a(\mathrm{mod}\ m) \tag{5-1}$$

在什么条件下有解，在讨论过程中要引进原根与指标这两个概念，这两个概念在数论里是很有用的．本章通过对原根与指标的研究，最后要把式(5-1)对某些特殊的 $m$ 有解的条件利用指标表达出来.

## 5.1　指　　数

由欧拉定理知道，若$(a, m)=1$，$m>1$，则 $a^{\varphi(m)} \equiv 1(\mathrm{mod}\ m)$，这就是说，若$(a, m)=1$，$m>1$，则存在一个正整数 $\gamma$ 满足 $a^{\gamma} \equiv 1(\mathrm{mod}\ m)$，因此也存在满足上述要求的最小正整数，故有

**定义 5.1.1**　设 $m>1$ 是整数，$a$ 是与 $m$ 互素的正整数，则使得

$$a^e \equiv 1(\mathrm{mod}\ m)$$

成立的最小正整数 $e$ 称为 $a$ 对模 $m$ 的指数，记作 $\mathrm{ord}_m(a)$.

**例 5.1.1**　设整数 $m=7$，这时 $\varphi(7)=6$. 通过计算可得

$$1^1 \equiv 1,\ 2^3=8 \equiv 1,\ 3^3=27 \equiv -1,$$
$$4^3 \equiv (-3)^3 \equiv 1,\ 5^3 \equiv (-2)^3 \equiv -1,\ 6^2 \equiv (-1)^2 \equiv 1(\mathrm{mod}\ 7).$$

列成表为:

| $a$ | 1 | 2 | 3 | 4 | 5 | 6 |
|---|---|---|---|---|---|---|
| $\mathrm{ord}_m(a)$ | 1 | 3 | 6 | 3 | 6 | 2 |

**例 5.1.2**　设整数 $m=10=2\times5$，这时 $\varphi(10)=4$. 我们有

$$1^1 \equiv 1,\ 3^4=81 \equiv 1,\ 7^4 \equiv (-1)^2 \equiv 1,\ 9^2 \equiv (-1)^2 \equiv 1\ (\mathrm{mod}\ 14).$$

列成表为:

| $a$ | 1 | 3 | 7 | 9 |
|---|---|---|---|---|
| $\mathrm{ord}_m(a)$ | 1 | 4 | 4 | 2 |

**例 5.1.3**　设整数 $m=15=3\times5$，这时 $\varphi(15)=8$. 我们有

$$1^1\equiv1,\qquad 2^4=16\equiv1,\qquad 4^2=16\equiv1,$$
$$7^2=49\equiv4,\qquad 7^4\equiv16\equiv1,\qquad 8^4\equiv(-7)^4\equiv1,$$
$$11^2\equiv(-4)^2\equiv1,\ 13^4\equiv(-2)^4\equiv1,\ 14^2\equiv(-1)^2\equiv1 \pmod{15}.$$

列成表为：

| $a$ | 1 | 2 | 4 | 7 | 8 | 11 | 13 | 14 |
|---|---|---|---|---|---|---|---|---|
| $\mathrm{ord}_m(a)$ | 1 | 4 | 2 | 4 | 4 | 2 | 4 | 2 |

下面我们讨论指数的一些基本性质.

**定理 5.1.1** 设 $m>1$ 是整数，$a$ 是与 $m$ 互素的整数，则整数 $d$ 使得
$$a^d\equiv1 \pmod m$$
的充分必要条件是
$$\mathrm{ord}_m(a)\mid d.$$

**证** 充分性 设 $\mathrm{ord}_m(a)\mid d$，那么存在整数 $k$，使得 $d=k\,\mathrm{ord}_m(a)$. 因此，我们有
$$a^d=(a^{\mathrm{ord}_m(a)})^k\equiv1 \pmod m.$$
必要性 如果 $\mathrm{ord}_m(a)\mid d$ 不成立，则由欧几里得除法，存在整数 $q$，$r$ 使得
$$d=\mathrm{ord}_m(a)q+r,\ 0<r<\mathrm{ord}_m(a).$$
从而
$$a^r\equiv a^r(a^{\mathrm{ord}_m(a)})^q=a^d\equiv1 \pmod m,$$
这与 $\mathrm{ord}_m(a)$ 的最小性矛盾. 故 $\mathrm{ord}_m(a)\mid d$，证毕.

**推论 5.1.1** 设 $m>1$ 是整数，$a$ 是与 $m$ 互素的整数，则 $\mathrm{ord}_m(a)\mid\varphi(m)$.

**证** 根据欧拉定理，则有
$$a^{\varphi(m)}\equiv1 \pmod m.$$
由定理 5.1.1，我们有 $\mathrm{ord}_m(a)\mid\varphi(m)$，证毕.

根据推论 5.1.1，整数 $a$ 模 $m$ 的指数 $\mathrm{ord}_m(a)$ 是 $\varphi(m)$ 的因数，所以可以在 $\varphi(m)$ 的因数中求 $\mathrm{ord}_m(a)$.

**例 5.1.4** 求整数 5 模 17 的指数 $\mathrm{ord}_{17}(5)$.

**解** 因为 $\varphi(17)=16$. 所以，我们只需对 16 的因数 $d=1，2，4，8，16$，计算 $a^d \pmod m$.

因为
$$5^1\equiv5,\ 5^2=25\equiv8,\ 5^4\equiv64\equiv13\equiv-4,\ 5^8\equiv(-4)^2\equiv16\equiv-1,\ 5^{16}\equiv(-1)^2\equiv1 \pmod{17},$$
所以，$\mathrm{ord}_{17}(5)=16$.

**推论 5.1.2** 设 $p$ 是奇素数，且 $\frac{p-1}{2}$ 也是素数，如果 $a$ 是一个不被 $p$ 整除的整数，且 $a^2\not\equiv1 \pmod p$，则
$$\mathrm{ord}_p(a)=\frac{p-1}{2}\text{或}\ p-1.$$

**证** 根据欧拉定理，有
$$a^{\varphi(p)}\equiv1 \pmod p.$$

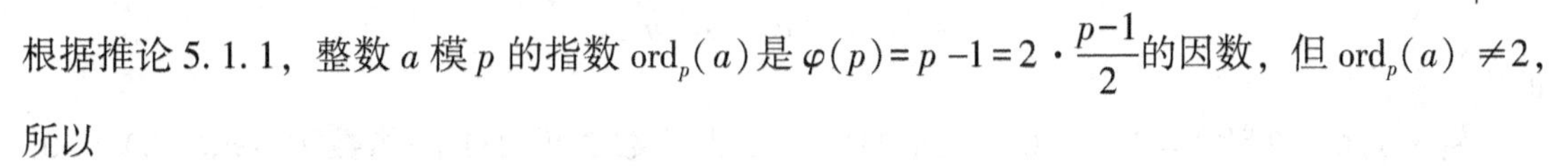


根据推论 5. 1. 1，整数 $a$ 模 $p$ 的指数 $\mathrm{ord}_p(a)$ 是 $\varphi(p)=p-1=2\cdot\frac{p-1}{2}$ 的因数，但 $\mathrm{ord}_p(a)\neq 2$，所以

$$\mathrm{ord}_p(a)=\frac{p-1}{2}\text{或 } p-1.$$

**性质 5. 1. 1** 设 $m>1$ 是整数，$a$ 是与 $m$ 互素的整数，

(1) 若 $b\equiv a(\bmod m)$，则 $\mathrm{ord}_m(b)=\mathrm{ord}_m(a)$；

(2) 设 $a^{-1}$ 使得 $a^{-1}a\equiv 1(\bmod m)$，则 $\mathrm{ord}_m(a^{-1})=\mathrm{ord}_m(a)$.

**证** (1)若 $b\equiv a(\bmod m)$，则

$b^{\mathrm{ord}_m(a)}\equiv a^{\mathrm{ord}_m(a)}\equiv 1(\bmod m)$，

因此，我们有 $\mathrm{ord}_m(b)\mid \mathrm{ord}_m(a)$.

同样，我们有 $\mathrm{ord}_m(a)\mid \mathrm{ord}_m(b)$，故 $\mathrm{ord}_m(b)=\mathrm{ord}_m(a)$ .

(2)因为

$$(a^{-1})^{\mathrm{ord}_m(a)}\equiv\left(a^{\mathrm{ord}_m(a)}\right)^{-1}\equiv 1(\bmod m),$$

所以，我们有 $\mathrm{ord}_m(a^{-1})\mid \mathrm{ord}_m(a)$.

同样，我们有 $\mathrm{ord}_m(a)\mid \mathrm{ord}_m(a^{-1})$，故 $\mathrm{ord}_m(a^{-1})=\mathrm{ord}_m(a)$.

**例 5. 1. 5** 整数 56 模 17 的指数为 $\mathrm{ord}_{17}(56)=\mathrm{ord}_{17}(5)=16$，整数 7 模 17 的指数为 16，因为 $5^{-1}\equiv 7(\bmod 17)$.

**定理 5. 1. 2** 设 $m>1$ 是整数，$a$ 是与 $m$ 互素的整数，则

$$1=a^0,\ a,\ \cdots,\ a^{\mathrm{ord}_m(a)-1}$$

模 $m$ 两两不同余.

**证** 反证法 若存在整数 $0\leqslant k,\ l<\mathrm{ord}_m(a)$ 使得

$$a^k\equiv a^l(\bmod m),$$

不妨证 $k>l$. 则由 $(a,\ m)=1$ 和定理 3. 1. 7，得到

$$a^{k-l}\equiv 1(\bmod m),$$

但 $0<k-l<\mathrm{ord}_m(a)$，这与 $\mathrm{ord}_m(a)$ 的最小性矛盾 . 因此，结论成立.

**定理 5. 1. 3** 设 $m>1$ 是整数，$a$ 是与 $m$ 互素的整数 . 则

$$a^d\equiv a^k(\bmod m).$$

的充分必要条件是

$$d\equiv k(\bmod \mathrm{ord}_m(a)).$$

**证** 根据欧几里得除法，存在整数 $q$，$r$ 和 $q'$，$r'$，使得

$$d=\mathrm{ord}_m(a)q+r,\ 0\leqslant r<\mathrm{ord}_m(a),$$

$$k=\mathrm{ord}_m(a)q'+r',\ 0\leqslant r'<\mathrm{ord}_m(a).$$

又 $a^{\mathrm{ord}_m(a)}\equiv 1(\bmod m)$，故

$$a^d\equiv(a^{\mathrm{ord}_m(a)})^q a^r\equiv a^r,\ a^k\equiv(a^{\mathrm{ord}_m(a)})^{q'}a^{r'}\equiv a^{r'}(\bmod m).$$

必要性 若 $a^d\equiv a^k$，则

$$a^r\equiv a^{r'}(\bmod m).$$

由定理 5. 1. 2，得到 $r=r'$，故 $d\equiv k(\bmod \mathrm{ord}_m(a))$.

充分性 若 $d\equiv k(\bmod \mathrm{ord}_m(a))$，则

$$r=r',\ a^{d}\equiv a^{k}(\bmod m).$$

证毕.

**例 5.1.6** $2^{2000000}\equiv 2^{10}\equiv 100(\bmod 231)$，因为整数 2 模 231 的指数为 $\mathrm{ord}_{231}(2)=30$，$1000000\equiv 10(\bmod 30)$.

**例 5.1.7** $2^{2002}\equiv 2^{1}\equiv 2(\bmod 7)$，因为整数 2 模 7 的指数为 $\mathrm{ord}_{7}(2)=3$，$2002\equiv 1(\bmod 3)$.

**定理 5.1.4** 设 $\lambda>0$，$a^{\lambda}$ 对模数 $m$ 的指数为 $l_1$，则 $l_1=\dfrac{\mathrm{ord}_m(a)}{(\lambda,\ \mathrm{ord}_m(a))}$.

**证** 由 $a^{\lambda l_1}\equiv 1(\bmod m)$，

故 $\mathrm{ord}_m(a)\mid \lambda l_1$，即得

$$\frac{\mathrm{ord}_m(a)}{(\lambda,\ \mathrm{ord}_m(a))}\ \Big|\ \frac{\lambda}{(\lambda,\ \mathrm{ord}_m(a))}\cdot l_1,$$

而$\left(\dfrac{\mathrm{ord}_m(a)}{(\lambda,\ \mathrm{ord}_m(a))},\ \dfrac{\lambda}{(\lambda,\ \mathrm{ord}_m(a))}\right)=1$，可得

$$\frac{\mathrm{ord}_m(a)}{(\lambda,\ \mathrm{ord}_m(a))}\ \Big|\ l_1. \tag{5-2}$$

同时，$(a^{\lambda})^{\frac{\mathrm{ord}_m(a)}{(\lambda,\mathrm{ord}_m(a))}}=(a^{\mathrm{ord}_m(a)})^{\frac{\lambda}{(\lambda,\mathrm{ord}_m(a))}}\equiv 1(\bmod m)$，故

$$l_1\ \Big|\ \frac{\mathrm{ord}_m(a)}{(\lambda,\ \mathrm{ord}_m(a))}. \tag{5-3}$$

由式(5-2)和式(5-3)知，$l_1=\dfrac{\mathrm{ord}_m(a)}{(\lambda,\ \mathrm{ord}_m(a))}$，证毕.

**例 5.1.8** 整数 $5^2\equiv 8(\bmod 17)$ 模 17 的指数为 $\mathrm{ord}_{17}(5^2)=\dfrac{\mathrm{ord}_{17}(5)}{(\mathrm{ord}_{17}(5),\ 2)}=8$.

**定理 5.1.5** 设 $m>1$ 是整数，$a$，$b$ 都是与 $m$ 互素的整数，如果$(\mathrm{ord}_m(a),\ \mathrm{ord}_m(b))=1$，则

$$\mathrm{ord}_m(ab)=\mathrm{ord}_m(a)\mathrm{ord}_m(b).$$

**定理 5.1.6** 设 $m$，$n$ 都是大于 1 的整数，$a$ 是与 $m$ 互素的整数.

(1)若 $n\mid m$，则 $\mathrm{ord}_n(a)\mid \mathrm{ord}_m(a)$.

(2)若$(m,\ n)=1$，则 $\mathrm{ord}_{mn}(a)=[\mathrm{ord}_m(a),\ \mathrm{ord}_n(a)]$.

**证** (1)根据 $\mathrm{ord}_m(a)$的定义，则有

$$a^{\mathrm{ord}_m(a)}\equiv 1(\bmod m).$$

因此，当 $n\mid m$ 时，可推出

$$a^{\mathrm{ord}_m(a)}\equiv 1(\bmod n).$$

由定理 5.1.1，得到

$$\mathrm{ord}_n(a)\mid \mathrm{ord}_m(a).$$

(2)由(1)，则有 $\mathrm{ord}_m(a)\mid \mathrm{ord}_{mn}(a)$，$\mathrm{ord}_n(a)\mid \mathrm{ord}_{mn}(a)$. 从而，$[\mathrm{ord}_m(a),\ \mathrm{ord}_n(a)]\mid \mathrm{ord}_{mn}(a)$.

又由

$$a^{[\mathrm{ord}_m(a),\mathrm{ord}_n(a)]}\equiv 1(\bmod m),\ a^{[\mathrm{ord}_m(a),\mathrm{ord}_n(a)]}\equiv 1(\bmod n).$$

及定理 3.1.11，可推出

$$a^{[\mathrm{ord}_m(a),\mathrm{ord}_n(a)]}\equiv 1(\bmod mn).$$

从而，$\text{ord}_{mn}(a) \mid [\text{ord}_m(a), \text{ord}_n(a)]$，故

$$\text{ord}_{mn}(a)=[\text{ord}_m(a), \text{ord}_n(a)].$$

**推论 5.1.3** 设 $p$，$q$ 是两个不同的奇素数，$a$ 是与 $pq$ 互素的整数，则

$$\text{ord}_{pq}(a)=[\text{ord}_p(a), \text{ord}_q(a)].$$

**推论 5.1.4** 设 $m$ 是大于 1 的整数，$a$ 是与 $m$ 互素的整数，则当 $m$ 的标准分解式为 $m=2^n p_1^{\alpha_1}\cdots p_k^{\alpha_k}$ 时，有

$$\text{ord}_m(a)=[\text{ord}_{2^n}(a), \text{ord}_{p_1^{\alpha_1}}(a), \cdots, \text{ord}_{p_k^{\alpha_k}}(a)].$$

**定理 5.1.7** 设 $m$，$n$ 都是大于 1 的整数，且 $(m, n)=1$，则对与 $mn$ 互素的任意整数 $a_1$，$a_2$，存在整数 $a$ 使得

$$\text{ord}_{mn}(a)=[\text{ord}_m(a_1), \text{ord}_n(a_2)].$$

**证** 考虑同余式组

$$\begin{cases} x\equiv a_1(\text{mod } m), \\ x\equiv a_2(\text{mod } n), \end{cases}$$

根据中国剩余定理，这个同余式组有唯一解

$$x\equiv a(\text{mod } mn).$$

由性质 5.1.1(1)，有

$$\text{ord}_m(a)=\text{ord}_m(a_1), \quad \text{ord}_n(a)=\text{ord}_n(a_2).$$

因此，从定理 5.1.6 得到

$$\text{ord}_{mn}(a)=[\text{ord}_m(a), \text{ord}_n(a)]=[\text{ord}_m(a_1), \text{ord}_n(a_2)].$$

注意，对于模 $m$，不一定有

$$\text{ord}_m(ab)=[\text{ord}_m(a), \text{ord}_m(b)]$$

成立，例如，由例 5.1.2，

$$\text{ord}_{10}(3\times3)=\text{ord}_{10}(9)=2\neq[\text{ord}_{10}(3), \text{ord}_{10}(3)]=[4, 4]=4.$$

**定理 5.1.8** 设 $m>1$ 是整数，则对与 $m$ 互素的任意整数 $a$，$b$，存在整数 $c$，使得

$$\text{ord}_m(c)=[\text{ord}_m(a), \text{ord}_m(b)].$$

**证** 根据例 1.4.5，对于整数 $\text{ord}_m(a)$ 和 $\text{ord}_m(b)$，存在整数 $u$，$v$ 满足：

$$u\mid\text{ord}_m(a), \quad v\mid\text{ord}_m(b), \quad (u, v)=1,$$

使得

$$[\text{ord}_m(a), \text{ord}_m(b)]=uv.$$

令

$$s=\frac{\text{ord}_m(a)}{u}, \quad t=\frac{\text{ord}_m(b)}{v}.$$

根据定理 5.1.4，则有

$$\text{ord}_m(a^s)=\frac{\text{ord}_m(a)}{(\text{ord}_m(a), s)}=u, \quad \text{ord}_m(b^t)=v.$$

再根据定理 5.1.5，得到

$$\text{ord}_m(a^s b^t)=\text{ord}_m(a^s)\text{ord}_m(b^t)=uv=[\text{ord}_m(a), \text{ord}_m(b)].$$

因此，取 $c=a^s b^t(\text{mod } m)$，即为所求，证毕.

## 5.2 原　　根

上节讨论了指数的基本性质，在此基础上，本节将给出原根的定义，讨论原根的存在性，以及模 $m$ 的原根有多少个的问题.

**定义 5.2.1**　设 $m>1$ 是整数，$a$ 是与 $m$ 互素的正整数，如果 $a$ 对模 $m$ 的指数是 $\varphi(m)$，则 $a$ 称为模 $m$ 的原根.

例如，上节例 5.1.1 中，3，5 是模 7 的原根，但 2，4，6 不是模 7 的原根，例 5.1.2 中 3，5 是模 14 的原根，但 9，11，13 不是模 14 的原根．例 5.1.3 中则不存在模 15 的原根.

**定理 5.2.1**　设 $m>1$ 是整数，$(a, m)=1$，且 $a$ 是模 $m$ 的原根，即 $\mathrm{ord}_m(a)=\varphi(m)$，则 $1=a^0, a, a^2, \cdots, a^{\varphi(m)-1}$ 这 $\varphi(m)$ 个数组成模 $m$ 的简化剩余系.

**证**　$\mathrm{ord}_m(a)=\varphi(m)$，则由定理 5.1.2，$\varphi(m)$ 个数

$$1=a^0, a, a^2, \cdots, a^{\varphi(m)-1} \tag{5-4}$$

模 $m$ 两两不同余．再由定理 3.3.1，这 $\varphi(m)$ 个数组成模 $m$ 的简化剩余系.
证毕.

定理 5.2.1 说明了原根的重要性，如果 $a$ 是 $m$ 的原根，则模 $m$ 的一组缩系可表成形为式(5-4)的几何级数．这在处理某些问题时，非常有用.

**例 5.2.1**　整数 $\{5^k \mid k=0, \cdots, 15\}$ 组成模 17 的简化剩余系.

**解**　由例 5.1.4 知，5 是模 17 的原根，由上面定理 5.2.1，$\{5^k \mid k=0, 1, 2, \cdots, 15\}$ 是模 17 的简化剩余系．现作计算如下：

$$\begin{aligned}
&5^0\equiv 1,\ 5^1\equiv 5,\ 5^2=25\equiv 8,\\
&5^3\equiv 8\times 5\equiv 6,\ 5^4\equiv 8^2\equiv 13,\ 5^5\equiv 13\times 5\equiv 14,\\
&5^6\equiv 62\equiv 2,\ 5^7\equiv 2\times 5\equiv 10,\ 5^8\equiv 10\times 5\equiv 40\equiv -1,\\
&5^9\equiv(-1)\times 5\equiv 12,\ 5^{10}\equiv(-1)\times 8\equiv 9,\ 5^{11}\equiv(-1)\times 6\equiv 11,\\
&5^{12}\equiv(-1)\times 13\equiv 4,\ 5^{13}\equiv(-1)\times 14\equiv 3,\ 5^{14}\equiv(-1)\times 2\equiv 15,\\
&5^{15}\equiv(-1)\times 10\equiv 7 \pmod{17}.
\end{aligned}$$

列表为：

| $5^0$ | $5^1$ | $5^2$ | $5^3$ | $5^4$ | $5^5$ | $5^6$ | $5^7$ | $5^8$ | $5^9$ | $5^{10}$ | $5^{11}$ | $5^{12}$ | $5^{13}$ | $5^{14}$ | $5^{15}$ |
|---|---|---|---|---|---|---|---|---|---|---|---|---|---|---|---|
| 1 | 5 | 8 | 6 | 13 | 14 | 2 | 10 | −1 | 12 | 9 | 11 | 4 | 3 | 15 | 7 |

**定理 5.2.2**　设 $m>1$ 是整数，$g$ 是模 $m$ 的原根，设 $d\geqslant 0$ 为整数，则 $g^d$ 是模 $m$ 的原根当且仅当 $(d, \varphi(m))=1$.

**证**　根据定理 5.1.4，则有

$$\mathrm{ord}_m(g^d)=\frac{\mathrm{ord}_m(g)}{(\mathrm{ord}_m(g), d)}=\frac{\varphi(m)}{(\varphi(m), d)},$$

因此，$g^d$ 是模 $m$ 的原根，即 $\mathrm{ord}_m(g^d)=\varphi(m)$ 当且仅当 $(d, \varphi(m))=1$.

**定理 5.2.3**　设 $m>1$ 是整数，如果模 $m$ 存在一个原根 $g$，则模 $m$ 有 $\varphi(\varphi(m))$ 个不同的

原根.

**证** 设 $g$ 是模 $m$ 的一个原根，根据定理 5.2.1，$\varphi(m)$ 个整数 $g$，$g^2$，…，$g^{\varphi(m)}$ 构成模 $m$ 的一个缩系．又根据定理 5.2.2，$g^d$ 是模 $m$ 的原根当且仅当 $(d,\ \varphi(m))=1$. 因为这样的 $d$ 共有 $\varphi(\varphi(m))$ 个，所以模 $m$ 有 $\varphi(\varphi(m))$ 个不同的原根，证毕.

**推论 5.2.1** 设 $m>1$ 是整数，且模 $m$ 存在一个原根．设

$$\varphi(m)=p_1^{\alpha_1}\cdots p_s^{\alpha_s},\ \alpha_i>0,\ i=1,\ \cdots,\ s.$$

则整数 $a$，$(a,\ m)=1$ 是模 $m$ 的原根的概率是

$$\prod_{i=1}^{s}\left(1-\frac{1}{p_i}\right).$$

**证** 根据定理 5.2.3，整数 $a$，$(a,\ m)=1$ 是模 $m$ 原根的概率是

$$\frac{\varphi(\varphi(m))}{\varphi(m)}.$$

又根据欧拉函数 $\varphi(m)$ 的性质以及 $\varphi(m)$ 的素因数分解表达式，有

$$\frac{\varphi(\varphi(m))}{\varphi(m)}=\prod_{i=1}^{s}\left(1-\frac{1}{p_i}\right).$$

因此，结论成立，证毕.

**例 5.2.2** 求出模 17 的所有原根.

**解** 由例 5.1.4 知道 5 是模 17 的原根，再由定理 5.2.3，得到 $\varphi(\varphi(17))=\varphi(16)=8$ 个整数，5，$5^3\equiv 6$，$5^5\equiv 14$，$5^7\equiv 10$，$5^9\equiv 12$，$5^{11}\equiv 11$，$5^{13}\equiv 3$，$5^{15}\equiv 7 \pmod{17}$ 是模 17 的全部原根.

任给一模 $m$，原根不一定是存在的，实际上，只有在 $m$ 是 2，4，$p^\alpha$，$2p^\alpha$（$p$ 是奇素数）四者之一时原根才存在，下面我们先给出几个引理.

**引理 5.2.1** 设 $p$ 是奇素数，则模 $p$ 的原根存在.

**引理 5.2.2** 设 $g$ 是模 $p$ 的一个原根，则 $g$ 或者 $g+p$ 是模 $p^2$ 的原根.

**引理 5.2.3** 设 $p$ 是一个奇素数，则对任意正整数 $\alpha$，模 $p^\alpha$ 的原根存在．更确切地说，如果 $g$ 是模 $p^2$ 的一个原根，则对任意正整数 $\alpha$，$g$ 是模 $p^\alpha$ 的原根.

**引理 5.2.4** 设 $\alpha\geqslant 1$，$g$ 是模 $p^\alpha$ 的一个原根，则 $g$ 与 $g+p^\alpha$ 中的奇数是模 $2p^\alpha$ 的一个原根.

**引理 5.2.5** 设 $a$ 是一个奇数，则对任意整数 $\alpha\geqslant 3$，有

$$a^{\varphi(2^\alpha)/2}\equiv a^{2^{\alpha-2}}\equiv 1 \pmod{2^\alpha}. \tag{5-5}$$

**证** 我们用数学归纳法来证明这个结论，将奇数 $a$ 写成 $a=2b+1$，则有

$$a^2=4b(b+1)+1\equiv 1 \pmod{2^3}.$$

因此，结论对于 $\alpha=3$ 成立.

假设对于 $\alpha-1$，结论也成立，即

$$a^{2^{(\alpha-1)-2}}\equiv 1 \pmod{2^{\alpha-1}}$$

或存在整数 $t_{\alpha-3}$，使得

$$a^{2^{(\alpha-1)-2}}\equiv 1+t_{\alpha-3}2^{\alpha-1}.$$

两端平方，得到

$$a^{2^{\alpha-2}}=(1+2^{\alpha-1}t_{\alpha-3})^2=1+(t_{\alpha-3}+2^{\alpha-2}\ t_{\alpha-3}^2)2^\alpha\equiv 1 \pmod{2^\alpha}.$$

这就是说，结论对 $\alpha$ 成立，根据数学归纳法原理，同余式(5-5)对所有的整数 $\alpha\geqslant 3$ 成

立，证毕.

**定理 5.2.4** 模 $m$ 的原根存在的充分必要条件是 $m=2$，4，$p^\alpha$，$2p^\alpha$，其中 $p$ 是奇素数.

**证** 必要性 设 $m$ 的标准分解式为

$$m=2^\alpha p_1^{\alpha_1}\cdots p_k^{\alpha_k}.$$

若 $(a, m)=1$，则

$$(a, 2^\alpha)=1,\ (a, p_i^{\alpha_i})=1,\ i=1, \cdots, k.$$

根据欧拉定理及引理 5.2.5，有

$$\begin{cases} a^\tau\equiv 1(\bmod 2^\alpha), \\ a^{\varphi(p_1^{\alpha_1})}\equiv 1(\bmod p_1^{\alpha_1}), \\ \cdots, \\ a^{\varphi(p_k^{\alpha_k})}\equiv 1(\bmod p_k^{\alpha_k}), \end{cases}$$

其中，$\tau=\begin{cases} \varphi(2^\alpha),\ \alpha\leqslant 2, \\ \dfrac{1}{2}\varphi(2^\alpha),\ \alpha\geqslant 3. \end{cases}$

令

$$h=[\tau, \varphi(p_1^{\alpha_1}), \cdots, \varphi(p_k^{\alpha_k})].$$

根据推论 5.1.3 和推论 5.1.4，对所有整数 $a$，$(a, m)=1$，我们有

$$a^h\equiv 1(\bmod m).$$

因此，若 $h<\varphi(m)$，则模 $m$ 的原根不存在.

现在讨论何时

$$h=\varphi(m)=\varphi(2^\alpha)\varphi(p_1^{\alpha_1})\cdots\varphi(p_k^{\alpha_k}).$$

(1) 当 $\alpha\geqslant 3$ 时，$\tau=\dfrac{\varphi(2^\alpha)}{2}$，因此，

$$h\leqslant\varphi(m)/2<\varphi(m);$$

(2) 当 $k\geqslant 2$ 时，$2\mid\varphi(p_1^{\alpha_1})$，$2\mid\varphi(p_2^{\alpha_2})$，进而

$$[\varphi(p_1^{\alpha_1}), \varphi(p_2^{\alpha_2})]\leqslant\frac{1}{2}\varphi(p_1^{\alpha_1})\varphi(p_2^{\alpha_2})<\varphi(p_1^{\alpha_1}p_2^{\alpha_2}),$$

此时，$h<\varphi(m)$；

(3) 当 $\alpha=2$，$k=1$ 时，

$$\varphi(2^\alpha)=2,\ 2\mid\varphi(p_1^{\alpha_1}),$$

因此，

$$h=\varphi(p_1^{\alpha_1})<\varphi(2^\alpha)\varphi(p_1^{\alpha_1})=\varphi(m).$$

故只有在 $(\alpha, k)$ 是

$$(1, 0), (2, 0), (0, 1), (1, 1)$$

四种情形之一，即只有在 $m$ 是

$$2,\ 4,\ p^\alpha,\ 2p^\alpha$$

四数之一时，才有可能 $h=\varphi(m)$，因此必要性成立.

充分性 当 $m=2$ 时，$\varphi(2)=1$，整数 1 是模 2 的原根；

当 $m=4$ 时，$\varphi(4)=2$，整数 3 是模 4 的原根；

当 $m=p^\alpha$ 时，根据引理 5.2.3，模 $m$ 的原根存在；

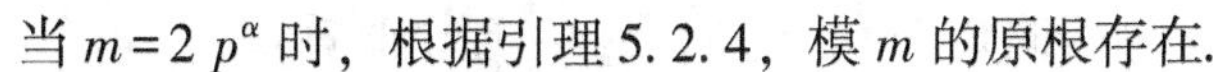



当 $m=2p^{\alpha}$ 时，根据引理 5.2.4，模 $m$ 的原根存在.

因此，条件的充分性是成立的，证毕.

定理 5.2.4 的证明中已经找出了模 2 及模 4 的一个原根，我们证明了下面的定理以后，还可以给出一个求模 $p^{\alpha}$ 及模 $2p^{\alpha}$ 的原根的方法.

**定理 5.2.5** 设 $m>1$，$\varphi(m)$ 的所有不同素因数是 $q_1$，…，$q_k$，则 $g$ 是模 $m$ 的一个原根的充分必要条件是

$$g^{\varphi(m)/q_i}\not\equiv 1(\bmod m),\ i=1,\ \cdots,\ k.$$

**证** 设 $g$ 是 $m$ 的一个原根，则 $g$ 对模 $m$ 的指数是 $\varphi(m)$，但

$$0<\varphi(m)/q_i<\varphi(m),\ i=1,\ \cdots,\ k.$$

根据定理 5.1.2，有

$$g^{\frac{\varphi(m)}{q_i}}\not\equiv 1(\bmod m),\ i=1,\ \cdots,\ k. \tag{5-6}$$

反过来，若 $g$ 对模 $m$ 的指数 $e<\varphi(m)$，则根据定理 5.1.1，则有 $e\mid\varphi(m)$，因而存在一个素数 $q$，使得 $q\mid\dfrac{\varphi(m)}{e}$，即

$$\frac{\varphi(m)}{e}=qu,\text{ 或}\frac{\varphi(m)}{q}=ue.$$

进而

$$g^{\varphi(m)/q}=(g^e)^u\equiv 1(\bmod m),$$

与假设矛盾，证毕.

由定理 5.2.5 我们知道要想找出模 $m=p^{\alpha}$ 的原根，可先求出 $\varphi(p^{\alpha})$ 的一切不同的质因数，然后找出一个与 $m$ 互质并且满足式(5-6)的 $g$ 来，那么 $g$ 便是所要求的. 看几个例子.

**例 5.2.3** 求模 41 的所有原根.

**解** 因为 $\varphi(m)=\varphi(41)=40=2^3\times 5$，所以 $\varphi(m)$ 的素因数为 $q_1=2$，$q_2=5$，进而，

$$\varphi(m)/q_1=20,\ \varphi(m)/q_2=8.$$

这样，只需验证 $g^{20}$，$g^{8}$ 模 $m$ 是否同余于 1，对 2，3，…逐个验算：

$$2^8\equiv 10,\ 2^{20}\equiv 1,\ 3^8\equiv 1,\ 4^8\equiv 18,\ 4^{20}\equiv 1,$$

$$5^8\equiv 18,\ 5^{20}\equiv 1,\ 6^8\equiv 10,\ 6^{20}\equiv 40(\bmod 41),$$

故 6 是模 41 的原根.

根据本节定理 5.2.2，$6^d$ 是原根，当且仅当 $(d,\ \varphi(m))=1$，又由定理 5.2.3，模 41 共有 $\varphi(\varphi(41))=16$ 个原根，因此当 $d$ 遍历模 $\varphi(m)=40$ 的简化剩余系：

1，3，7，9，11，13，17，19，21，23，27，29，31，33，37，39

共 $\varphi(\varphi(m))=16$ 个数时，$6^d$ 遍历模 41 的所有原根：

$$6^1\equiv 6,\quad 6^3\equiv 11,\ 6^7\equiv 29,\ 6^9\equiv 19,\ 6^{11}\equiv 28,\ 6^{13}\equiv 24$$

$$6^{17}\equiv 26,\ 6^{19}\equiv 34,\ 6^{21}\equiv 35,\ 6^{23}\equiv 30,\ 6^{27}\equiv 12,\ 6^{29}\equiv 22,$$

$$6^{31}\equiv 13,\ 6^{33}\equiv 17,\ 6^{37}\equiv 15,\ 6^{39}\equiv 7(\bmod 41).$$

**例 5.2.4** 求模 43 的原根.

**解** 设 $m=43$，则

$$\varphi(m)=\varphi(43)=2\times 3\times 7,\ q_1=2,\ q_2=3,\ q_3=7,$$

因此，

$$\varphi(m)/q_1=21,\ \varphi(m)/q_2=14,\ \varphi(m)/q_3=6.$$

这样，只需验证 $g^{21}$，$g^{14}$，$g^{6}$ 模 $m$ 是否同余于 1，对 2，3，…逐个验算：

$$2^2\equiv4,\ 2^4\equiv16,\qquad 2^6\equiv64\equiv21,\qquad 2^7\equiv21\times2\equiv-1,$$
$$2^{14}\equiv1,\ 3^2\equiv9,\qquad 3^4\equiv81\equiv-5,\qquad 3^6\equiv9\times(-5)\equiv-2,$$
$$3^7\equiv-6,\ 3^{14}\equiv(-6)\times2\equiv36,\ 3^{21}\equiv(-6)\times36\equiv-1\ (\mathrm{mod}\ 43),$$

因此，3 是模 43 的原根.

当 $d$ 遍历模 $\varphi(m)=42$ 的简化剩余系：

$$1,\ 5,\ 11,\ 13,\ 17,\ 19,\ 23,\ 25,\ 29,\ 31,\ 37,\ 41$$

共 $\varphi(\varphi(42))=12$ 个数时，$3^d$ 遍历模 43 的所有原根：

$$3^1\equiv3\quad 3^5\equiv28,\ 3^{11}\equiv30,\ 3^{13}\equiv12,\ 3^{17}\equiv26,\ 3^{19}\equiv19,\ 3^{23}\equiv34,$$
$$3^{25}\equiv5,\ 3^{29}\equiv18,\ 3^{31}\equiv33,\ 3^{37}\equiv20,\ 3^{41}\equiv29(\mathrm{mod}\ 43).$$

读者应该注意，定理 5.2.5 所提供找原根的方法并不永远可以用来做实际计算，原因是对于 $\varphi(m)$ 的一切不同素因数没有一个一般的实际求法，其次还应该注意，即使 $\varphi(m)$ 的一切不同素因数可以求出时，式(5-6)的验算也常常是非常繁杂的，因此应该说这个方法有很大的缺点.

## 5.3 指　　标

在 $m=p^\alpha$ 或 $2p^\alpha$ 的情形下，模 $m$ 的原根是存在的，本节就在这两种情形下引进指标的概念，并推出它的基本性质.

根据定理 5.2.1 我们知道：当 $r$ 遍历模 $\varphi(m)$ 的最小正完全剩余系时，原根 $g$ 的幂次 $g^r$ 遍历模 $m$ 的一个简化剩余系．因此，对任意的整数 $a$，$(a,\ m)=1$，存在唯一的整数 $r$，$1\leqslant r\leqslant\varphi(m)$，使得

$$g^r\equiv a(\mathrm{mod}\ m).$$

**定义 5.3.1**　设 $m$ 是大于 1 的整数，$g$ 是模 $m$ 的一个原根，$a$ 是一个与 $m$ 互素的整数，则存在唯一的整数 $r$，使得

$$g^r\equiv a(\mathrm{mod}\ m),\ 1\leqslant r\leqslant\varphi(m)$$

成立，这个整数 $r$ 称为以 $g$ 为底的 $a$ 对模 $m$ 的一个指标，记作 $r=\mathrm{ind}_g a$（或 $r=\mathrm{ind}a$）. 由定义我们可以看出，一般来说，$a$ 的指标不仅与模有关，而且与原根也有关，例如，2，3 都是模 5 的原根，1 是以 3 为底的 3 对模 5 的一个指标，3 是以 2 为底的 3 对模 5 的一个指标．由定理 5.2.1 任一与模 $m$ 互质的整数 $a$，对于模 $m$ 的任一原根 $g$ 来说，$a$ 的指标是存在的，若 $(a,\ m)\neq1$，则对模 $m$ 的任一原根 $g$ 来说，$a$ 的指标是不存在的.

**例 5.3.1**　整数 5 是模 17 的原根，并且我们有

| $5^1$ | $5^2$ | $5^3$ | $5^4$ | $5^5$ | $5^6$ | $5^7$ | $5^8$ | $5^9$ | $5^{10}$ | $5^{11}$ | $5^{12}$ | $5^{13}$ | $5^{14}$ | $5^{15}$ | $5^{16}$ |
|---|---|---|---|---|---|---|---|---|---|---|---|---|---|---|---|
| 5 | 8 | 6 | 13 | 14 | 2 | 10 | −1 | 12 | 9 | 11 | 4 | 3 | 15 | 7 | 1 |

因此，则有

$\text{ind}_5 1=16$，$\text{ind}_5 2=6$，$\text{ind}_5 3=13$，$\text{ind}_5 4=12$，$\text{ind}_5 5=1$，$\text{ind}_5 6=3$，

$\text{ind}_5 7=15$，$\text{ind}_5 8=2$，$\text{ind}_5 9=10$，$\text{ind}_5 10=7$，$\text{ind}_5 11=11$，$\text{ind}_5 12=9$，

$\text{ind}_5 13=4$，$\text{ind}_5 14=5$，$\text{ind}_5 15=14$，$\text{ind}_5 16=8$.

**定理 5.3.1** 设 $m$ 是大于 1 的整数，$g$ 是模 $m$ 的一个原根，$a$ 是一个与 $m$ 互素的整数，如果整数 $r$ 使得同余式

$$g^r \equiv a \pmod m$$

成立，则这个整数 $r$ 满足

$$r \equiv \text{ind}_g a \pmod{\varphi(m)}.$$

**证** 因为$(a, m)=1$，所以有

$$g^r \equiv a \equiv g^{\text{ind}_g a} \pmod m,$$

从而

$$g^{r-\text{ind}_g a} \equiv 1 \pmod m.$$

又因为 $g$ 模 $m$ 的指数是 $\varphi(m)$，根据定理 5.1.1，

$$\varphi(m) \mid (r-\text{ind}_g a),$$

因此

$$r \equiv \text{ind}_g a \pmod{\varphi(m)}.$$

**推论 5.3.1** 设 $m$ 是大于 1 的整数，$g$ 是模 $m$ 的一个原根，$a$ 是一个与 $m$ 互素的整数，则

$$\text{ind}_g 1 \equiv 0 \pmod{\varphi(m)}.$$

**证** 因为

$$g^0 \equiv 1 \pmod{\varphi(m)},$$

根据定理 5.3.1，则有

$$\text{ind}_g 1 \equiv 0 \pmod{\varphi(m)}.$$

**定理 5.3.2** 设 $m$ 是大于 1 的整数，$g$ 是模 $m$ 的一个原根，$r$ 是一个整数，满足 $1 \leqslant r \leqslant \varphi(m)$，则以 $g$ 为底的对模 $m$ 有相同指标 $r$ 的所有整数全体是模 $m$ 的一个简化剩余类.

**证** 显然，我们有

$$\text{ind}_g g^r \equiv r, \ (g^r, m)=1.$$

根据指标的定义，整数 $a$ 的指标 $\text{ind}_g a \equiv r$ 的充分必要条件是

$$a \equiv g^r \pmod m.$$

故以 $g$ 为底对模 $m$ 有同一指标 $r$ 的所有整数都属于 $g^r$ 所在模 $m$ 的一个简化剩余类.

下面我们证明一个与对数完全类似的指标的性质.

**定理 5.3.3** 设 $m$ 是大于 1 的整数，$g$ 是模 $m$ 的一个原根，若 $a_1$，…，$a_n$ 是与 $m$ 互素的 $n$ 个整数，则

$$\text{ind}_g(a_1 \cdots a_n) \equiv \text{ind}_g(a_1)+\cdots+\text{ind}_g(a_n) \pmod{\varphi(m)}.$$

特别地，

$$\text{ind}_g(a^n) \equiv n\ \text{ind}_g(a) \pmod{\varphi(m)}.$$

**证** 令 $r_i=\text{ind}_g(a_i)$，$i=1$，…，$n$，根据指标的定义，有

$$a_i \equiv g^{r_i} \pmod m, \ i=1, \cdots, n.$$

从而

$$a_1\cdots a_n \equiv g^{r_1+\cdots+r_n}(\bmod m).$$

根据定理 5.3.1，得到

$$\text{ind}_g(a_1\cdots a_n) \equiv \text{ind}_g(a_1)+\cdots+\text{ind}_g(a_n)\ (\bmod \varphi(m)).$$

特别地，对于 $a_1=\cdots=a_n=a$，有

$$\text{ind}_g(a^n) \equiv n\text{ind}_g(a)\ (\bmod \varphi(m)).$$

由于指标具有与对数类似的性质，故也可把指标称为离散对数．类似于对数表，可以对模 $m$ 造出以某一原根为底的指标表.

**例 5.3.2** 作模 41 的指标表.

**解** 已知 6 是模 41 的原根，直接计算 $g^r(\bmod m)$：

$6^{40}\equiv 1$，$6^1\equiv 6$，$6^2\equiv 36$，$6^3\equiv 11$，$6^4\equiv 25$，$6^5\equiv 27$，

$6^6\equiv 39$，$6^7\equiv 29$，$6^8\equiv 10$，$6^9\equiv 19$，$6^{10}\equiv 32$，$6^{11}\equiv 28$，

$6^{12}\equiv 4$，$6^{13}\equiv 24$，$6^{14}\equiv 21$，$6^{15}\equiv 3$，$6^{16}\equiv 18$，$6^{17}\equiv 26$，

$6^{18}\equiv 33$，$6^{19}\equiv 34$，$6^{20}\equiv 40$，$6^{21}\equiv 35$，$6^{22}\equiv 5$，$6^{23}\equiv 30$，

$6^{24}\equiv 16$，$6^{25}\equiv 14$，$6^{26}\equiv 2$，$6^{27}\equiv 12$，$6^{28}\equiv 31$，$6^{29}\equiv 22$，

$6^{30}\equiv 9$，$6^{31}\equiv 13$，$6^{32}\equiv 37$，$6^{33}\equiv 17$，$6^{34}\equiv 20$，$6^{35}\equiv 38$，

$6^{36}\equiv 23$，$6^{37}\equiv 15$，$6^{38}\equiv 8$，$6^{39}\equiv 7(\bmod 41)$.

**数的指标**：第一列表示十位数，第一行表示个位数，交叉位置表示指标所对应的数．

| | 0 | 1 | 2 | 3 | 4 | 5 | 6 | 7 | 8 | 9 |
|---|---|---|---|---|---|---|---|---|---|---|
| 0 | | 40 | 26 | 15 | 12 | 22 | 1 | 39 | 38 | 30 |
| 1 | 8 | 3 | 27 | 31 | 25 | 37 | 24 | 33 | 16 | 9 |
| 2 | 34 | 14 | 29 | 36 | 13 | 4 | 17 | 5 | 11 | 7 |
| 3 | 23 | 28 | 10 | 18 | 19 | 21 | 2 | 32 | 35 | 6 |
| 4 | 20 | | | | | | | | | |

**例 5.3.3** 分别求整数 $a=28$，18 以 6 为底模 41 的指标.

**解** 根据模 41 的以原根 $g=6$ 的指标表，我们查找十位数 2 所在的行，个位数 8 所在的列，交叉位置的数 11 就是 $\text{ind}_6 28=11$. 而查找十位数 1 所在的行，个位数 8 所在的列，交叉位置的数 16 就是 $\text{ind}_6 18=16$.

## 5.4 *n* 次剩余

利用指标可以解同余式

$$x^n\equiv a(\bmod m),\ (a,\ m)=1. \tag{5-7}$$

正像利用对数可以求 $n$ 次方根一样，我们先引进 $n$ 次剩余与 $n$ 次非剩余的概念.

**定义 5.4.1** 设 $m$ 是大于 1 的整数，$(a,\ m)=1$，若同余式(5-7)有解，则 $a$ 称为对模 $m$ 的一个 $n$ 次剩余，若式(5-7)无解，则 $a$ 称为对模 $m$ 的 $n$ 次非剩余.

**例 5.4.1** 求 5 次同余式 $x^5\equiv 9(\bmod 41)$的解.

**解** 从模 41 的指标表，查找整数 9 的十位数 0 所在的行，个位数 9 所在的列，交叉位

置的数 30 就是 $\mathrm{ind}_6 9=30$，再令 $x=6^y(\bmod 41)$，原同余式就变为

$$6^{5y}\equiv 6^{30}(\bmod 41).$$

因为 6 是模 41 的原根，根据定理 5.3.2，我们有

$$5y\equiv 30(\bmod 40)\text{或 } y\equiv 6(\bmod 8).$$

解得

$$y\equiv 6,\ 14,\ 22,\ 30,\ 38(\bmod 40).$$

因此，原同余式的解为

$$x\equiv 6^6\equiv 39,\ x\equiv 6^{14}\equiv 21,\ x\equiv 6^{22}\equiv 5,$$
$$x\equiv 6^{30}\equiv 9,\ x\equiv 6^{38}\equiv 8(\bmod 41).$$

**定理 5.4.1** 设 $m$ 是大于 1 的整数，$g$ 是模 $m$ 的一个原根，$a$ 是一个与 $m$ 互素的整数，则同余式

$$x^n\equiv a(\bmod m) \tag{5-8}$$

有解的充分必要条件是

$$(n,\ \varphi(m))\mid \mathrm{ind}\ a,$$

且在有解的情况下，解数为$(n,\ \varphi(m))$.

**推论 5.4.1** 在定理 5.4.1 的假设条件下，$a$ 是模 $m$ 的 $n$ 次剩余的充要条件是：

$$a^{\varphi(m)/d}\equiv 1(\bmod m),\ d=(n,\ \varphi(m)).$$

**例 5.4.2** 求解同余式

$$x^8\equiv 23(\bmod 41).$$

**解** 因为

$$d=(n,\ \varphi(m))=(8,\ \varphi(41))=(8,\ 40)=8,$$
$$\mathrm{ind}\ 23=36,$$

又 36 不能被 8 整除，所以同余式无解.

**例 5.4.3** 求解同余式

$$x^{12}\equiv 37(\bmod 41).$$

**解** 因为

$$d=(n,\ \varphi(m))=(12,\ \varphi(41))=(12,\ 40)=4,$$
$$\mathrm{ind}\ 37=32,$$

又 $4\mid 32$，所以同余式有解，现求解等价的同余式

$$12\mathrm{ind}\ x\equiv \mathrm{ind}\ 37(\bmod 40)$$

或

$$3\mathrm{ind}\ x\equiv 8(\bmod 10),$$

得到

$$\mathrm{ind}x\equiv 6,\ 16,\ 26,\ 36(\bmod 40).$$

查指标表得原同余式解

$$x\equiv 39,\ 18,\ 2,\ 23(\bmod 41).$$

下面的定理揭示了指标与指数间的相互联系.

**定理 5.4.2** 设 $m$ 是大于 1 的整数，$g$ 是模 $m$ 的一个原根，$(a,\ m)=1$，则 $a$ 对模 $m$ 的指数是

$$e=\frac{\varphi(m)}{(\text{ind}a,\ \varphi(m))}.$$

特别地，$a$ 是模 $m$ 的原根当且仅当

$$(\text{ind}a,\ \varphi(m))=1.$$

**证** 因为模 $m$ 有原根 $g$，所以有

$$a=g^{\text{ind}\,a}(\text{mod}\ m).$$

根据定理 5.1.3，$a$ 的指数为

$$\text{ord}(a)=\text{ord}(g^{\text{ind}a})=\frac{\text{ord}(g)}{(\text{ord}(g),\ \text{ind}a)}=\frac{\varphi(m)}{(\text{ind}a,\ \varphi(m))}.$$

若 $a$ 是模 $m$ 的原根，则 $\text{ord}(a)=\varphi(m)$，故 $(\text{ind}a,\ \varphi(m))=1$. 反之，若 $(\text{ind}\ a,\ \varphi(m))=1$，则 $\text{ord}a=\varphi(m)$，即 $a$ 是模 $m$ 的原根.

注意，无论以模 $m$ 的哪个原根为底，定理 5.4.2 的结论都是一样的.

## 5.5 ELGamal 密码

本节介绍基于离散对数的公钥密码体制——ELGamal 密码. ELGamal 是除了 RSA 密码之外最有代表性的公开密钥密码. RSA 密码建立在大整数因子分解的困难之上，而 ELGamal 密码建立在求解离散对数的困难之上.

首先，我们介绍离散对数问题.

设 $p$ 为素数，$a$ 为模 $p$ 的原根. $a$ 的模幂运算为

$$y\equiv a^x \text{mod}\ p,\ 1\leqslant x\leqslant p-1,$$

则称 $x$ 为以 $a$ 为底的模 $p$ 的离散对数(指标)，求解离散对数 $x$ 的运算为

$$x\equiv \text{ind}_a y,\ 1\leqslant x\leqslant p-1.$$

从 $x$ 计算 $y$ 是容易的，至多需要 $2\cdot\log_2 p$ 次乘法运算，可是从 $y$ 计算 $x$ 就困难很多，利用目前最好的算法，对于小心选择的 $p$ 将至少需用 $p^{1/2}$ 次以上的运算，只要 $p$ 足够大，求解离散对数问题是相当困难的，这便是著名的离散对数问题. 可见，离散对数问题具有较好的单向性.

由于离散对数问题具有较好的单向性，所以离散对数问题在公钥密码学中得到了广泛应用，除了 ELGamal 密码外，Diffie-Hellman 密钥分配协议和美国数字签名标准算法 DSA 等也是建立在离散对数问题之上的. 下面介绍 ELGamal 加解密算法.

ELGamal 改进了 Diffie 和 Hellman 的基于离散对数的密钥分配协议，提出了基于离散对数的公开密钥密码.

随机地选择一个大素数 $p$，且要求 $p-1$ 有大素数因子. 再选择一个模 $p$ 的原根 $a$，将 $p$ 和 $a$ 公开.

1. 密钥生成

用户随机地选择一个整数 $d$ 作为自己的秘密的解密钥，$1\leqslant d\leqslant p-2$，计算 $y\equiv a^d \text{mod}\ p$，取 $y$ 为自己的公开的加密钥.

由公开密钥计算秘密钥 $d$，必须求解离散对数，而这是极困难的.

2. 加密

将明文消息 $M(0\leqslant M\leqslant p-1)$ 加密成密文的过程如下：

(1)随机地选取一个整数 $k$，$1\leqslant k\leqslant p-2$；

(2)计算

$$U=y^k \bmod p\ ,\quad C_1=a^k \bmod p,\quad C_2=UM \bmod p.$$

(3)取$(C_1,\ C_2)$作为密文.

3. 解密

将密文$(C_1,\ C_2)$解密的过程如下：

(1)计算 $V=C_1^d \bmod p$.

(2)计算 $M=C_2V^{-1} \bmod p$.

读者可自己验证加解密算法的可逆性.

**例 5.5.1** 设 $p=2579$，取 $a=2$，秘密钥 $d=765$，计算公开钥 $y=2^{765} \bmod 2579=949$. 再取明文 $M=1299$，随机数 $k=853$，则 $C_1=2^{853} \bmod 2579=435$，$C_2=1299\times 949^{853} \bmod 2579=2369$. 所以，密文为$(C_1,\ C_2)=(435,\ 2396)$. 解密时计算 $M=2396\times(435^{765})^{-1} \bmod 2579=1299$，从而还原出明文.

由于 ELGamal 密码安全性建立在有限域 $GF(p)$ 中求解离散对数的困难之上，而目前尚无求解 $GF(p)$ 中离散对数的有效算法，所以在 $p$ 足够大时 ELGamal 密码是安全的，为了安全，$p$ 应为 150 位以上的十进制数，$p-1$ 应有大素因子.

由于 ELGamal 密码的安全性得到了世界公认，所以就有了广泛的应用．著名的美国数字签名标准 DSS，就采用了 ELGamal 密码的一种变形.

## 习题 5

1. 计算 2，5，10 模 13 的指数.
2. 计算 3，7，10 模 19 的指数.
3. 设 $m>1$ 是整数，$a$ 是与 $m$ 互素的整数，假如 $\mathrm{ord}_m(a)=st$，则 $\mathrm{ord}_m(a^s)=t$.
4. 证明：若 $\mathrm{ord}_m(a)=\delta$，则 $\delta\mid\varphi(m)$.
5. 设 $p$ 是一个素数，若存在整数 $a$，它对模数 $p$ 的指数是 $l$，证明：恰有 $\varphi(l)$ 个对模数 $p$ 两两不同余的整数，它们对模 $p$ 的指数都为 $l$.
6. 求模 81 的原根.
7. 问模 47 的原根有多少个？求出模 47 的所有原根.
8. 问模 59 的原根有多少个？求出模 59 的所有原根.
9. 求模 113 的原根.
10. 设 $g$ 是 $m$ 的原根，如果$(a,\ m)=1$. 证明：

(1)$\mathrm{ind}_g g=1\ (\bmod\ \varphi(m))$；

(2)$\mathrm{ind}(-1)=\dfrac{\varphi(m)}{2}\ (\bmod \varphi(m))$；

(3)设 $g_1$ 也是 $m$ 的一个原根，则 $\mathrm{ind}_g a=\mathrm{ind}_{g_1}a\cdot \mathrm{ind}_g g_1(\bmod\ \varphi(m))$.

11. 如果$(n,\ \varphi(m))=d$，$(a,\ m)=1$，证明：在模 $m$ 的一个简化剩余系中，$n$ 次剩余的个数是$\dfrac{\varphi(m)}{d}$.
12. 设 $p$ 是一个奇素数，$\alpha>0$，则有 $\varphi(p^\alpha)/(\varphi(p^\alpha),\ n)$个模数 $p^\alpha$ 的 $n$ 次剩余.

13. 设 $p$ 是个奇素数，$p\nmid n$，则对所有的 $\alpha$，当 $a$ 是模数 $p$ 的 $n$ 次剩余时，同余式 $x^n\equiv a(\bmod p^\alpha)$ 恰有 $(p-1, n)$ 个解；$a$ 是模数 $p$ 的 $n$ 次非剩余时，该同余式无解.

14. 设 $p$ 是一个奇素数，$(k, \varphi(p^\alpha))=d$，则 $a$ 是 $p^\alpha$ 的 $k$ 次剩余的充分必要条件是 $a$ 是 $p^\alpha$ 的 $d$ 次剩余.

15. 求解同余式

$$x^{22}\equiv 5(\bmod 41).$$

16. 求解同余式

$$x^{22}\equiv 29(\bmod 41).$$

# 第6章 素性检验

判别给定的正整数是否素数(简称素性检验)是数论中一个基本而古老的问题，我们在第1章中就介绍了一种素数判别方法——厄拉多塞筛法，但该算法不适于产生大素数．而在诸多密码学算法中，尤其是公开密钥密码算法中需要产生足够大的素数，因此需要有快速高效的素数产生算法．目前的素性检验算法主要分为概率性检验算法和确定性检验算法两种，本章将着重介绍概率性素性检验的几种方法.

## 6.1 拟素数

16世纪，费马证明了：如果 $n$ 是一个素数，则对任意整数 $b$，有 $b^n \equiv b \pmod n$，即著名的费马小定理．但是，反过来是否对呢？即若存在整数 $b$，使 $b^n \equiv b \pmod n$，则 $n$ 是素数吗？如果回答是肯定的，判别 $n$ 是否素数，只要找到一个整数 $b$，例如 $b=2$，验证 $2^n \equiv 2 \pmod n$ 是否成立，这就是素性判别的多项式算法，但是，这个结果是不正确的．19世纪，一位法国数学家指出 $2^{341} \equiv 2 \pmod{341}$，但 $341=11\times13$，自此以后，人们发现了许多具有不同底值 $a$ 的反例，如 $3^{91} \equiv 3 \pmod{91}$，但 $91=7\times13$，$4^{15} \equiv 4 \pmod{15}$，但 $15=3\times5$，等等，事实上，对任意的 $a$，都有这样的反例，而且有无限多个，在此之前，我们先给出拟素数的定义.

**定义 6.1.1** 设 $n$ 是一个奇合数，如果整数 $b$，$(b, n)=1$，使得同余式

$$b^{n-1} \equiv 1 \pmod n \tag{6-1}$$

成立，则 $n$ 称为对于基 $b$ 的拟素数.

**例 6.1.1** 整数63是对于基 $b=8$ 的拟素数.

**例 6.1.2** 整数 $341=11\times31$，$561=3\times11\times17$，$645=3\times5\times43$ 都是对于基 $b=2$ 的拟素数，因为

$$2^{340} \equiv 1 \pmod{341},\ 2^{560} \equiv 1 \pmod{561},\ 2^{644} \equiv 1 \pmod{645}.$$

下面先证明基2的拟素数有无穷多个，首先证明下面引理.

**引理 6.1.1** 设 $d$，$n$ 都是正整数，如果 $d$ 能整除 $n$，则 $2^d-1$ 能整除 $2^n-1$.

**证** 因为 $d \mid n$，所以存在一个整数 $q$ 使得 $n=dq$，因此，我们有

$$2^n-1=(2^d)^q-1=(2^d-1)((2^d)^{q-1}+(2^d)^{q-2}+\cdots+2^d+1).$$

故 $(2^d-1) \mid (2^n-1)$，证毕.

**定理 6.1.1** 存在无穷多个对于基2的拟素数.

**证** (1)首先证明：如果 $n$ 是对于基2的拟素数，则 $m=2^n-1$ 也是对于基2的拟素数，事实上，因为 $n$ 是对于基2的拟素数，所以 $n$ 是奇合数，并且 $2^{n-1} \equiv 1 \pmod n$，由于 $n$ 是奇合数，所以我们有因数分解式 $n=dq$，$1<d<n$，$1<q<n$，根据引理6.1.1，我们得到 $(2^d-1) \mid (2^n-1)$，因此 $m=2^n-1$ 是奇合数.

现在验证：

$$2^{m-1}\equiv 1(\bmod m).$$

因为$2^n-1\equiv 1(\bmod n)$，所以可以将$m-1=2(2^{n-1}-1)$写成$m-1=kn$. 根据引理，可得$(2^n-1)\mid(2^{m-1}-1)$，即$m\mid(2^{m-1}-1)$，因此，同余式

$$2^{m-1}\equiv 1(\bmod m)$$

成立，故$m=2^n-1$是对于基2的拟素数.

(2)取$n_0$为对于基2的一个拟素数，例如，$n_0=341$是一个对于基2的拟素数，再令

$$n_1=2^{n_0}-1,\ n_2=2^{n_1}-1,\ n_3=2^{n_2}-1,\ \cdots,$$

根据结论(1)，这些整数都是对于基2的拟素数，证毕.

**定理 6.1.2** 对每一个整数$a>1$，均有无限多个底为$a$的拟素数.

**证** 给定$a>1$，设奇素数$p$不整除$a(a^2-1)$，令$n=\dfrac{a^{2p}-1}{a^2-1}=\dfrac{a^p-1}{a-1}\cdot\dfrac{a^p+1}{a+1}$，则$n$是一个合数，易验证$n$是一个奇数. 下面来证明$n$是底为$a$的拟素数，则有

$$(a^2-1)(n-1)=a^{2p}-a^2=a(a^{p-1}-1)(a^p+a),\tag{6-2}$$

又$2\mid(a^p+a)$，$p\mid(a^{p-1}-1)$，$(a^2-1)\mid(a^{p-1}-1)$，$p$不整除$a^2-1$，故$p(a^2-1)\mid(a^{p-1}-1)$，由式(6-2)得

$$2p\ (a^2-1)\mid(a^2-1)(n-1).\tag{6-3}$$

再由式(6-3)得$2p\mid(n-1)$，令$n=1+2pm$，由$a^{2p}=n(a^2-1)+1\equiv 1(\bmod n)$，故$a^{n-1}=a^{2pm}\equiv 1(\bmod n)$，即$a^n\equiv a\ (\bmod n)$，因此$n$是底为$a$的拟素数. 由于对每一个$a>1$，满足$p$不整除$a(a^2-1)$的奇素数$p$有无限多个，故以上作出的$n=\dfrac{a^{2p}-1}{a^2-1}$也有无限多个，因此，以$a$为底的拟素数有无限多个，证毕.

接下来的定理给出了拟素数的一些性质.

**定理 6.1.3** 设$n$是一个奇合数.

(1)$n$是对于基$b((b,\ n)=1)$的拟素数当且仅当$b$模$n$的指数能整除$n-1$；

(2)如果$n$是对于基$b_1((b_1,\ n)=1)$和基$b_2((b_2,\ n)=1)$的拟素数，则$n$是对于基$b_1b_2$的拟素数；

(3)如果$n$是对于基$b\ ((b,\ n)=1)$的拟素数，则$n$是对于基$b^{-1}$的拟素数；

(4)如果有一个整数$b$，且$(b,\ n)=1$，使得同余式(6-1)不成立，则模$n$的简化剩余系中至少有一半的数使得同余式(6-1)不成立.

**证** (1)如果$n$是对于基$b$的拟素数，则有

$$b^{n-1}\equiv 1(\bmod n).$$

根据定理5.1.1，则有$\mathrm{ord}_n(b)\mid(n-1)$. 反过来，如果$\mathrm{ord}_n(b)\mid(n-1)$，则存在整数$q$，使得$n-1=\mathrm{ord}_n(b)q$. 因此，则有

$$b^{n-1}\equiv(b^{\mathrm{ord}_n(b)})^q\equiv 1(\bmod n).$$

(2)因为$n$是对于基$b_1$和基$b_2$的拟素数，所以有

$$b_1^{n-1}\equiv 1,\ b_2^{n-1}\equiv 1(\bmod n).$$

从而，

$$(b_1b_2)^{n-1}\equiv b_1^{n-1}b_2^{n-1}\equiv 1(\bmod n).$$

故$n$是对于基$b_1b_2$的拟素数.

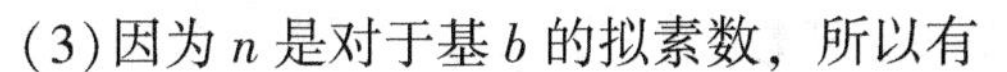

(3)因为 $n$ 是对于基 $b$ 的拟素数，所以有

$$b^{n-1}\equiv 1(\bmod n).$$

从而，

$$(b^{-1})^{n-1}\equiv (b^{n-1})^{-1}\equiv 1(\bmod n).$$

故 $n$ 是对于基 $b^{-1}$ 的拟素数.

(4)设 $b_1$，…，$b_s$，$b_{s+1}$，…，$b_{\varphi(n)}$ 是模的简化剩余系，其中，前 $s$ 个数使得同余式(6-1)成立，后 $\varphi(n)-s$ 个数使得同余式(6-1)不成立．根据假设条件，存在一个整数 $b$，$(b, n)=1$，使得同余式(6-1)不成立，再根据结论(2)和(3)，就有 $s$ 个模 $n$ 不同简化剩余 $bb_1$，…，$bb_s$ 使得同余式(6-1)不成立．因此，$s\leqslant\varphi(n)-s$ 或者 $\varphi(n)-s\geqslant\varphi(n)/2$，这就是说，模 $n$ 的简化剩余系中至少有一半的数使得同余式(6-1)不成立，证毕.

定理 6.1.3(4)告诉我们：对于大奇数，如果有一个整数 $b$，$(b, n)=1$，使得同余式(6-1)不成立，则模 $n$ 的简化剩余系中至少有一半的数使得同余式(6-1)不成立．这就是说，对于随机选取的整数 $b$，$(b, n)=1$，同余式(6-1)成立而 $n$ 是合数的可能性小于 50%，也即 $n$ 是素数的概率大于 50%.

现在，我们给出判断一个大奇整数 $n$ 为素数的方法：

随机选取整数 $b_1$，$0<b_1<n$，利用广义欧几里得除法计算 $b_1$ 和 $n$ 的最大公因数 $d_1=(b_1, n)$，如果 $d_1>1$，则 $n$ 不是素数；如果 $d_1=1$，则计算 $b_1^{n-1}(\bmod n)$，看看同余式(6-1)是否成立，如果不成立，则 $n$ 不是素数，如果成立，则 $n$ 是合数的可能性小于 1/2，或者说 $n$ 是素数的可能性大于 $1-1/2$.

重复上述步骤. 再随机选取整数 $b_2$，$0<b_2<n$，利用广义欧几里得除法计算 $b_2$ 和 $n$ 的最大公因数 $d_2=(b_2, n)$，如果 $d_2>1$，则 $n$ 不是素数；如果 $d_2=1$，则计算 $b_2^{n-1}(\bmod n)$，看看同余式(6-1)是否成立，如果不成立，则 $n$ 不是素数；如果成立，则 $n$ 是合数的可能性小于 $1/2^2$，或者说 $n$ 是素数的可能性大于 $1-1/2^2$.

继续重复上述步骤，直至第 $t$ 步.

随机选取整数 $b_t$，$0<b_t<n$，利用广义欧几里得除法计算 $b_t$ 和 $n$ 的最大公因数 $d_t=(b_t, n)$，如果 $d_t>1$，则 $n$ 不是素数；如果 $d_t=1$，则计算 $b_t^{n-1}(\bmod n)$，看看同余式(6-1)是否成立，如果不成立，则 $n$ 不是素数；如果成立，则 $n$ 是合数的可能性小于 $1/2^t$，或者说 $n$ 是素数的可能性大于 $1-1/2^t$.

上述过程也可简单地归纳为：

**Fermat 素性检验：**

给定奇整数 $n\geqslant 3$ 和安全参数 $t$，

(1)随机选取整数 $b$，$2\leqslant b\leqslant n-2$；

(2)计算 $g=(b, n)$，如果 $g\neq 1$，则 $n$ 为合数；

(3)计算 $r\equiv b^{(n-1)/2}(\bmod n)$；

(4)如果 $r\neq 1$，则 $n$ 是合数；

(5)如果不是上述情况，则 $n$ 可能为素数；

(6)上述过程重复 $t$ 次．如果每次得到 $n$ 可能为素数，则 $n$ 为素数的概率大于 $1-\frac{1}{2^t}$.

在判别过程中，人们发现存在合数 $n$，对任意的正整数 $b$，$(b, n)=1$，$n$ 都是底为 $b$ 的拟素数，这样的数称为卡米歇尔(Carmichael)数.

**例 6.1.3** 整数 $2821=7\times13\times31$ 是一个 Carmichael 数.

**证** 如果$(b, 2821)=1$，则$(b, 7)=(b, 13)=(b, 31)=1$，根据费马小定理，有

$$b^6\equiv1(\bmod 7),\ b^{12}\equiv1(\bmod 13),\ b^{30}\equiv1(\bmod 31).$$

从而，

$$b^{2820}\equiv(b^6)^{470}\equiv1(\bmod 7),$$
$$b^{2820}\equiv(b^{12})^{235}\equiv1(\bmod 13),$$
$$b^{2820}\equiv(b^{30})^{94}\equiv1(\bmod 31).$$

因此，则有

$$b^{2820}\equiv1(\bmod 2821).$$

下面，我们不加证明地给出与 Carmichael 数相关的两个定理，其中定理 6.1.4 给出了判别一个数是 Carmichael 数的方法.

**定理 6.1.4** 设 $n$ 是一个奇合数，

(1)如果 $n$ 是一个大于 1 平方数，则 $n$ 不是 Carmichael 数；

(2)如果 $n=p_1\cdots p_k$ 是一个无平方数，则 $n$ 是 Carmichael 数的充要条件是

$$p_i-1\mid n-1,\ 1\leqslant i\leqslant k.$$

**定理 6.1.5** 每个 Carmichael 数是至少三个不同素数的乘积.

**定理 6.1.6** 存在无穷多个 Carmichael 数.（1992 年被 Alford，Granville 和 Pomerance 证明）

## 6.2 Euler 拟素数

本节给出另外一种拟素数和相应的素性检验方法.

设 $n$ 是奇素数，则有同余式

$$b^{(n-1)/2}\equiv\left(\frac{b}{n}\right)(\bmod n)$$

对任意整数 $b$ 成立.

因此，如果存在整数 $b$，$(b, n)=1$，使得

$$b^{(n-1)/2}\not\equiv\left(\frac{b}{n}\right)(\bmod n),$$

则 $n$ 不是一个奇素数.

**例 6.2.1** 设 $n=403$，$b=2$，我们分别计算得到

$$2^{201}\equiv1(\bmod 403)$$

以及

$$\left(\frac{2}{403}\right)=(-1)^{(403^2-1)/8}=-1.$$

因为

$$2^{201}\not\equiv\left(\frac{2}{403}\right)(\bmod 403),$$

所以，403 不是一个素数. 事实上，$403=31\times13$.

**定义 6.2.1** 设 $n$ 是一个正奇合数，设整数 $b$ 与 $n$ 互素，如果整数 $n$ 和 $b$ 满足条件：

$$b^{(n-1)/2} \equiv \left(\frac{b}{n}\right) \pmod{n},$$

则 $n$ 称为对于基 $b$ 的 Euler 拟素数.

**例 6.2.2** 设 $n=561$，$b=2$，我们分别计算得到：

$$2^{280} \equiv 1 \pmod{561}$$

以及

$$\left(\frac{2}{561}\right) = (-1)^{(561^2-1)/8} = 1.$$

因为

$$2^{280} \equiv \left(\frac{2}{561}\right) \pmod{561},$$

所以，561 是一个对于基 2 的 Euler 拟素数.

**定理 6.2.1** 如果 $n$ 是对于基 $b$ 的 Euler 拟素数，则 $n$ 是对于基 $b$ 的拟素数.

**证** 设 $n$ 是对于基 $b$ 的 Euler 拟素数，则有

$$b^{(n-1)/2} \equiv \left(\frac{b}{n}\right) \pmod{n}.$$

上式两端平方，并注意到 $\left(\frac{b}{n}\right) \equiv \pm 1 \pmod{n}$，则有

$$b^{n-1} \equiv (b^{(n-1)/2})^2 \equiv \left(\frac{b}{n}\right)^2 \equiv 1 \pmod{n}.$$

因此，$n$ 是对于基 $b$ 的拟素数.

**Solovay-Stassen 素性检验**：

给定奇整数 $n \geqslant 3$ 和安全参数 $t$，

(1) 随机选取整数 $b$，$2 \leqslant b \leqslant n-2$；

(2) 计算 $g=(b, n)$，如果 $g \neq 1$，则 $n$ 为合数；

(3) 计算 $r \equiv b^{(n-1)/2} \pmod{n}$；

(4) 如果 $r \neq 1$ 以及 $r \neq n-1$，则 $n$ 是合数；

(5) 计算雅可比符号 $s=\left(\frac{b}{n}\right)$；

(6) 如果 $r \neq s$，则 $n$ 是合数；

(7) 如果不是上述情况，则 $n$ 可能为素数；

(8) 上述过程重复 $t$ 次，如果每次得到 $n$ 可能为素数，则 $n$ 为素数的概率大于 $1-\frac{1}{2^t}$.

## 6.3 强拟素数

设 $n$ 是正奇素数，并且有 $n-1=2^s t$，则有如下因数分解式：

$$b^{n-1}-1=(b^{2^{s-1}t}+1)(b^{2^{s-2}t}+1)\cdots(b^t+1)(b^t-1).$$

因此，如果有同余式

$$b^{n-1} \equiv 1 \pmod{n},$$

则如下同余式至少有一个成立：

$$b^t \equiv 1 \pmod n,$$
$$b^t \equiv -1 \pmod n,$$
$$b^{2t} \equiv -1 \pmod n,$$
$$\cdots,$$
$$b^{2^{s-1}t} \equiv -1 \pmod n.$$

**定义 6.3.1** 设 $n$ 是一个奇合数，且有表示式 $n-1=2^s t$，其中 $t$ 为奇数，设整数 $b$ 与 $n$ 互素，如果整数 $n$ 和 $b$ 满足条件：

$$b^t \equiv 1 \pmod n,$$

或者存在一个整数 $r$，$0\leqslant r<s$，使得

$$b^{2^r t} \equiv -1 \pmod n,$$

则 $n$ 称为对于基 $b$ 的强拟素数.

**例 6.3.1** 整数 $n=2047=23\times89$ 是对于基 $b=2$ 的强拟素数.

**证** 因为 $n-1=2046=2^1\times(11\times93)$，$s=1$，$t=11\times93$，

$$2^t \equiv (2^{11})^{93} \equiv (2048)^{93} \equiv 1 \pmod{2047},$$

所以，整数 2047 是对于基 $b=2$ 的强拟素数.

**定理 6.3.1** 存在无穷多个对于基 2 的强拟素数.

**证** 如果 $n$ 是对于基 2 的拟素数，则 $m=2^n-1$ 是对于基 2 的强拟素数．事实上，因为 $n$ 是对于基 2 的拟素数，所以 $n$ 是奇合数，并且 $2^{n-1}\equiv1 \pmod n$. 由此得到 $2^{n-1}-1=nk$($k$ 为某整数)，进一步，$k$ 是奇数，则有

$$m-1=2^n-2=2(2^{n-1}-1)=2nk.$$

这是 $m-1$ 分解为 2 和奇数乘积的表达式.

注意到 $2^n=(2^n-1)+1=m+1\equiv1 \pmod m$，则有

$$2^{\frac{m-1}{2}} \equiv 2^{nk} \equiv (2^n)^k \equiv 1 \pmod m.$$

此外，在定理 6.1.1 的证明中，我们知道：$n$ 是合数时，$m$ 也是合数．故 $m$ 是对于 2 的强拟素数.

因为对于基 2 的拟素数 $n$ 产生一个对于基 2 的强拟素数 $2^n-1$，而且存在无穷多个对于基 2 的拟素数，所以存在无穷多个对于基 2 的强拟素数，证毕.

**定理 6.3.2** 如果 $n$ 是对于基 $b$ 的强拟素数，则 $n$ 是对于基 $b$ 的 Euler 拟素数.

**定理 6.3.3** 设 $n$ 是一个奇合数，则 $n$ 是对于基 $b$，$1\leqslant b\leqslant n-1$ 的强拟素数的可能性至多为 25%.

**Miller-Rabin 素性检验：**

给定奇整数 $n\geqslant3$ 和安全参数 $k$. 令 $n-1=2^s t$，其中 $t$ 为奇整数.

(1)随机选取整数 $b$，$2\leqslant b\leqslant n-2$；

(2)计算 $r_0\equiv b^t \pmod n$；

(3)①如果 $r_0=1$ 或 $r_0=n-1$，则通过检验，可能为素数，回到 1，继续选取另一个随机整数 $b$，$2\leqslant b\leqslant n-2$；

②否则，有 $r_0\neq1$ 以及 $r_0\neq n-1$，计算 $r_1\equiv r_0^2 \pmod n$；

(4)①如果 $r_1=n-1$，则通过检验，可能为素数，回到 1，继续选取另一个随机整数 $b$，$2\leqslant b\leqslant n-2$；

②否则，有 $r_1 \neq n-1$，计算 $r_2 \equiv r_1^2 \pmod{n}$；

如此继续下去，

(s+2). ①如果 $r_{s-1}=n-1$，则通过检验，可能为素数，回到1，继续选取另一个随机整数 $b$，$2 \leqslant b \leqslant n-2$；

②否则有 $r_{s-1} \neq n-1$，$n$ 为合数.

以上基于拟素数的三种不同的定义，我们介绍了三种不同的素性判别方法．这只是素性检验中很少的一部分，用到的知识限于前面所学内容．有些较为复杂的以及用到知识较多的均未作介绍，下面再不加证明地给出两种确定性素性检验方法.

## 6.4 AKS素性检验和莱梅判别法

2002年，印度数学家 Manindra Agrawal，Neeraj Kaval，Nitin Saxena 给出一个正整数是否为素数的判别法则，Daniel J. Bernstein 给出了一个简洁的证明，这些证明对非数学工作者仍然有些困难，本书从略，有兴趣的读者可参考相关书籍.

**定理 6.4.1** 设 $a$ 是与 $p$ 互素的整数，则 $p$ 是素数的充要条件是

$$(x-a)^p \equiv (x^p-a) \pmod{p}.$$

**定理 6.4.2(Manindra Agrawal，Neeraj Kaval，Nitin Saxena)** 设 $n$ 是一个正整数，$q$ 和 $r$ 是素数，$S$ 是有限整数集合，假设

(1) $q$ 整除 $r-1$；

(2) $n^{(r-1)/q} \pmod{r} \notin \{0, 1\}$；

(3) $(n, b-b')=1$ 对所有不同的 $b$，$b' \in S$；

(4) $\binom{q+\#S-1}{\#S} \geqslant n^{[\sqrt{r}]}$，#表示 $S$ 中元素的个数；

(5) 在环 $\mathbf{Z}/n\mathbf{Z}[x]$ 中(第8章中将有介绍)，对所有的 $b \in S$，都有

$$(x+b)^n \equiv x^n+b \pmod{x^r-1},$$

则 $n$ 是一个素数的幂.

**定理 6.4.3** 莱梅判别法：

设正奇数 $p>1$，$p-1=\prod_{i=1}^{s} p_i^{\alpha_i}$，$2=p_1<p_2<\cdots<p_s$，$p_i$ 为素数．如果对每个 $p_i$，都有 $a_i$，满足 $a_i^{\frac{p-1}{p_i}} \neq 1 \pmod{p}$ 和 $a_i^{p-1} \equiv 1 \pmod{p}$，$i=1, \cdots, s$，则 $p$ 为素数.

**例 6.4.1** 用莱梅判别法证明37是素数.

$p-1=36=2^2 \times 3^2$，取 $a_1=2$，$a_1^{(37-1)} \equiv 1 \pmod{37}$，$a_1^{(37-1)/2} \equiv -1 \neq 1 \pmod{37}$；取 $a_2=3$，$a_2^{(37-1)} \equiv 1 \pmod{37}$，$a_2^{(37-1)/3} \equiv -1 \neq 1 \pmod{37}$，由莱梅判别法可知37是素数.

## 习题6

1. 证明：91是对于基3的拟素数.
2. 利用 Miller-Rabin 判别法判别 $n=277$ 可能为素数，并指出其可能性的概率.
3. 证明：589是合数.
4. 利用 Solovay-Strassen 判别法判别下列整数可能为素数，并指出其可能性的概率：(1)

3511；（2）3457.

5. 证明：$561=3\times11\times17$ 是 Carmichael 数.

6. 证明：$27845=5\times17\times29\times113$ 是 Carmichael 数.

7. 证明：25 是基于 7 的强拟素数.

8. 证明：1373653 是基于 2 和 3 的强拟素数.

9. 证明：整数 1105 是对于基 2 的 Euler 拟素数.

10. 利用费马概率判别法判别 $n=3089$ 可能为素数，并指出其可能性的概率.

# 第 7 章 群

群是一种具有一个代数运算的代数系统，它是抽象代数的主要内容之一，也是抽象代数中最基本的代数系统．本章将介绍群的概念、基本性质和一些特殊群类.

## 7.1 群和子群

在给出群的定义之前，我们先给出一些基本的概念.

**定义 7.1.1** 设 $S$ 是一个非空集合，那么 $S\times S$ 到 $S$ 的映射称为 $S$ 的结合法或(代数)运算；对于这个映射，元素对$(a, b)$的像称为 $a$ 与 $b$ 的乘积，记为 $a\otimes b$，为方便起见，该乘积简记为 $ab$，这个结合法称为乘法.

我们常常也把这个结合法称为加法，元素对$(a, b)$的像称为 $a$ 与 $b$ 的和，记作 $a\oplus b$ 或 $a+b$.

设 $S$ 是一个具有结合法的非空集合，如果对 $S$ 中的任意元素 $a$，$b$，$c$，都有

$$(ab)c=a(bc),$$

则称该结合法满足结合律.

**定义 7.1.2** 设 $S$ 是一个具有结合法的非空集合，如果 $S$ 满足结合律，那么 $S$ 称为半群.

设 $S$ 是一个具有结合法的非空集合，如果对 $S$ 中的任意元素 $a$，$b$，都有

$$ba=ab,$$

则称该结合法满足交换律.

设 $S$ 是一个具有结合法的非空集合．如果 $S$ 中有一个元素 $e$，使得

$$ea=ae=a$$

对 $S$ 中所有元素 $a$ 都成立，则称该元素 $e$ 为 $S$ 中的单位元.

当 $S$ 的结合法写做加法时，这个 $e$ 称为 $S$ 中的零元，通常记作 0.

由上面的定义，我们立即可以得到：

**性质 7.1.1** 设 $S$ 是一个具有结合法的非空集合，则 $S$ 中的单位元 $e$ 是唯一的.

设 $S$ 是一个具有结合法的单位元的非空集合，$a\in S$，如果 $S$ 中存在一个元素 $a'$，使得

$$aa'=a'a=e,$$

则称该元素 $a$ 为 $S$ 中的可逆元，$a'$称为 $a$ 的逆元.

当 $S$ 的结合法写做加法时，这个 $a'$称为元素 $a$ 的负元.

由上面的定义，我们立即可以得到：

**性质 7.1.2** 设 $S$ 是一个有单位元的半群，则对 $S$ 中任意可逆元 $a$，其逆元 $a'$是唯一的.

**证** 设 $a'$到 $a''$都是 $a$ 的逆元，即

$$aa'=a'a=e,\ aa''=a''a=e.$$

根据 $a'$和 $a''$为 $a$ 的逆元及结合律，得到

$$a' = a'e = a'(aa'') = (a'a)a'' = ea'' = a''.$$

因此，$a$ 的逆元 $a'$ 是唯一的，证毕.

由性质 7.1.2，$a$ 的逆元通常记为 $a^{-1}$，$a$ 的负元通常记为 $-a$.

**定义 7.1.3** 设 $G$ 是一个具有结合法的非空集合，如果这个结合法满足如下三个条件：

(1)结合律，即对任意的 $a$，$b$，$c \in G$，都有

$$(ab)c = a(bc);$$

(2)单位元，即存在一个元素 $e \in G$，使得对任意的 $a \in G$，都有

$$ae = ea = a;$$

(3)可逆性，即对任意的 $a \in G$，都存在 $a' \in G$，使得

$$aa' = a'a = e,$$

那么，$G$ 称为一个群.

与定义 7.1.3 等价的定义为：若 $G$ 是有单位元的半群，$G$ 中每个元都有逆元，则称 $G$ 是一个群.

特别地，当 $G$ 的结合法写做乘法时，$G$ 称为乘群；当 $G$ 的结合法写做加法时，$G$ 称为加群.

群 $G$ 的元素个数称为群 $G$ 的阶，记为 $|G|$. 当 $|G|$ 为有限数时，$G$ 称为有限群，否则，$G$ 称为无限群.

如果群 $G$ 中的结合法还满足交换律，那么，$G$ 称为一个交换群或阿贝尔(Abel)群.

**例 7.1.1** 自然数集 $\mathbf{N} = \{1, 2, \cdots, n, \cdots\}$ 对于通常意义下的加法有结合律，但没有零元和逆元；而对于通常意义下的乘法，有结合律和单位元 $e=1$，但没有可逆元.

**例 7.1.2** $(\mathbf{Z}, +)$是交换加群，$\mathbf{Z}$ 为整数集，"+"为通常意义下的加法，有结合律，交换律和零元 0，并且每个元素 $a$ 有负元 $-a$. 同理，$(\mathbf{Q}, +)$，$(\mathbf{R}, +)$，$(\mathbf{C}, +)$也是交换加群，$\mathbf{Q}$ 为有理数集，$\mathbf{R}$ 为实数集，$\mathbf{C}$ 为复数集.

**例 7.1.3** 非零有理数集 $\mathbf{Q}^* = \mathbf{Q} \setminus \{0\}$，非零实数集 $\mathbf{R}^* = \mathbf{R} \setminus \{0\}$ 和非零复数集 $\mathbf{C}^* = \mathbf{C} \setminus \{0\}$ 对于通常意义下的乘法有结合律、交换律和单位元 $e=1$，并且每个元素 $a$ 都有逆元 $a^{-1} = \dfrac{1}{a}$，因此，$(\mathbf{Q}^*, \times)$，$(\mathbf{R}^*, \times)$和$(\mathbf{C}^*, \times)$都是交换乘群.

**例 7.1.4** 设集合

$$\mathbf{Z}(\sqrt{7}) = \{a + b\sqrt{7} \mid a, b \in \mathbf{Z}\}$$

对于加法运算：

$$(a + b\sqrt{7}) \oplus (c + d\sqrt{7}) = (a + c) + (b + d)\sqrt{7}$$

构成一个交换加群，但对于乘法运算

$$(a + b\sqrt{7}) \otimes (c + d\sqrt{7}) = (ac + 7bd) + (bc + ad)\sqrt{7}$$

不构成一个乘群.

**例 7.1.5** 设 $n$ 是一个正整数，设 $\mathbf{Z}/n\mathbf{Z} = \{0, 1, 2, \cdots, n-1\}$，则集合 $\mathbf{Z}/n\mathbf{Z}$ 对于加法

$$a \oplus b = (a + b \pmod{n})$$

构成一个交换加群，其中 $a \pmod{n}$ 是整数 $a$ 模 $n$ 的最小非负剩余．零元是 0，$a$ 的负元是 $(n-a) \pmod{n}$.

**例 7.1.6** 设 $p$ 是一个素数，$F_p=\mathbf{Z}/p\mathbf{Z}$ 是模 $p$ 的最小非负完全剩余，设 $F_p^*=F_p\setminus\{0\}$，则集合 $F_p^*$ 对于乘法

$$a\otimes b=(a\cdot b(\bmod p))$$

构成一个交换乘群．单位元是 1，$a$ 的逆元是$(a^{-1}(\bmod p))$．

**例 7.1.7** 设 $n$ 一个合数，则集合 $\mathbf{Z}/n\mathbf{Z}\setminus\{0\}$ 对于乘法

$$a\otimes b=(a\cdot b(\bmod n))$$

不构成一个乘群．单位元是 1，但当 $d\in\mathbf{Z}/n\mathbf{Z}\setminus\{0\}$，且 $(d, n)\neq 1$ 时，$d$ 的逆元不存在．

**例 7.1.8** 设 $N$ 是一个合数，设 $(\mathbf{Z}/n\mathbf{Z})^*=\{a\mid a\in\mathbf{Z}/n\mathbf{Z}, (a, n)=1\}$，则集合 $(\mathbf{Z}/n\mathbf{Z})^*$ 对于乘法

$$a\otimes b=(a\cdot b(\bmod n))$$

构成一个交换乘群．单位元是 1，$a$ 的逆元是$(a^{-1}(\bmod n))$．

**例 7.1.9** 元素在数域 $K$ 中的全体 $n$ 级可逆矩阵对于矩阵的乘法构成一个群，这个群记为 $GL_n(K)$，称为 $n$ 级一般线性群；$GL_n(K)$ 中全体行列式为 1 的矩体对于矩阵乘法也构成一个群，这个群记为 $SL_n(K)$，称为特殊线性群．

**例 7.1.10** 设 $S$ 是一个非空集合，$G$ 是 $S$ 到自身的所有一一对应的映射组成的集合，则对于映射的复合运算，$G$ 构成一个群，称为对称群．恒等映射是单位元，$G$ 中的元素称为 $S$ 的一个置换．

当 $S$ 是 $n$ 元有限集时，$G$ 称为 $n$ 元对称群，记作 $S_n$．

设 $a_1, a_2, \cdots, a_{n-1}, a_n$ 是群 $G$ 中的 $n$ 个元素，通常归纳地定义这 $n$ 个元素的乘积为

$$a_1a_2\cdots a_{n-1}a_n=(a_1a_2\cdots a_{n-1})a_n.$$

当 $G$ 的结合法称为加法时，通常归纳地定义这 $n$ 个元素的和为

$$a_1+a_2+\cdots+a_{n-1}+a_n=(a_1+a_2+\cdots+a_{n-1})+a_n.$$

**性质 7.1.3** 设 $a_1, a_2, \cdots, a_{n-1}, a_n$ 是群 $G$ 中的任意 $n\geqslant 2$ 个元素，则对任意的 $1\leqslant i_1<\cdots<i_k<n$，有

$$(a_1\cdots a_{i_1})\cdots(a_{i_k+1}\cdots a_n)=a_1a_2\cdots a_{n-1}a_n.$$

**性质 7.1.4** 设 $a_1, a_2, \cdots, a_{n-1}, a_n$ 是交换群 $G$ 中的任意 $n\geqslant 2$ 个元素，则对 $1, 2, \cdots, n$ 的任一排列 $i_1, i_2, \cdots, i_n$，有

$$a_{i_1}a_{i_2}\cdots a_{i_n}=a_1a_2\cdots a_n.$$

**证** 对 $n$ 作数学归纳法可得．

设 $n$ 是正整数，如果 $a_1=a_2=\cdots=a_n=a$，则记 $a_1a_2\cdots a_n=a^n$，称之为 $a$ 的 $n$ 次幂，特别地，定义 $a^0=e$ 为单位元，$a^{-n}=(a^{-1})^n$ 为逆元 $a^{-1}$的 $n$ 次幂．

**性质 7.1.5** 设 $a$ 是群 $G$ 中的任意元，则对任意的整数 $m, n$ 有

$$a^ma^n=a^{m+n},\ (a^m)^n=a^{mn}.$$

下面引入元素的阶的概念：

**定义 7.1.4** 设 $a\in$ 群 $G$，$e$ 是 $G$ 的单位元，若 $\forall k\in\mathbf{N}$，$a^k\neq e$，则称 $a$ 的阶为无穷大，记作 $|a|=\infty$，若 $\exists k\in\mathbf{N}$ 使得 $a^k=e$，则称 $\min\{k\mid k\in\mathbf{N}, a^k=e\}$ 为 $a$ 的阶．若 $a$ 的阶是 $n$，则记作 $|a|=n$．

如果直接按照定义来判定群，要分别验证三个条件，下面我们给出一个相对简单的群的判定定理．

**定理 7.1.1** 设 $G$ 是一个半群，则 $G$ 是群的充分必要条件是：$\forall a, b \in G$，方程 $ax=b$ 与 $ya=b$ 在 $G$ 中都有解.

**证** 设 $G$ 是群，由 $a \in G$，有 $a^{-1} \in G$，已知 $ax=b$，则

$$a^{-1}(ax)=a^{-1}b \Rightarrow ex=a^{-1}b \Rightarrow x=a^{-1}b,$$

即 $x=a^{-1}b$ 为 $ax=b$ 的唯一解.

同理可证 $y=ba^{-1}$ 是 $ya=b$ 的唯一解.

反之，设方程 $ax=b$ 与 $ya=b$($\forall a, b \in G$) 在 $G$ 中有解，取定 $b \in G$，由 $yb=b$ 在 $G$ 中有解，设 $e$ 是一个解，则 $e \cdot b=b$.

下证"$\forall a \in G, ea=a$".

$\forall a \in G$，由方程 $bx=a$ 有解，设 $c$ 为它在 $G$ 中的一个解，即 $bc=a$，所以，

$$ea=e(bc)=(eb)c=bc=a.$$

类似地，$bx=b$ 在 $G$ 中有解 $e'$，即 $be'=b$，$\forall a \in G$，方程 $yb=a$ 有解，设 $c'$ 为它在 $G$ 中的一个解，即 $c'b=a$，所以

$$ae'=(c'b)e'=c'(be')=c'b=a.$$

再证"$e=e'$".

由上所证知，$e=ee'=e'$，$\forall a \in G$ 有 $ea=ae=a$，$e$ 为 $G$ 的单位元.

又 $\forall a \in G$，$ya=e$ 在 $G$ 中有解 $a'$，$ax=e$ 在 $G$ 中有解 $a''$，则 $a'=a'e=a'(aa'')=(a'a)a''=ea''=a''$，即 $a'=a''$ 为 $a$ 在 $G$ 中的逆元，所以 $G$ 是群.

**定义 7.1.5** 设 $H$ 是群 $G$ 的一个非空子集合，如果对于群 $G$ 的结合法，$H$ 称为一个群，那么 $H$ 称为群 $G$ 的子群，记作 $H \leqslant G$.

$H=\{e\}$ 和 $H=G$ 都是群 $G$ 的子群，称为群 $G$ 的平凡子群，如果 $H$ 不是群 $G$ 的平凡子群，则 $H$ 称为群 $G$ 的真子群.

**例 7.1.11** 设 $n$ 是一个正整数，则 $n\mathbf{Z}=\{nk \mid k \in \mathbf{Z}\}$ 是 $\mathbf{Z}$ 的子群.

我们可以按照群的定义来判定一个群的子集合是否构成一个子群，下面给出一个较为简单的判定定理.

**定理 7.1.2** 设 $H$ 是群 $G$ 的一个非空子集合，则 $H$ 是群 $G$ 的子群的充要条件是：对任意的 $a, b \in H$，有 $ab^{-1} \in H$.

**证** 必要性是显然的，我们来证充分性.

因为 $H$ 非空，所以 $H$ 中有元素 $a$，根据假设，我们有 $e=aa^{-1} \in H$. 因此，$H$ 中有单位元，对于 $e \in H$ 及任意 $a$，再应用假设，则有 $a^{-1}=ea^{-1} \in H$，即 $H$ 中每个元素 $a$ 在 $H$ 中有逆元. 对任意 $a, b \in H$，由 $ab=a(b^{-1})^{-1} \in H$ 知，$H$ 对乘法运算封闭，因此，$H$ 是群 $G$ 的子群，证毕.

下面我们讨论子群的生成.

**定理 7.1.3** 设 $G$ 是一个群，$\{H_i\}_i \in \mathbf{I}$ 是 $G$ 的一族子群，则 $\bigcap_{i \in \mathbf{I}} H_i$ 是 $G$ 的一个子群

**证** 对任意的 $a, b \in \bigcap_{i \in \mathbf{I}} H_i$，有 $a, b \in H_i$，$i \in \mathbf{I}$. 因为 $H_i$ 是 $G$ 的子群，根据定理 7.1.2，我们有 $ab^{-1} \in H_i$，$i \in \mathbf{I}$. 进而，$ab^{-1} \in \bigcap_{i \in \mathbf{I}} H_i$，根据定理 7.1.2，$\bigcap_{i \in \mathbf{I}} H_i$ 是 $G$ 的一个子群.

**定义 7.1.6** 设 $G$ 是一个群，$X$ 是 $G$ 的子集，设 $\{H_i\}_i \in \mathbf{I}$ 是 $G$ 的包含 $X$ 的所有子群，则 $\bigcap_{i \in \mathbf{I}} H_i$ 称为 $G$ 的由 $X$ 生成的子群，记为 $\langle X \rangle$.

$X$ 的元素称为子群 $\langle X \rangle$ 的生成元，如果 $X=\{a_1, \cdots, a_n\}$，则记 $\langle X \rangle$ 为 $\langle a_1, \cdots, a_n \rangle$，

如果 $G=\langle a_1, \cdots, a_n\rangle$，则称 $G$ 为有限生成的，特别地，如果 $G=\langle a\rangle$，则称 $G$ 为 $a$ 生成的循环群.

**定理 7.1.4** 设 $G$ 是一个群，$X$ 是 $G$ 的非空子集，并且其中任意两元 $a_i$，$a_j$ 都能够交换(即 $a_ia_j=a_ja_i$). 则由 $X$ 生成的子群为

$$\langle X\rangle=\{a_1^{n_1}\cdots a_n^{n_t} \mid a_i\in X, n_j\in Z, 1\leqslant i\leqslant n, 1\leqslant j\leqslant t\}$$

特别地，对任意的 $a\in G$，有

$$\langle a\rangle=\{a^n \mid n\in \mathbf{Z}\}.$$

**证** 令 $T=\{a_1^{n_1}\cdots a_t^{n_t} \mid a_i\in X, n_j\in \mathbf{Z}, 1\leqslant i\leqslant n, 1\leqslant j\leqslant t\}$.

下面要证 $\langle X\rangle=T$，先证 $T\leqslant G$.

因为 $X\neq\varnothing$，$X\subseteq T$，所以 $\varnothing\neq T\subseteq G$.

$\forall x, y\in T$，显然 $xy^{-1}\in T$，则 $T\leqslant G$.

由 $X\subseteq T$，故 $\langle X\rangle\subseteq T$.

另外，$\forall x\in T$，$x=a_1^{n_1}\cdots a_t^{n_t}$，$a_i\in X$，

因为有 $a_i\in\langle X\rangle$，所以，$x=a_1^{n_1}\cdots a_t^{n_t}\in\langle X\rangle$，故 $T\subseteq\langle X\rangle$，这就证明了 $T=\langle X\rangle$.

## 7.2 同态和同构

本节讨论群与群之间两种特殊的映射.

**定义 7.2.1** 设 $G$，$G'$ 是两个群，$f$ 是 $G$ 到 $G'$ 的一个映射，如果对任意的 $a$，$b\in G$，都有

$$f(ab)=f(a)f(b),$$

那么，$f$ 称为 $G$ 到 $G'$ 的一个同态.

如果 $f$ 是一对一的，则称 $f$ 为单同态；如果 $f$ 是满的，则称 $f$ 为满同态；如果 $f$ 是一一对应的，则称 $f$ 为同构.

当 $G=G'$ 时，同态 $f$ 称为自同态，同构 $f$ 称为自同构.

**定义 7.2.2** 设 $G$，$G'$ 是两个群，我们称 $G$ 到 $G'$ 同构，如果存在一个 $G$ 到 $G'$ 的同构，记作 $G\cong G'$.

**定理 7.2.1** 设 $f$ 是群 $G$ 到群 $G'$ 的一个同态，则

(1) $f(e)=e'$，即同态将单位元映到单位元；

(2) 对任意 $a\in G$，$f(a^{-1})=f(a)^{-1}$.

(3) $\ker f=\{a \mid a\in G, f(a)=e'\}$ 是 $G$ 的子群，且 $f$ 是单同态的充要条件是 $\ker f=e$；

(4) $\ker f=\{a \mid a\in G, f(a)=e'\}$ 是 $G$ 的子群，且 $f$ 是满同态的充要条件是 $\ker f=e$；

(5) 设 $H'$ 是群 $G'$ 的子集，则集合 $f^{-1}(H')=\{a\in G \mid f(a)\in G'\}$ 是 $G$ 的子群.

**证** (1) 因为 $f(e)^2=f(e^2)=f(e)$，此式两端同乘 $f(e)^{-1}$，得到 $f(e)=e'$.

(2) 因为 $f(a^{-1})f(a)=f(a^{-1}a)=f(e)=e'$，$f(a)f(a^{-1})=f(aa^{-1})=e'$，所以 $f(a^{-1})=f(a)^{-1}$.

(3) 因为 $f(e)=e'$，故 $e\in\ker f$，即 $\ker f\neq\varnothing$，对任意 $a$，$b\in\ker f$，有 $f(a)=e'$，$f(b)=e'$，从而，

$$f(ab^{-1})=f(a)f(b)^{-1}=f(a)f(b)^{-1}=e'$$

因此，$ab^{-1}\in \ker f$. 根据定理7.1.2，$\ker f$是$G$的子群.

若$f$是单同态，则满足$f(a)=e'=f(e)$的元素只有$a=e$，因此，$\ker f=\{e\}$.

反过来，设$\ker f=\{e\}$，则对任意的$a$，$b\in G$，使得$f(a)=f(b)$，有

$$f(ab^{-1})=f(a)f(b^{-1})=f(a)f(b)^{-1}=e'.$$

这说明，$ab^{-1}\in \ker f=\{e\}$或$a=b$，因此，$f$是单同态.

(4)对任意$x$，$y\in f(G)$，存在$a$，$b\in G$使得$f(a)=x$，$f(b)=y$，从而，$xy^{-1}=f(a)f(b)^{-1}=f(ab^{-1})\in f(G)$，根据定理7.1.2，$f(G)$是$G'$的子群，且$f$是满同态的充要条件是$f(G)=G'$.

(5)对任意$a$，$b\in f^{-1}(H')$，根据(2)及$H'$为子群，则有

$$f(ab^{-1})=f(a)f(b^{-1})=f(a)f(b)^{-1}\in H'.$$

因此，$ab^{-1}\in f^{-1}(H')$，$f^{-1}(H')$是$G$的子群，证毕.

$\ker f$称为同态$f$的核子群，$f(G)$称为像子群.

**例7.2.1** 加群$\mathbf{Z}$到乘群$\mathbf{R}^*=\mathbf{R}\setminus\{0\}$的映射$f$：$a\to e^a$是$\mathbf{R}$到$\mathbf{R}^*$的一个同态.

**例7.2.2** 加群$\mathbf{Z}$到乘群$\mathbf{G}=\langle g\rangle=\{g^n\mid n\in Z\}$的映射$f$：$n\to g^n$是$\mathbf{Z}$到$\langle g\rangle$的一个同态.

**例7.2.3** 加群$\mathbf{Z}$到加群$\mathbf{Z}/n\mathbf{Z}$的映射$f$：$n\to k$ ($k\in\{0,1,\cdots,n-1\}$)是一个同态.

**例7.2.4** 加群$\mathbf{Z}$到乘群$\mathbf{G}=\{\theta^k\mid \theta=e^{\frac{2\pi i}{n}}, k\in\mathbf{Z}\}$的映射$f$：$k\to\theta^k$是一个同态.

**例7.2.5** 加群$\mathbf{Z}/n\mathbf{Z}$到乘群$\mathbf{G}=\{\theta^k\mid \theta=e^{\frac{2\pi i}{n}}, k=0,1,\cdots,n-1\}$的映射$f$：$k\to\theta^k$($k\in\{0,1,\cdots,n-1\}$)是一个同构.

## 7.3 正规子群和商群

先介绍陪集的概念：

**定义7.3.1** 设$H$是群$G$的子群，$a$是$G$中任意元，那么集合$aH=\{ah\mid h\in H\}$(对应的，$Ha=\{ha\mid h\in H\}$)称为$G$中$H$的左(右)陪集. $aH(Ha)$中的元素称为$aH(Ha)$的代表元. 如果$aH=Ha$，$aH$称为$G$中$H$的陪集.

**例7.3.1** 设$n>1$是整数，则$H=n\mathbf{Z}$是$\mathbf{Z}$的子群，子集

$$a+n\mathbf{Z}=\{a+nk\mid k\in\mathbf{Z}\}$$

就是$n\mathbf{Z}$的陪集，这个陪集就是模$n$的剩余类.

下面定理给出陪集的基本性质：

**定理7.3.1** 设$H$是群$G$的子群，则

(1)对任意$a\in G$，有$aH=\{c\mid c\in G, c^{-1}a\in H\}$(对应地，$Ha=\{c\mid c\in G, ac^{-1}\in H\}$)；

(2)对任意$a$，$b\in G$，$aH=bH$的充要条件是$b^{-1}a\in H$(对应地，$Ha=Hb$的充要条件是$ab^{-1}\in H$)；

(3)对任意$a$，$b\in G$，$aH\cap bH=\varnothing$的充要条件是$b^{-1}a\notin H$(对应地，$Ha\cap Hb=\varnothing$的充要条件是$a b^{-1}\notin H$)；

(4)对任意$a\in H$，有$aH=H=Ha$.

**推论7.3.1** 设$H$是群$G$的子群，则群$G$可以表示为不相交的左(右)陪集的并集.

**定义7.3.2** 设$H\leqslant G$，把$H$在$G$中不同左(或右)陪集的个数称为$H$在$G$中的指标，记

为$[G:H]$.

**定理 7.3.2(拉格朗日(lagrange)定理)**　设$H\leqslant G$，则

$$|G|=[G:H]|H|.$$

更进一步，如果$K$，$H$是群$G$的子群，且$K\leqslant H$，则

$$[G:K]=[G:H][H:K].$$

如果其中两个指标是有限的，则第三个指标也是有限的.

具体证明略去，请读者参考相关书籍.

设$G$是一个群，$H$，$K$是$G$的子集，我们用$HK$表示集合

$$HK=\{hk \mid h\in H,\ k\in K\}.$$

如果写成加法，我们有$H+K$表示集合

$$H+K=\{h+k \mid h\in H,\ k\in K\}.$$

**例 7.3.2**　设$H$，$K$是交换群$G$的两个子群，则$HK$是$G$的子群.

下面不加证明地给出有关$HK$的三个定理.

**定理 7.3.3**　设$H$，$K$是有限群$G$的子群，则$|HK|=|H||K|/|H\cap K|$.

**定理 7.3.4**　设$H$，$K$是群$G$的子群，则$[H:H\cap K]\leqslant[G:K]$，如果$[G:K]$是有限的，则$[H:H\cap K]=[G:K]$当且仅当$G=KH$.

**定理 7.3.5**　设$H$，$K$是群$G$的子群，若$[G:H]$与$[G:K]$有限，则$[G:H\cap K]$是有限的，且$[G:H\cap K]\leqslant[G:H][G:K]$，进一步，$[G:H\cap K]=[G:H][G:K]$当且仅当$G=HK$.

**定义 7.3.3**　设$H\leqslant G$，若$\forall h\in H$，$\forall g\in G$，有$g^{-1}hg\in H$，则称$H$是$G$的正规子群.

**定理 7.3.6**　设$H\leqslant G$，则下列条件是等价的：

(1) $\forall g\in G$，$h\in H$，$g^{-1}hg\in H$;

(2) $\forall g\in G$，有$g^{-1}Hg\subseteq H$;

(3) $\forall g\in G$，有$g^{-1}Hg=H$;

(4) $\forall g\in G$，$gH=Hg$.

**证**　(1)⇒(2)显然.

(2)⇒(3)下证“$H\subseteq g^{-1}Hg$，$\forall g\in G$”.

$\forall h\in H$，$\forall g\in G$，由(2)有$g^{-1}\in G$，则$(g^{-1})^{-1}h\,g^{-1}\in H$，所以$g^{-1}(g^{-1})^{-1}h\,g^{-1}g\in g^{-1}Hg$，即$h\in g^{-1}Hg$，故$H\subseteq g^{-1}Hg$，再由(2)知(3)成立.

(3)⇒(4)由$g^{-1}Hg=H$，$\forall g\in G$，有$gg^{-1}Hg=gH$，即

$$eHg=gH.$$

而$eHg=(eH)g=Hg$，故$Hg=gH$，$g\in G$.

(4)⇒(1)

$\forall g\in G$，$h\in H$，$g^{-1}hg\in g^{-1}Hg=(g^{-1}g)H=eH=H$，故定理成立.

以下给出商群的概念.

**定理 7.3.7**　设$N$是群$G$的正规子群，$G/N$是由$N$在$G$中的所有(左)陪集组成的集合，则对于结合法

$$(aN)(bN)=(ab)N,$$

$G/N$构成一个群.

**证** 首先证明上述定义是一个结合法，即 $aN=a'N$，$bN=b'N$ 时，有 $(ab)N=(a'b')N$（注意，若 $(ab)N\neq(a'b')N$，上述定义就不是结合法）. 事实上，$(a'b')N=a'(b'N)=a'(Nb')=a'(Nb)=(a'N)b=(aN)b=a(Nb)=a(bN)=(ab)N$. 余下按照群的定义证明即可.

其中，$eN=N$ 是单位元，事实上，对任意 $a\in G$，有

$$(aN)(eN)=(ae)N=aN,\ (eN)(aN)=(ea)N=aN.$$

$aN$ 的逆元是 $a^{-1}N$，事实上，

$$(aN)(a^{-1}N)=(aa^{-1})N=eN,\ (a^{-1}N)(aN)=(a^{-1}a)N=eN.$$

定理 7.3.7 中的群称为群 $G$ 对于正规子群 $N$ 的商群，如果群 $G$ 的运算写做加法，则 $G/N$ 中的运算写做 $(a+N)+(b+N)=(a+b)+N$.

## 7.4 群的同态定理

**定理 7.4.1** 设 $f$ 是群 $G$ 到群 $G'$ 的同态，则 $f$ 的核 $\ker f$ 是 $G$ 的正规子群，反过来，如果 $N$ 是群 $G$ 的正规子群，则映射

$$s:\ G\to G/N,$$
$$a\to aN$$

是核为 $N$ 的同态.

**证** 对任意 $a\in G$，$b\in\ker f$，有 $f(aba^{-1})=f(a)f(b)f(a^{-1})=f(a)e'f(a)^{-1}=e'$. 这说明 $aba^{-1}\in\ker f$，根据定理 7.3.6，$\ker f$ 是 $G$ 的正规子群.

反过来，设 $N$ 是群 $G$ 的正规子群，则 $G$ 到 $G/N$ 的映射 $s$ 满足：

$$s(ab)=(ab)N=(aN)(bN)=s(a)a(b).$$

同时，$s(a)=N$ 的充分必要条件是 $a\in N$. 因此，$s$ 是核为 $N$ 的同态，证毕.

映射 $s$：$G\to G/N$ 称为 $G$ 到 $G/N$ 自然同态.

**定理 7.4.2** 设 $f$ 是群 $G$ 到群 $G'$ 的同态，则存在唯一的 $G/\ker f$ 到像子群 $f(G)$ 的同构 $\bar{f}$：$a\ker f\to f(a)$ 使得 $f=i\circ\bar{f}\circ s$，其中 $s$ 是群 $G$ 到商群 $G/\ker f$ 的自然同态，$i$：$c\to c$ 是 $f(G)$ 到 $G'$ 的恒等同态，即有如图 7.1 所示的交换图.

**证** 根据定理 7.4.1，$\ker f$ 是 $G$ 的正规子群，所以存在商群 $G/\ker f$，现在要证明：$\bar{f}$：$a\ker f\to f(a)$ 是 $G/\ker f$ 到像子群 $f(G)$ 的同构.

首先，证明上述定义的 $\bar{f}$ 是 $G/\ker f$ 到 $f(G)$ 的单值映射，即 $a'\ker f=a\ker f$ 时，$\bar{f}$：$a'\ker f\to f(a')$，$\bar{f}$：$a\ker f\to f(a)$. 要证 $f(a')=f(a)$，由 $a'\ker f=a\ker f$ 知，$a^{-1}a'\in\ker f$，故 $e'=f(a^{-1}a')=f(a^{-1})f(a')=[f(a)]^{-1}f(a')$，得 $f(a)=f(a')$. 接下来证明 $\bar{f}$ 是 $G/\ker f$ 到像子群 $f(G)$ 的同态，事实上，对任意的 $a\ker f$，$b\ker f\in G/\ker f$，

$$\bar{f}((a\ker f)(b\ker f)=\bar{f}((ab)\ker f)=f(ab)=f(a)f(b)=\bar{f}(a\ker f)\ \bar{f}(b\ker f),$$

再证 $\bar{f}$ 是一对一. 事实上，对任意 $a\ker f\in\ker\bar{f}$，有 $\bar{f}(a\ker f)=f(a)=e'$，由此，$a\in\ker f$ 以及 $a\ker f=\ker f$.

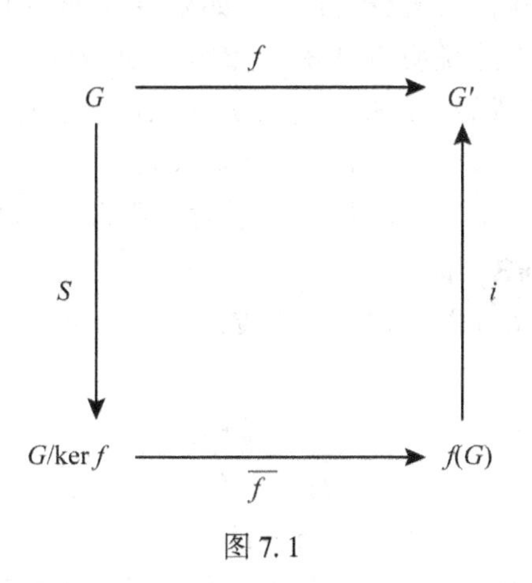


图 7.1

最后，$\overline{f}$ 是满同态．事实上，对任意的 $c \in f(G)$，存在 $a \in G$，使得 $f(a)=c$，从而，$\overline{f}(a\ker f)=f(a)=c$，即 $a\ker f$ 是 $c$ 的像源.

因此，$\overline{f}$ 是同构，并且有 $f=i\circ\overline{f}\circ s$，事实上，对任意 $a \in G$，有

$$i\circ\overline{f}\circ s(a)=i(\overline{f}(s(a)))=i(\overline{f}(a\ker f))=i(f(a))=f(a).$$

假如还有同构 $g$：$G/\ker f \to f(G)$，使得 $f=i\circ g\circ s$，则对任意 $a\ker f \in G/\ker f$，

$$g(a\ker f)=i(g(s(a)))=(i\circ g\circ s)(a)=f(a)=\overline{f}(a\ker f).$$

因此，$g=\overline{f}$，证毕.

**定理 7.4.3** 设 $K$ 是群 $G$ 的正规子群，$H$ 是 $G$ 的包含 $K$ 的子群，则 $\overline{H}=H/K$ 是商群 $\overline{G}=G/K$ 的子群，且映射 $H\to\overline{H}$ 是 $G$ 的包含 $K$ 的子群集到 $\overline{G}$ 的子群集的一一对应，$H$ 是 $G$ 的包含 $K$ 的正规子群当且仅当 $H$ 是 $\overline{G}$ 的正规子群．这时，

$$G/H\cong\overline{G}/\overline{H}.$$

**定理 7.4.4** 设 $H$，$K$ 是群 $G$ 的子群，$K$ 是 $G$ 的正规子群，则 $HK=\{hk \mid h\in H,\ k\in K\}$ 是 $G$ 的包含 $K$ 的子群，$H\cap K$ 是 $H$ 的正规子群，且映射

$$hK\to h(H\cap K),\ h\in H$$

是 $HK/K$ 到 $H/H\cap K$ 的同构.

定理 7.4.3 和定理 7.4.4 的证明可参考相关书籍.

## 7.5 循环群

本节我们着重讨论在 7.1 中提到的循环群.

**定理 7.5.1** 加群 $\mathbf{Z}$ 的每个子群 $H$ 是循环群，并且有 $H=\langle 0\rangle$ 或 $H=\langle m\rangle=m\mathbf{Z}$，其中 $m$ 是 $H$ 中最小正整数，如果 $H\neq\langle 0\rangle$，则 $H$ 是无限的.

**证**　如果 $H$ 是零子群 $\{0\}$，结论显然成立，如果 $H$ 是非零子群，则存在非零整数 $a \in H$. 因为 $H$ 是子群，所以 $-a \in H$. 这说明 $H$ 中有正整数．设 $H$ 中的最小正整数为 $m$，则一定有 $H=\langle m \rangle = m\mathbf{Z}$. 事实上，对任意的 $a \in H$. 根据欧几里得除法，存在整数 $q$，$r$，使得

$$a=qm+r, \ 0 \leqslant r<m.$$

如果 $r \neq 0$，则 $r=a-qm \in H$，这与 $m$ 的最小性矛盾．因此，$r=0$，$a=qm \in m\mathbf{Z}$. 故 $H \subseteq m\mathbf{Z}$，显然有 $m\mathbf{Z} \subseteq H$，因此，$H=m\mathbf{Z}$，证毕.

**定理 7.5.2**　每个无限循环群同构于加群 $\mathbf{Z}$. 每个阶为 $m$ 的有限循环群同构于加群 $\mathbf{Z}/m\mathbf{Z}$.

**证**　设循环群 $G=\langle a \rangle = \{a^n \mid n \in \mathbf{Z}\}$，考虑映射

$$f: \mathbf{Z} \to G,$$
$$n \to a^n,$$

因为 $f(n+m)=a^{n+m}=a^n a^m=f(n)f(m)$，所以 $f$ 是 $Z$ 到 $G$ 的同态，而且是满的．根据定理 7.4.2，群 $G$ 同构于 $\mathbf{Z}/\ker f$，根据定理 7.5.1，$\ker f=\langle 0 \rangle$ 或 $\ker f=m\mathbf{Z}$，前者对应于无限循环群 $\mathbf{Z}$，后者对应于 $m$ 阶有限循环群 $\mathbf{Z}/m\mathbf{Z}$，证毕.

此定理告诉我们，循环群的构造完全取决于它的阶，当循环群的阶是无限大时，它们互相同构且都与 $(\mathbf{Z}, +)$ 同构．当循环群的阶是 $m$ 时，它们互相同构且都与 $(\mathbf{Z}/m\mathbf{Z}, \oplus)$ 同构. 因此，从同构的观点看，循环群只有整数加群和模 $m$ 的剩余类加群.

接下来，我们介绍无限循环群和有限循环群的具体构造及性质.

**定理 7.5.3**　设 $G$ 是一个群，$a \in G$. 如果 $a$ 是无限阶，则

(1) $a^k=e$ 当且仅当 $k=0$；

(2) 元素 $a^k (k \in \mathbf{Z})$ 两两不同.

如果 $a$ 是有限阶 $m>0$，则

(3) $m$ 是使得 $a^m=e$ 的最小正整数；

(4) $a^k=e$ 当且仅当 $m \mid k$；

(5) $a^r=a^k$ 当且仅当 $r \equiv k \pmod m$；

(6) 元素 $a^k (k \in \mathbf{Z}/m\mathbf{Z})$ 两两不同；

(7) $\langle a \rangle = \{a, a^2, a^{m-1}, a^m=e\}$；

(8) 对任意整数 $1 \leqslant d \leqslant m$，有 $|a^d|=\dfrac{m}{(m, d)}$.

**证**　考虑 $\mathbf{Z}$ 到群 $G$ 的映射 $f$:

$$f: n \to a^n,$$

$f$ 是同态映射，根据定理 7.4.2，则有

$$\mathbf{Z}/\ker f \cong \langle a \rangle.$$

因为 $a$ 是无限阶元等价于 $\ker f=\langle 0 \rangle$，后者说明 $f$ 是一对一的．因此，(1) 和 (2) 成立.

如果 $a$ 是有限阶 $m$，则 $\ker f=m\mathbf{Z}$，因此，则有

(3) $m$ 是使得 $a^m=e$ 的最小正整数；

(4) $a^k=e$ 等价于 $k \in \ker f$，等价于 $m \mid k$；

(5) $a^r=a^k$ 等价于 $r-k \in \ker f$；等价于 $r \equiv k \pmod m$；

(6) 元素 $a^k$ 对应于 $\mathbf{Z}/\ker f$ 中不同元素，两两不同；

(7) $\langle a\rangle=\{a, a^2, \cdots, a^{m-1}, a^m=e\}$ 与 $\mathbf{Z}/\ker f$ 中最小正剩余系相对应；

(8) 设 $|a^d|=k$，则有 $(a^d)^k=e$，故 $m\mid dk$，即 $\frac{m}{(m,d)}\Big|\frac{d}{(m,d)}k$，因为 $\left(\frac{m}{(m,d)}, \frac{d}{(m,d)}\right)=1$，则 $\frac{m}{(m,d)}\mid k$. 因此，$|a^d|=\frac{m}{(m,d)}$，证毕.

再由循环子群的阶来给出群元素阶的等价定义.

**定义 7.5.1** 设 $G$ 是一个群，$a\in G$. 则子群 $\langle a\rangle$ 的阶称为元素 $a$ 的阶，记 $|a|$.

**定理 7.5.4** 循环群的子群是循环群.

**证** 考虑 $\mathbf{Z}$ 到循环群 $G=\langle a\rangle$ 的映射 $f$:

$$f: n\to a^n$$

$f$ 是同态映射，根据定理 7.2.1，对于 $G$ 的子群 $H$，我们有 $K=f^{-1}(H)$ 是 $\mathbf{Z}$ 的子群，根据定理 7.5.1，$K$ 是循环群，所以 $H=f(K)$ 是循环群，证毕.

**定理 7.5.5** 设 $G$ 是循环群，$G=\langle a\rangle$，如果 $G$ 是无限的，则 $G$ 的生成元为 $a$ 和 $a^{-1}$，如果 $G$ 是有限阶 $m$，则 $a^k$ 是 $G$ 的生成元当且仅当 $(k, m)=1$.

**证** 考虑 $\mathbf{Z}$ 到循环群 $G$ 的映射 $f$:

$$f: n\to a^n,$$

$f$ 是同态映射，根据定理 7.4.2，我们有

$$\mathbf{Z}/\ker f\cong G.$$

因为 $G$ 中的生成元对应于 $\mathbf{Z}/\ker f$ 中的生成元，但 $\ker f=\langle 0\rangle$ 时，$\mathbf{Z}/\ker f$ 的生成元是 1 和 −1；$\ker f=m\mathbf{Z}$，$m>0$ 时，$\mathbf{Z}/\ker f$ 的生成元是 $k$，$(k, m)=1$，因此，结论成立，证毕.

## 7.6 置换群

我们进一步研究对称群 $S_n$，设 $S=\{1, 2, \cdots, n-1, n\}$，$\sigma$ 是 $S$ 上的一个置换，即 $\sigma$ 是 $S$ 到自身的一一对应的映射：

$$\sigma: S\to S,$$
$$k\to\sigma(k)=i_k.$$

因为 $k$ 在 $\sigma$ 下的像是 $i_k$，所以，可将 $\sigma$ 表示成

$$\sigma=\begin{pmatrix}1 & 2 & \cdots & n-1 & n\\ \sigma(1) & \sigma(2) & \cdots & \sigma(n-1) & \sigma(n)\end{pmatrix}=\begin{pmatrix}1 & 2 & \cdots & n-1 & n\\ i_1 & i_2 & \cdots & i_{n-1} & i_n\end{pmatrix}.$$

当然可写成

$$\sigma=\begin{pmatrix}n & n-1 & \cdots & 2 & 1\\ i_n & i_{n-1} & \cdots & i_2 & i_1\end{pmatrix}=\begin{pmatrix}j_1 & j_2 & \cdots & j_{n-1} & j_n\\ i_{j_1} & i_{j_2} & \cdots & i_{j_{n-1}} & i_{j_n}\end{pmatrix}$$

其中，$j_1, j_2, \cdots, j_{n-1}, j_n$ 是 $1, 2, \cdots, n-1, n$ 的一个排列.

**例 7.6.1** 设 $\sigma=\begin{pmatrix}1&2&3&4&5&6\\6&5&4&3&1&2\end{pmatrix}$，$\tau=\begin{pmatrix}1&2&3&4&5&6\\5&6&4&2&3&1\end{pmatrix}$，计算 $\sigma\tau$，$\tau\sigma$，$\sigma^{-1}$.

**解**
$$\sigma\cdot\tau=\begin{pmatrix}1&2&3&4&5&6\\6&5&4&3&1&2\end{pmatrix}\begin{pmatrix}1&2&3&4&5&6\\5&6&4&2&3&1\end{pmatrix}$$

$$=\begin{pmatrix}5&6&4&2&3&1\\1&2&3&5&4&6\end{pmatrix}\begin{pmatrix}1&2&3&4&5&6\\5&6&4&2&3&1\end{pmatrix}$$

$$=\begin{pmatrix}1&2&3&4&5&6\\1&2&3&5&4&6\end{pmatrix},$$

$$\tau\cdot\sigma=\begin{pmatrix}6&5&4&3&1&2\\1&3&2&4&5&6\end{pmatrix}\begin{pmatrix}1&2&3&4&5&6\\6&5&4&3&1&2\end{pmatrix}$$

$$=\begin{pmatrix}1&2&3&4&5&6\\1&3&2&4&5&6\end{pmatrix},$$

$$\sigma^{-1}=\begin{pmatrix}6&5&4&3&1&2\\1&2&3&4&5&6\end{pmatrix}\begin{pmatrix}1&2&3&4&5&6\\5&6&4&3&2&1\end{pmatrix}.$$

**定理 7.6.1** $n$ 元置换全体组成的集合 $S_n$ 对置换的乘法构成一个群，其阶是 $n!$.

**证** 因为一一对应的映射的乘积仍是一一对应的，且该乘积满足结合律，所以置换的乘法满足结合律.

又 $n$ 元恒等置换 $e=\begin{pmatrix}1&2&\cdots&n-1&n\\1&2&\cdots&n-1&n\end{pmatrix}$ 是单位元.

置换 $\sigma=\begin{pmatrix}1&2&\cdots&n-1&n\\i_1&i_2&\cdots&i_{n-1}&i_n\end{pmatrix}$ 有逆元 $\sigma^{-1}=\begin{pmatrix}i_1&i_2&\cdots&i_{n-1}&i_n\\1&2&\cdots&n-1&n\end{pmatrix}$.

因此，$S_n$ 对置换的乘法构成一个群.

因为 $(1, 2, \cdots, n-1, n)$ 在置换 $\sigma$ 下的像 $(\sigma(1), \sigma(2), \cdots, \sigma(n-1), \sigma(n))$ 是 $(1, 2, \cdots, n-1, n)$ 的一个排列，这样的排列共有 $n!$ 个，所以 $S_n$ 的阶为 $n!$，证毕.

如果 $n$ 元置换 $\sigma$ 使得 $\{1, 2, \cdots, n-1, n\}$ 中的一部分元素 $\{i_1, i_2, \cdots, i_{k-1}, i_k\}$ 满足 $\sigma(i_1)=i_2, \cdots, \sigma(i_{k-1})=i_k$，$\sigma(i_k)=i_1$，又使得余下的元素保持不变，则称该置换为 $k$-轮换，简称轮换，记作

$$\sigma=(i_1, i_2, \cdots, i_{k-1}, i_k),$$

$k$ 称为轮换的长度，$k=1$ 时，1-轮换为恒等置换；$k=2$ 时，2-轮换 $(i_1, i_2)$ 称为对换.

两个轮换 $\sigma=(i_1, i_2, \cdots, i_{k-1}, i_k)$，$\tau=(j_1, j_2, \cdots, j_{l-1}, j_l)$ 称为不相交，如果 $k+l$ 个元素都是不同的.

**定理 7.6.2** 任意一个置换都可以表示为一些不相交轮换的乘积，在不考虑乘积次序的情况下，该表达式是唯一的.

**例 7.6.2** $\sigma=\begin{pmatrix}1&2&3&4&5&6\\6&5&2&1&3&4\end{pmatrix}=(1, 6, 4)(2, 5, 3)$.

对于轮换 $\sigma=(i_1, i_2, \cdots, i_{k-1}, i_k)$，有

$$\sigma=(i_1, i_2, \cdots, i_{k-1}, i_k)=(i_1, i_k)(i_1, i_{k-1})\cdots(i_1, i_3)(i_1, i_2).$$

本例中 $\sigma=\begin{pmatrix}1&2&3&4&5&6\\6&5&2&1&3&4\end{pmatrix}=(1, 6, 4)(2, 5, 3)=(1, 4)(1, 6)(2, 3)(2, 5)$.

**定义 7.6.1** $n$ 元排列 $i_1, \cdots, i_k, \cdots, i_l, \cdots, i_n$ 的一对有序元素 $(i_k, i_l)$ 称为逆序，如果 $k<l$ 时，$i_k>i_l$，排列中逆序的个数称为该排列的逆序数，记为 $[i_1, \cdots, i_n]$.

**定理 7.6.3** 任意一个置换 $\sigma$ 都可以表示为一些对换的乘积，且对换个数的奇偶性与排列的逆序数 $[\sigma(1), \cdots, \sigma(n)]$ 的奇偶性相同.

**定义 7.6.2**　如果一个置换 $\sigma$ 可以表示为偶数个对换的乘积，则称它为偶置换；如果 $\sigma$ 可以表示为奇数个对换的乘积，则称它为奇置换.

记 $A_n$ 为 $n$ 元偶置换全体组成的集合：

**定理 7.6.4**　$A_n$ 对置换的乘法构成一个群，其阶是 $n!/2$.

**证**　因为偶置换与偶置换的乘积是偶置换，恒等置换是偶置换，偶置换的逆置换是偶置换，所以，$A_n$ 对置换的乘法构成一个群.

因为奇置换与偶置换的乘积是奇置换，所以 $n$ 元奇置换全体组成的集合为 $\tau A_n=\{\tau\sigma \mid \sigma\in A_n\}$，其中 $\tau$ 是任一给定的奇置换，因此，取定一个奇置换 $\tau$，我们有

$$S_n=A_n\cup\tau A_n \text{ 以及 } |S_n|=|A_n|+|\tau A_n|=2A_n\text{，故 } |A_n|=n!/2\text{，证毕.}$$

$A_n$ 称为交错群.

由 $n$ 元置换构成的群称为 $n$ 元置换群.

**例 7.6.3**　设 $\sigma=(1,2,3)$，因为 $\sigma^2=(1,3,2)$，$\sigma^3=(1)=e$，所以循环群 $G=\langle\sigma\rangle=\{e,(1,2,3),(1,3,2)\}$ 是三元置换群.

**定理 7.6.5(Cayley 定理)**　设 $G$ 是一个 $n$ 元群，则 $G$ 同构于一个 $n$ 元置换群.

定理 7.6.5 是群论中的一个重要定理，它揭示了置换群与抽象群之间的关系.

## 习题 7

1. 若群 $G$ 的每一个元素 $x$，都有 $x^2=e$($e$ 为 $G$ 的单位元)，则 $G$ 是交换群.

2. 证明：群 $G$ 是交换群的充要条件是对任意的 $a,b\in G$，有 $(ab)^2=a^2b^2$.

3. $G$ 是群，证明：

$$|a|=|a^{-1}|,\quad \forall a\in G.$$

4. $G$ 是有限群，则 $G$ 中阶大于 2 的元的个数一定是偶数个.

5. 设 $G$ 是交换群，$H=\{x\in G \mid x^2=e\}$，证明：$H\leqslant G$.

6. $G$ 是群，$a\in G$，则 $\langle a\rangle\leqslant G$.

7. 设 $G$ 是一个群，$\mathrm{cent}(G)=\{a\in G \mid ab=ba \text{ 对任意 } b\in G\}$. 证明：$\mathrm{cent}(G)$ 是 $G$ 的正规子群.

8. 设 $H$ 是群 $G$ 的子群，在 $G$ 中定义关系 $R$：$aRb$，如果 $b^{-1}a\in H$，证明：

(1) $R$ 是等价关系；

(2) $aRb$ 的充要条件是 $aH=bH$.

9. 证明：交换群的商群是交换群.

10. 给出 $F_7$ 中的加法表和乘法表.

11. 证明：设 $H\leqslant G$，$|G:H|=2$，则 $H$ 是 $G$ 的正规子群.

12. 求加群 $\mathbf{Z}/m\mathbf{Z}$ 的所有子群.

13. 设 $r,s$ 是整数，证明：

(1) 在 $(\mathbf{Z},+)$ 中，$\langle r\rangle=\langle s\rangle\Leftrightarrow r=\pm s$；

(2) 在 $(\mathbf{Z}/m\mathbf{Z},\oplus)$ 中，$\langle[r]\rangle=\langle[s]\rangle\Leftrightarrow(s,m)=(r,m)$.

14. 证明：循环群是交换群.

15. 设 $p$ 是奇素数，证明：乘群 $F_p^*=F_p\setminus\{0\}$ 是同构于加群 $\mathbf{Z}/(p-1)\mathbf{Z}$ 的循环群.

16. 在 $S_{10}$ 中，将 $\sigma=\begin{pmatrix}1&2&3&4&5&6&7&8&9&10\\2&3&1&6&4&5&9&10&8&7\end{pmatrix}$ 写成若干个不相交的轮换的积.

17. 写出 $S_4$ 的所有元素.

18. 设 $H=\{\sigma_0, \sigma_1, \sigma_2, \sigma_3\}$，其中，$\sigma_0=(1)$，$\sigma_1=(1,2)(3,4)$，$\sigma_2=(1,3)(2,4)$，$\sigma_3=(1,4)(2,3)$，

证明：$H\leqslant S_4$.

# 第8章 环与域

上一章讨论了群这一代数系统，本章我们将介绍另一个代数系统——环．与群不同的是，环有两个代数运算，环的结构比群的结构要复杂(域是一种特殊的环)，因此环论中有许多特有的性质.

## 8.1 环的定义与基本性质

**定义 8.1.1** 设 $R$ 是非空集合，“+”，“·”是 $R$ 的两个代数运算，如果

(1) $(R, +)$ 是交换群；

(2) $(R, \cdot)$ 是半群；

(3) $\forall a, b, c \in R$,

$$a\cdot(b+c)=(a\cdot b)+(a\cdot c) \qquad (\text{左分配律}),$$
$$(a+b)\cdot c=(a\cdot c)+(b\cdot c) \qquad (\text{右分配律}),$$

则 $R$ 称为环.

若 $\forall a, b \in R$，有 $ab=ba$，则 $R$ 称为交换环；若 $\forall a \in R$，存在 $1_R$，使得 $a1_R=1_Ra=a$，则 $R$ 称为有单位元环(含幺环)．环具有下列一些基本性质：

**定理 8.1.1** 设 $R$ 是一个环，则

(1) 对任意 $a\in R$，有 $0a=a0=0$；

(2) 对任意 $a, b\in R$，有 $(-a)b=a(-b)=-ab$；

(3) 对任意 $a, b\in R$，有 $(-a)(-b)=ab$；

(4) 对任意 $n\in \mathbf{Z}$，任意 $a, b\in R$，有 $(na)b=a(nb)=nab$；

(5) 对任意 $a_i, b_i\in R$，有

$$\left(\sum_{i=1}^{n} a_i\right)\left(\sum_{j=1}^{m} b_j\right)=\left(\sum_{i=1}^{n}\sum_{j=1}^{m} a_ib_j\right).$$

**证** (1) 因为 $0a=(0+0)a=0a+0a$，所以 $0a=0$，同样，$a0=0$.

(2) 因为 $(-a)b+ab=((-a)+a)b=0a=0$，$a(-b)+ab=a((-b)+b)=a0=0$，所以 $(-a)b=a(-b)=-ab$.

(3)，(4) 和 (5) 可由 (1) 和 (2) 得到.

**定理 8.1.2** 设 $R$ 是有单位元的环，设 $n$ 是正整数，$a, b, a_1, \cdots, a_r\in R$.

(1) 如果 $ab=ba$，则

$$(a+b)^n=\sum_{k=0}^{n}\frac{n!}{k!\ (n-k)!}a^kb^{n-k}.$$

(2) 如果 $a_ia_j=a_ja_i$，$1\leqslant i, j\leqslant r$，则

$$(a_1+\cdots+a_r)^n=\sum_{i_1+\cdots+i_n=n}\frac{n!}{i_1!\ \cdots i_r!}(a_1^{i_1}\cdots a_r^{i_r}).$$

**例 8.1.1** 整数环 **Z**.

**Z** 对于普通加法 $a+b$ 构成一个交换加群，零元为 0，$a$ 的负元为$-a$. **Z** 对于普通乘法 $a\cdot b$，满足结合律和交换律，有单位元 1，并且有分配律，因此，**Z** 是有单位元的交换环．类似地，有理数集、实数集、复数集、偶数集在相应的运算下，也构成环.

**例 8.1.2** 多项式环 $\mathbf{R}[X]$.

设 **R** 为实数环，以 $\mathbf{R}[X]$表示系数属于 **R** 的多项式所构成的集合，当$f(x)=a_nx^n+\cdots+a_1x+a_0$，$g(x)=b_nx^n+\cdots+b^1x+b_0\in\mathbf{R}[X]$时．在$\mathbf{R}[X]$上定义加法

$$(f+g)(x)=(a_n+b_n)x^n+\cdots+(a_1+b_1)x+(a_0+b_0),$$

则 $\mathbf{R}[X]$对于该加法构成一个交换加群. 零元为 0，$f(x)$的负元为$(-f)(x)=(-a_n)x^n+\cdots+(-a_1)x+(-a_0)$.

设$f(x)=a_nx^n+\cdots+a_1x+a_0$，$a_n\neq0$，$g(x)=b_mx^m+\cdots+b^1x+b_0$，$b_m\neq0$.

在 $\mathbf{R}[X]$上定义乘法

$$(f\cdot g)(x)=c_{n+m}x^{n+m}+\cdots+c_1x+c_0,$$

其中，$c_k=\sum\limits_{i+j=k}a_ib_j$，$0\leqslant k\leqslant n+m$，即

$$c_{n+m}=a_nb_m,\ c_{n+m-1}=a_nb_{m-1}+a_{n-1}b_m,\ \cdots,\ c_0=a_0b_0,$$

$\mathbf{R}[X]$对于该乘法，满足结合律和交换律，有单位元 1，并且有分配律.

因此，$\mathbf{R}[X]$是有单位元的交换环.

**例 8.1.3** $(\mathbf{Z}/n\mathbf{Z},\oplus,\otimes)$构成模 $n$ 的剩余类环(证明留给读者).

**例 8.1.4** 设集合 $\mathbf{Z}[\mathrm{i}]=\{a+b\mathrm{i}\mid a,\ b\in\mathbf{Z}\}$，则 $\mathbf{Z}[\mathrm{i}]$关于数的加法和乘法构成环.

**证** $0+0\mathrm{i}\in\mathbf{Z}[\mathrm{i}]$，$\mathbf{Z}[\mathrm{i}]\neq\varnothing$．任意 $a+b\mathrm{i}$，$c+d\mathrm{i}\in\mathbf{Z}[\mathrm{i}]$，有

$$(a+b\mathrm{i})+(c+d\mathrm{i})=(a+c)+(b+d)\mathrm{i}\in\mathbf{Z}[\mathrm{i}],\ (a+b\mathrm{i})\ (c+d\mathrm{i})=(ac-bd)+(ad+bc)\mathrm{i}\in\mathbf{Z}[\mathrm{i}].$$

$$0+(a+b\mathrm{i})=a+b\mathrm{i},\ (a+b\mathrm{i})+(-a-b\mathrm{i})=0.$$

数的加法满足结合律、交换律，数的乘法满足结合律，乘法对加法满足左、右分配律．所以，$(\mathbf{Z}[\mathrm{i}],+)$是交换群，$(\mathbf{Z}[\mathrm{i}],\cdot)$是半群，乘法对加法满足分配律，因而，$(\mathbf{Z}[\mathrm{i}],+,\cdot)$构成环.

**定义 8.1.2** 设 $a$ 是环 $R$ 中的一个非零元，如果存在非零元 $b\in R$(对应地，$c\in R$)使得 $ab=0$(对应地，$ca=0$)，$a$ 称为左零因子(对应地，右零因子)，如果它同时为左零因子和右零因子，则 $a$ 称为零因子.

**例 8.1.5** $\mathbf{Z}/6\mathbf{Z}=\{\bar{0},\ \bar{1},\ \bar{2},\ \bar{3},\ \bar{4},\ \bar{5}\}$是一个有零因子环，因为 $\bar{2}\times\bar{3}=0$.

**定义 8.1.3** 设 $a$ 是有单位元 $1_R$的环 $R$ 中的一个元，如果存在元 $b\in R$(对应地，$c\in R$)使得 $ab=1_R$(对应地，$ca=1_R$)，这时，$a$ 称为左逆元(对应地，右逆元)，$b$ 称为 $a$ 的右逆(对应地，$c$ 称为 $a$ 的左逆)，如果 $a$ 同时为左逆元和右逆元，则称它为逆元.

**定义 8.1.4** 设 $R$ 是一个交换环，如果 $R$ 中有单位元，但没有零因子，我们称 $R$ 为整环.

**定义 8.1.5** 设 $R$ 是一个交换环，$a$，$b\in R$，$b\neq0$，如果存在一个元素 $c\in R$，使得 $a=bc$，就称 $b$ 整除 $a$ 或者 $a$ 被 $b$ 整除，记作 $b\mid a$. 这时，$b$ 称为 $a$ 的因子，$a$ 称为 $b$ 的倍元.

如果 $b$，$c$ 都不是单位元，就称 $b$ 为 $a$ 的真因子.

$R$ 中的元素 $p$ 称为不可约元或素元，如果 $p$ 不是单位元，且没有真因子，也就是说，如果有元素 $b$，$c\in R$，使得 $p=bc$，则 $b$ 或 $c$ 一定是单位元.

如果存在可逆元 $u\in R$，使得 $a=bu$，两个元素 $a$，$b\in R$ 称为相伴的.

相应于群的同态与同构，我们同样可以给出环的同态和同构.

**定义 8.1.6** 设 $R$，$R'$是两个环，我们称映射 $f$：$R\to R'$为环同态，如果 $f$ 满足如下条件：

(1)对任意的 $a$，$b\in R$，都有 $f(a+b)=f(a)+f(b)$；

(2)对任意的 $a$，$b\in R$，都有 $f(ab)=f(a)f(b)$.

如果 $f$ 是一对一的，则称 $f$ 为单同态；如果 $f$ 是满的，则称 $f$ 为满同态；如果 $f$ 是一一对应的，则称 $f$ 为同构.

**定义 8.1.7** 设 $R$，$R'$是两个环，如果存在一个 $R$ 到 $R'$的同构，我们称 $R$ 与 $R'$环同构.

## 8.2 域和特征

**定义 8.2.1** 设 $R$ 为一个至少含 2 个元素的环，如果 $R$ 中有单位元，且每个非零元都是可逆元，即 $R$ 对于加法构成一个交换群，$R^*=R\setminus\{0\}$ 对于乘法构成一个群，则称 $R$ 是一个除环.

交换除环称为域.

下面介绍一种特殊形式的域——分式域：

设 $A$ 是一个整环，令 $E=A\times A^*$，在 $E$ 上定义关系 $R$：$(a, b)R(c, d)$，如果 $ad=bc$，则 $R$ 是 $E$ 上的等价关系，即有

(1)自反性：对任意$(a, b)\in E$，有$(a, b)R(a, b)$；

(2)对称性：如果$(a, b)R(c, d)$，则$(c, d)R(a, b)$；

(3)传递性：如果$(a, b)R(c, d)$和$(c, d)R(e, f)$，则$(a, b)R(e, f)$.

记$\frac{a}{b}=C_{(a,b)}=\{(e, f)\in E\mid(a, b)R(e, f)\}$为$(a, b)$的等价类.

在商集 $E/R$ 上定义加法和乘法如下：

$$\frac{a}{b}+\frac{c}{d}=\frac{ad+bc}{bd},$$

$$\frac{a}{b}\cdot\frac{c}{d}=\frac{ac}{bd},$$

则 $E/R$ 关于加法构成一个交换群，零元为$\frac{0}{b}$，$\frac{a}{b}$的负元为$\frac{-a}{b}$.

$(E/R)^*=E/R\setminus\left\{\frac{0}{b}\right\}$关于乘法构成一个交换群，单位元为$\frac{b}{b}$，$\frac{a}{b}$的逆元为$\frac{b}{a}$.

因此，$E/R$ 构成一个域，称为 $A$ 的分式域.

**定理 8.2.1** 交换环 $A$ 有分式域的充要条件是 $A$ 为整环.

**例 8.2.1** 取 $A=\mathbf{Z}$，则 $\mathbf{Z}$ 是一个整环，从而有分式域，称为 $\mathbf{Z}$ 的有理数域，记为 $\mathbf{Q}$.

**例 8.2.2** 取 $A=\mathbf{Z}/p\mathbf{Z}$，其中 $p$ 为素数，则 $A$ 是一个整环，从而有分式域，称为 $\mathbf{Z}/p\mathbf{Z}$ 的 $p$-元域，记为 $F_p$ 或 $GF(p)$.

**例 8.2.3** 设$K$是一个域，则$A=K[X]$是一个整环，从而有分式域，称为$K[X]$的多项式分式域，记为$K(X)$，即

$$K(X)=\left\{\frac{f(X)}{g(X)} \mid f(X),\ g(X)\in K(X),\ g(X)\neq 0\right\}$$

**定义 8.2.2** 设$R$是一个环，如果存在一个最小正整数$n$，使得对任意$a\in R$，都有$na=0$，则称环$R$的特征为$n$，如果不存在这样的正整数，则称环$R$的特征为0.

**定理 8.2.2** 如果域$K$的特征不为零，则其特征为素数.

**证** 设域$K$的特征为$n$. 如果$n$不是素数，则存在整数$1<n_1$，$n_2<n$，使得$n=n_1n_2$. 从而，$(n_1 1_K)(n_2 1_K)=(n_1n_2)1_K=0$. 因为域$K$无零因子，所以$(n_1 1_K)=0$或$(n_2 1_K)=0$，这与特征$n$的最小性矛盾，证毕.

**定理 8.2.3** 设$R$是有单位元的交换环，如果环$R$的特征是素数$p$，则对任意$a$，$b\in R$，有

$$(a+b)^p=a^p+b^p.$$

**证** 根据定理 8.1.2，则有

$$(a+b)^p=a^p+\sum_{k=1}^{p-1}\frac{p!}{(p-k)!}a^k b^{p-k}+b^p,$$

对于$1\leqslant k\leqslant p-1$，有$(p,\ k!\,(p-k)!)=1$，从而$p\mid p\dfrac{(p-1)!}{k!\,(p-k)!}$，这样，由$R$的特征是素数$p$，得到$\dfrac{p!}{k!\,(p-k)!}a^k b^{p-k}=0$. 因此，结论成立，证毕.

**定理 8.2.4** 设$p$是一个素数，设$f(x)=a_nx^n+\cdots+a_1x+a_0$是整系数多项式，则

$$f(x)^p\equiv f(x^p)\ (\mathrm{mod}\ p).$$

**证** 在域$F_p$上的多项式环$F_p[x]$上，根据定理 8.2.3，则有

$$f(x)^p\equiv(a_nx^n)^p+\cdots+(a_1x)^p+{a_0}^p\equiv a_n(x^p)^n+\cdots+a_1(x^p)+a_0\equiv f(x^p)\ (\mathrm{mod}\ p),$$

也就是，

$$f(x)^p\equiv f(x^p)\ (\mathrm{mod}\ p).$$

**注：** 环的定义示图如下图所示：

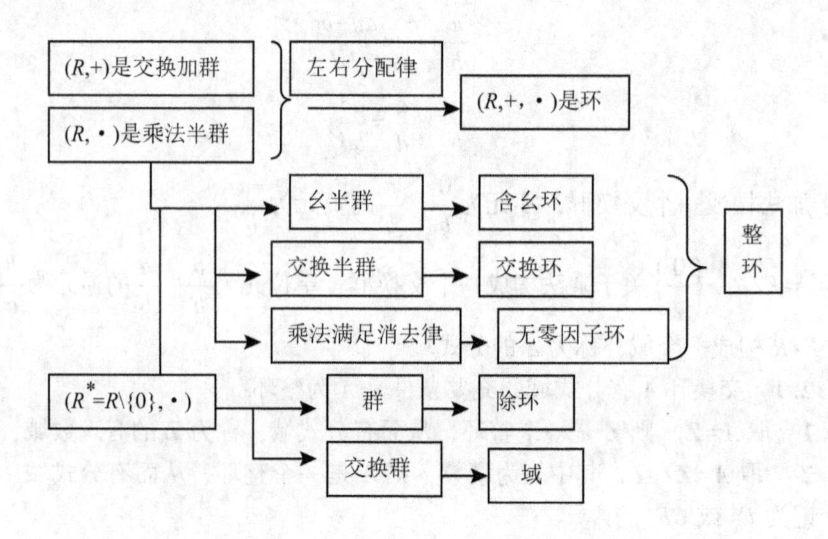

## 8.3　理　　想

首先，我们引入子环的概念：

**定义 8.3.1**　设 $S$ 是环 $R$ 的非空子集，如果 $S$ 关于环 $R$ 的加法和乘法构成环，则称 $S$ 是 $R$ 的子环.

关于子环，有如下判定定理.

**定理 8.3.1**　设 $S$ 是环 $R$ 的非空子集，则 $S$ 是 $R$ 的子环的充要条件是：$\forall a$，$b \in S$，有 $a-b, ab \in S$.

**证**　必要性　若 $S$ 是 $R$ 的子环，则 $S$ 是环，$\forall a$，$b \in S$，必有 $a-b$，$ab \in S$.

充分性　$S$ 是环$(R, +, \cdot)$的非空子集，$\forall a$，$b \in S$，$a-b \in S$，则$(S, +) \leqslant (R, +)$，并且$(S, +)$是交换群，由 $ab \in S$，知$(S, \cdot)$是$(R, \cdot)$的子半群.

$R$ 中乘法对加法满足左、右分配律，$S$ 是 $R$ 的子集，且运算与 $R$ 相同，因而 $S$ 中乘法对加法也满足左、右分配律，$S$ 构成环，是 $R$ 的子环.

**定义 8.3.2**　设 $R$ 是一个环，$I$ 是 $R$ 的子环，如果对任意的 $r \in R$ 和对任意的 $a \in I$，都有 $ra \in I$，则 $I$ 称为 $R$ 的左理想都有；如果对任意的 $r \in R$ 和对任意的 $a \in I$，则 $I$ 称为 $R$ 的右理想；如果 $R$ 同时为左理想和右理想，则 $I$ 称为 $R$ 的理想.

**例 8.3.1**　$\{0\}$ 和 $R$ 都是 $R$ 的理想，称为 $R$ 的平凡理想.

**例 8.3.2**　设 $R$ 是环，

$$C = \{a \in R \mid ax = xa, \ \forall x \in R\},$$

则 $C$ 是 $R$ 的子环，但 $C$ 不一定是理想.

**证**　$\forall x \in R$，$0x = 0 = x0$，$0 \in C$，$C \neq \varnothing$；

$$\forall a, \ b \in C, \ ax = xa, \ bx = xb,$$
$$(a-b)x = ax - bx = xa - xb = x(a-b)$$
$$(ab)x = a(bx) = (ax)b = x(ab),$$

所以，$a-b$，$ab \in C$，$C$ 是 $R$ 的子环，

$$\forall r \in R, \ a \in C, \ x \in R,$$

$(ra)x = r(ax) = r(xa) = (rx)a$，但一般 $rx \neq xr$，故一般不能推出$(ra)x = x(ra)$，所以 $C$ 不一定是 $R$ 的理想.

注意，(1) 例 8.3.2 中的 $R$ 的子环 $C$ 称为环 $R$ 的中心 .

(2)理想在环论中所处的地位与正规子群在群论中所处的地位相当 . 但是，我们不能把群论中有关正规子群的结论完全照搬到理想 .

例如，群论中“群 $G$ 的中心是 $G$ 的正规子群”，但环 $R$ 的中心却不一定是 $R$ 的理想.

除了定义外，我们还可以给出下面的理想判定定理.

**定理 8.3.2**　环 $R$ 的非空子集 $I$ 是左(对应地，右)理想的充要条件是：

(1)对任意的 $a$，$b \in I$，都有 $a-b \in I$；

(2)对任意的 $r \in R$ 和对任意的 $a \in I$，都有 $ra \in I$(对应地，$ar \in I$).

**证**　必要性是显然的，我们证明充分性，由(1)和(2)立即知道 $I$ 是 $R$ 的子环.

**推论 8.3.1**　设$\{A_i\}_{i \in I}$是环 $R$ 中的一族(左)理想，则 $\cap_{i \in I} A_i$ 也是一个(左)理想.

下面我们讨论主理想.

**定义 8.3.3** 设 $X$ 是环 $R$ 的一个子集，设 $\{Ai\}_{i\in I}$ 是环 $R$ 中包含 $X$ 的所有(左)理想，则 $\bigcap_{i\in I} A_i$ 称为由 $X$ 生成的(左)理想，记为 $(X)$.

$X$ 中的元素称为理想 $(X)$ 的生成元，如果 $X=\{a_1, \cdots, a_n\}$，则理想 $(X)$ 记为 $(a_1, \cdots, a_n)$，称为有限生成的．由一个元素生成的理想 $(a)$ 称为主理想.

**定理 8.3.3** 设 $R$ 是环，$a\in R$，则

(1) 主理想 $(a)$ 为

$$(a)=\{ra+ar'+na+\sum_{i=1}^{m} r_i a s_i \mid r, s, r_i, s_i \in R, m\in \mathbf{N}, n\in \mathbf{Z}\},$$

(2) 如果 $R$ 有单位元 $1_R$，则

$$(a)=\{\sum_{i=1}^{m} r_i a s_i \mid r_i, s_i \in R, m\in \mathbf{N}\};$$

(3) 如果 $a$ 在 $R$ 的中心，则

$$(a)=\{ra+na \mid r\in R, n\in \mathbf{Z}\};$$

(4) $Ra=\{ra\mid r\in R\}$（对应地，$aR=\{ar\mid r\in R\}$）是 $R$ 中的左(对应地，右)理想，如果 $R$ 有单位元，则 $a\in Ra$，$a\in aR$.

**证** (1) 根据理想的定义，易知

$$I=\{ra+ar'+na+\sum_{i=1}^{m} r_i a s_i \mid r, s, r_i, s_i \in R, m\in \mathbf{N}, n\in \mathbf{Z}\}$$

是一个包含 $a$ 的理想，同时，包含 $a$ 的任一理想一定包含 $I$，所以 $I=(a)$.

(2) 如果 $R$ 有单位元 $1_R$，则有

$$ra=ra1_R,\ ar'=1_R ar',\ na=(n1_R)a,$$

因此，(2) 成立，

(3) 如果 $a$ 在 $R$ 的中心，则有

$$ar'=r'a,\ \sum_{i=1}^{m} r_i a s_i=(\sum_{i=1}^{m} r_i s_i)a,$$

因此，(3) 成立.

由 (2) 和 (3) 即可得到 (4)，证毕.

如果 $R$ 的所有理想都是主理想，则环 $R$ 称为主理想环.

**例 8.3.3** $\mathbf{Z}$ 是主理想环.

**证** 设 $I$ 是 $\mathbf{Z}$ 中的一个非零理想，当 $a\in I$ 时，有 $0=0a\in I$ 及 $-a=(-1)a\in I$. 因此，$I$ 中有正整数存在．设 $d$ 是 $I$ 中的最小正整数，则 $I=(d)$．事实上，对任意 $a\in I$，存在整数 $q$，$r$，使得

$$a=dq+r,\ 0\leqslant r<d,$$

这样，由 $a\in I$ 及 $dq\in I$，得到 $r=a-dq\in I$，但 $r<d$ 以及 $d$ 是 $I$ 中的最小正整数，因此，$r=0$，$a=dq\in(d)$，从而 $I\subset(d)$．又显然有 $(d)\subset I$，故 $I=(d)$，故 $\mathbf{Z}$ 是主理想环.

**例 8.3.4** 整数环上的多项式环 $\mathbf{Z}[X]$ 不是主理想环.

**证** 可以证明 $\mathbf{Z}[X]$ 的理想 $(2, x)$ 不是主理想.

反证法．若 $(2, x)$ 是主理想，设 $(2, x)=(g(x))$，则 $2, x\in(g(x))$.

由于 $\mathbf{Z}[X]$ 是有单位元的交换环，故可令

$$2=s(x)g(x),\quad x=t(x)g(x),$$

这里只有 $g(x)=\pm1$. 但因为 $(2, x)$ 显然是由常数项为偶数的所有整系数多项式作成的理想，故 $\pm1\notin(2, x)$，矛盾.

因此，$\mathbf{Z}[X]$ 的理想 $(2, x)$ 不是主理想，从而 $\mathbf{Z}[X]$ 不是主理想环.

下面的定理给出了理想的一些运算性质：

**定理 8.3.4** 设 $A$，$A_1$，$A_2$，…，$A_n$，$B$ 和 $C$ 是环 $R$ 的(左)理想，则

(1) $A_1+A_2+\cdots+A_n$ 和 $A_1A_2\cdots A_n$ 是(左)理想；

(2) $(A+B)+C=A+(B+C)$；

(3) $(AB)C=ABC=A(BC)$；

(4) $B(A_1+A_2+\cdots+A_n)=BA_1+BA_2+\cdots+BA_n$，$(A_1+A_2+\cdots+A_n)C=A_1C+A_2C+\cdots+A_nC$.

正规子群在群论中的重要意义是，由它可以产生商群，并能得到一系列重要结论．同样，利用理想也可以产生一些新的环，而且由此也可以得到环论中的很多重要结论.

设 $R$ 是一个环，$I$ 是 $R$ 的一个理想，则 $I$ 是 $(R, +)$ 的一个正规子群，因此可定义加法运算，$(a+I)+(b+I)=(a+b)+I$，商群 $R/I$ 存在.

对于乘法，当 $a+I=a'+I$，$b+I=b'+I$ 时，由 $I$ 是理想，可证明 $(a+I)(b+I)=(a'+I)(b'+I)$.

故在 $R/I$ 上可定义乘法运算 $(a+I)(b+I)=ab+I$.

易证对于乘法，有结合律成立.

因此，我们有

**定理 8.3.5** 设 $R$ 是一个环，$I$ 是 $R$ 的一个理想，则 $R/I$ 对于加法运算

$$(a+I)+(b+I)=(a+b)+I$$

和乘法运算

$$(a+I)(b+I)=ab+I$$

构成一个环，当 $R$ 是交换环或有单位元时，$R/I$ 也是交换环或有单位元.

定理中的 $R/I$ 称为 $R$ 关于 $I$ 的商环.

相对于群论中的自然同态和同态定理，我们有环的自然同态和环的同态定理.

**定理 8.3.6** 设 $f$ 是环 $R$ 到环 $R'$ 的同态，则 $f$ 的核 $\ker f$ 是 $R$ 的理想．反过来，如果 $I$ 是环 $R$ 的理想，则映射

$$s: R\to R/I,$$
$$r\to r+I$$

是核为 $I$ 的同态.

映射 $s: R\to R/I$ 称为 $R$ 到 $R/I$ 的自然同态.

**定理 8.3.7** 设 $f$ 是环 $R$ 到环 $R'$ 的同态，则存在唯一的 $R/\ker f$ 到像子环 $f(R)$ 的同构 $\bar{f}$：$r+I\to f(r)$ 使得 $f=i\circ\bar{f}\circ s$，其中 $s$ 是环 $R$ 的商环 $R/\ker f$ 的自然同态，$i$：$c\to c$ 是 $f(R)$ 到 $R'$ 的恒等同态，即有如下的交换图 8.1.

下面给出另外两个重要的概念——素理想和最大理想.

**定义 8.3.4** 设 $P$ 是环 $R$ 的理想，如果 $P\neq R$，且对任意的理想 $A$，$B$，$AB\subset P$，有 $A\subset P$ 或 $B\subset P$，则 $P$ 称为 $R$ 的素理想.

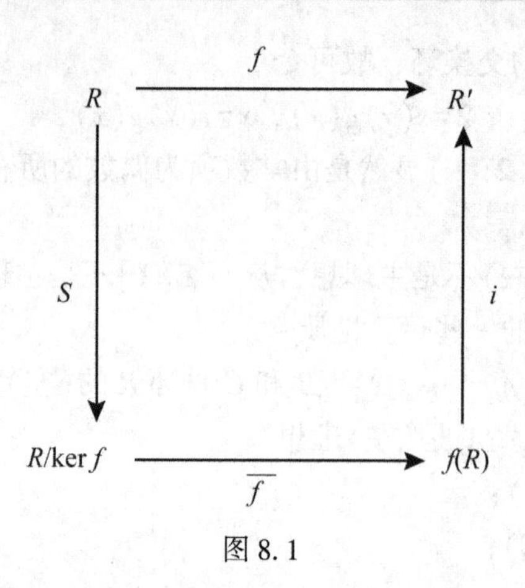


图 8.1

**定理 8.3.8** 设 $P$ 是环 $R$ 的理想，如果 $P\neq R$，且对任意的 $a$，$b\in R$，当 $ab\in P$ 时，有 $a\in P$ 或 $b\in P$，则 $P$ 是素理想．反过来，如果 $P$ 是素理想，且 $R$ 是交换环，则上述结论也成立.

**证** 必要性 如果理想 $A$，$B$ 使得 $AB\subset P$，$A\not\subset P$，则存在元素 $a\in A$，$a\notin P$. 对任意元素 $b\in B$，根据假设，从 $ab\in AB\subset P$ 及 $a\notin P$ 可得到 $b\in P$. 这说明，$B\subset P$，因此，$P$ 是素理想.

反过来，设 $P$ 是素理想，且 $R$ 是交换环，则对任意的 $a$，$b\in R$，满足 $ab\in P$，有 $(a)(b)=(ab)\subset P$. 根据素理想的定义，则有 $(a)\subset P$ 或 $(b)\subset P$. 由此得到，$a\in P$ 或 $b\in P$，证毕.

**例 8.3.5** 任意整环的零理想是素理想.

**例 8.3.6** 设 $p$ 是素数，则 $P=(p)=p\mathbf{Z}$ 是 $\mathbf{Z}$ 的素理想.

**证** 对任意的整数 $a$，$b$，若 $ab\in P=(p)$，则 $p\mid ab$，根据定理 1.4.2，有 $p\mid a$ 或 $p\mid b$. 由此得到，$a\in P$ 或 $b\in P$. 根据定理 8.3.8，$P=(p)=p\mathbf{Z}$ 是 $\mathbf{Z}$ 的素理想.

**定理 8.3.9** 在有单位元 $1_R\neq 0$ 的交换环 $R$ 中，理想 $P$ 是素理想的充要条件是商环 $R/P$ 是整环.

**证** 因为环 $R$ 有单位元 $1_R\neq 0$，所以 $R/P$ 有单位元 $1_R+P$ 和零元 $0_R+P=P$，现在说明 $R/P$ 无零因子，事实上，若 $(a+P)(b+P)=P$，则 $ab+P=P$，因此 $ab\in P$，但 $P$ 是交换环 $R$ 的素理想，根据定理 8.3.8，得到 $a\in P$ 或 $b\in P$，即 $a+P=P$ 或 $b+P=P$ 是 $R/P$ 的零元，又 $R$ 是交换环时，$R/P$ 也是交换环，故商环 $R/P$ 是整环.

反过来，对任意的 $a$，$b\in R$，满足 $ab\in P$，有 $(a+P)(b+P)=ab+P=P$，因为商环 $R/P$ 是整环，没有零因子，所以 $a+P=P$ 或 $b+P=P$，由此得到，$a\in P$ 或 $b\in P$. 根据定理 8.3.8，理想 $P$ 是素理想，证毕.

**定义 8.3.5** 设 $M$ 是环 $R$ 的理想，且 $M\neq R$，如果除了 $R$ 和 $M$ 以外，$R$ 中没有包含 $M$ 的理想，则称 $M$ 是 $R$ 的极大理想.

**定理 8.3.10** 在有单位元的非零环 $R$ 中，极大(左)理想总是存在的，事实上，$R$ 的每个(左)理想($\neq R$)都包含在一个极大(左)理想中.

**定理 8.3.11** 设 $R$ 是一个有单位元的交换环，则 $R$ 的每个极大理想是素理想.

**定理 8.3.12** 设 $R$ 是一个有单位元 $1_R\neq 0$ 的交换环，如果 $M$ 是 $R$ 的一个极大理想，则商环 $R/M$ 是一个域.

**定理 8.3.13** 设 $R$ 是一个有单位元 $1_R\neq 0$ 的交换环，则如下条件等价：

(1)$R$ 是一个域;

(2)$R$ 没有真理想;

(3)0 是 $R$ 的极大理想;

(4)每个非零环同态的 $R \to R'$ 是单同态.

## 8.4 域的扩张

前面几节对环的理论作了初步的介绍，从现在开始，将对域作进一步讨论.

我们知道，实数域是在它的子域有理数域上通过添加所有无理数而得到的，复数域是在它的子域实域上通过添加复数 $\mathrm{i}(\mathrm{i}^2=-1)$ 而得到的. 一般地，研究域的方法也是从一个给定的域出发，通过添加若干个元到这个给定的域，获得一个包含这个给定域的域，再来研究这样得到的域的结构. 首先，我们引入以下定义.

**定义 8.4.1** 设 $F$ 是一个域，如果 $K$ 是 $F$ 的子域，则称 $F$ 为 $K$ 的扩域.

若一个域不含真子域，则它称为素域.

如果 $F$ 是 $K$ 的扩域，则 $1_F=1_K$. 而且，$F$ 可作为 $K$ 上的线性空间，我们用 $[F:K]$ 表示 $F$ 在 $K$ 上线性空间的维数. 如果 $[F:K]$ 是有限或无限的，则称 $F$ 为 $K$ 的有限扩张或无限扩张.

**定理 8.4.1** 设 $E$ 是 $F$ 的扩域，$F$ 是 $K$ 的扩域，则

$$[E:K]=[E:F][F:K].$$

如果 $\{\alpha_i\}_{i\in\mathrm{I}}$ 是 $F$ 在 $K$ 上的基底，$\{\beta_i\}_{i\in\mathrm{I}}$ 是 $E$ 在 $F$ 上的基底，则 $\{\alpha_i\beta_i\}_{i\in\mathrm{I},j\in\mathrm{I}}$ 是 $E$ 在 $K$ 上的基底.

**推论 8.4.1** $E$ 是 $K$ 的有限扩域的充要条件是 $E$ 是 $F$ 的有限扩域且 $F$ 是 $K$ 的有限扩域.

**例 8.4.1** 实数域 $\mathbf{R}$ 是有理数域 $\mathbf{Q}$ 的扩域，复数域 $\mathbf{C}$ 是实数域 $\mathbf{R}$ 的扩域.

**例 8.4.2** 数域 $\mathbf{Q}(\sqrt{2})$ 是 $\mathbf{Q}$ 的有限扩张，且 $[\mathbf{Q}\sqrt{2}:\mathbf{Q}]=2$.

设 $F$ 是一个域，$X\subset F$，则包含 $X$ 的所有子域(对应地，子环)的交集仍是包含 $X$ 的子域，称为由 $X$ 生成的子域(对应地，子环)，如果 $F$ 是 $K$ 的扩域及 $X\subset F$，则由 $K\cup X$ 生成的子域(对应地，子环)称为 $X$ 在 $K$ 上生成的子域(对应地，子环)，记为 $K(X)$(对应地，$K[X]$，注意 $K[X]$ 是一个整环).

如果 $X=\{u_1, \cdots, u_n\}$，则 $F$ 的子域 $K(X)$(对应地，子环 $K[X]$)记为 $K=(u_1, \cdots, u_n)$(对应地，$K=[u_1, \cdots, u_n]$)，域 $K=(u_1, \cdots, u_n)$ 称为 $K$ 的有限扩张，如果 $X=\{u\}$，则 $K(u)$ 称为 $K$ 的单扩张.

**定理 8.4.2** 设 $F$ 是域 $K$ 的扩域，$u, u_1, \cdots, u_n\in F$，以及 $X\subset F$，则

(1)子环 $K[u]$ 由形为 $f(u)$ 的元素组成，其中 $f$ 是系数在 $K$ 的多项式(就是 $f\in K[x]$);

(2)子环 $K[u_1, \cdots, u_n]$ 由形为 $f(u_1, \cdots, u_n)$ 的元素组成，其中 $f$ 是系数在 $K$ 上的 $n$ 元多项式(就是 $f\in K(u_1, \cdots, u_n)$);

(3)子环 $K[X]$ 由形为 $f(u_1, \cdots, u_n)$ 的元素组成，其中 $n\in\mathbf{N}$，$u_1, \cdots, u_n\in X$，$f\in K[u_1, \cdots, u_n]$;

(4)子域 $K(u)$ 由形为 $\dfrac{f(u)}{g(u)}$ 的元素组成，其中，$f, g\in K[x]$，$g(u)\neq 0$;

(5) 子域 $K(u_1, \cdots, u_n)$ 由形为 $\frac{f(u_1, \cdots, u_n)}{g(u_1, \cdots, u_n)}$ 的元素组成，其中 $f, g \in K[u_1, \cdots, u_n]$，$g(u_1, \cdots, u_n) \neq 0$；

(6) 子域 $K(X)$ 由形为 $\frac{f(u_1, \cdots, u_n)}{g(u_1, \cdots, u_n)}$ 的元素组成，其中，$n \in \mathbf{N}$，$f, g \in K[u_1, \cdots, u_n]$，$u_1, \cdots, u_n \in X$，$g(u_1, \cdots, u_n) \neq 0$；

(7) 对每个 $v \in K(X)$（对应地，$K[X]$），存在一个有限子集 $X' \subset X$，使得 $v \in K(X')$（对应地，$K[X']$）.

**定义 8.4.2** 设 $F$ 是 $K$ 的一个扩域，如果存在一个非零多项式 $f \in K[X]$，使得 $f(u)=0$，则 $F$ 中元素 $u$ 称为 $K$ 上的代数数．如果不存在任何非零多项式 $f \in K[x]$，使得 $f(u)=0$，则 $F$ 的元素 $u$ 称为 $K$ 上的超越数．如果 $F$ 的每个元素都是 $K$ 上的代数数，$F$ 称为 $K$ 的代数扩张．如果 $F$ 中至少有一个元素是 $K$ 上的超越数，$F$ 称为 $K$ 上的超越扩张.

如果 $u \in K$，则 $u$ 是 $x-u \in K[x]$ 的根，因此，$u$ 是 $K$ 上的代数数.

**定理 8.4.3** 如果 $F$ 是 $K$ 的扩域，$u \in F$ 是 $K$ 上的超越数，则存在一个在 $K$ 上为恒等映射的域同构 $K(u) \cong K(x)$.

**证** 由于 $u$ 是 $K$ 上的超越数，所以对任意非零多项式 $g(x)$，有 $g(u) \neq 0$，考虑 $K(x)$ 到 $K(u)$ 的映射

$$\sigma: \frac{F(x)}{g(x)} \to \frac{F(u)}{g(u)},$$

易知，$\sigma$ 是同态，且 $\sigma$ 是一一对应的，故 $\sigma$ 是同构，证毕.

**定义 8.4.3** 设 $F$ 是域 $K$ 的扩域，$a_1, a_2, \cdots, a_n$ 是 $F$ 的 $n$ 个元素，$a_1, a_2, \cdots, a_n$ 称为在 $K$ 上代数相关，如果存在一个非零多项式 $f \in K[u_1, \cdots, u_n]$，使得

$$f(a_1, a_2, \cdots, a_n)=0.$$

如果 $a_1, a_2, \cdots, a_n$ 不是代数相关，则 $a_1, a_2, \cdots, a_n$ 称为代数无关.

注意，所谓 $a_1, a_2, \cdots, a_n$ 代数无关，就是如果有多项式 $f \in K=\{u_1, \cdots, u_n\}$ 使得

$$f(a_1, a_2, \cdots, a_n)=0,$$

则 $f=0$.

**例 8.4.3** 圆周率 $\pi=3.14\cdots$ 在 $\mathbf{Q}$ 上代数无关，自然对数底 $e=2.718\cdots$ 在 $\mathbf{Q}$ 上也代数无关.

**定理 8.4.4** 设 $F$ 是域 $K$ 的有限生成扩域，则 $F$ 是 $K$ 的代数扩张或者存在代数无关元 $\theta_1, \theta_2, \cdots, \theta_t$，使得 $F$ 是 $K(\theta_1, \theta_2, \cdots, \theta_t)$ 的代数扩张.

**证** 设 $F$ 在域 $K$ 的有限生成元为 $S=\{a_1, a_2, \cdots, a_n\}$.

如果 $S$ 中的每个元素在 $K$ 上代数相关，则 $F$ 是 $K$ 的代数扩张．否则，$S$ 中有元素在 $K$ 上代数无关，设为 $\theta_1$，我们用 $K(\theta_1)$ 代替 $K$ 进行讨论.

如果 $S$ 中的每个元素在 $K(\theta_1)$ 上代数相关，则 $F$ 是 $K(\theta_1)$ 的代数扩张.

否则，如果 $S$ 中有元素在 $K(\theta_1)$ 上代数无关，设为 $\theta_2$，这时，$\theta_1$，$\theta_2$ 代数无关．如此继续下去，可找到代数无关元 $\theta_1, \theta_2, \cdots, \theta_t$，使得 $F$ 是 $K(\theta_1, \theta_2, \cdots, \theta_t)$ 的代数扩张，证毕.

下面介绍一个在单代数扩域中十分重要的概念——不可约多项式.

**引理 8.4.1** 设 $F$ 是域 $K$ 的扩域，$u\in F$ 是 $K$ 上的代数数，则存在唯一的 $K$ 上的首一不可约多项式 $f(x)$，使得 $f(u)=0$.

**证** 因为 $u\in F$ 是 $K$ 上的代数数，所以存在 $K$ 中的多项式 $f(x)$，使得 $f(u)=0$，在这些多项式中，有一个次数最小的唯一的首一多项式，仍记为 $f(x)$，它还是不可约的，这是由于若令 $f(x)=g(x)h(x)$，其中 $g(x)$ 和 $h(x)$ 的次数都小于 $f(x)$ 的次数，则有 $f(u)=g(u)h(u)=0$，而 $g(u)$ 和 $h(u)$ 都是 $K(u)$ 中元，而域无零因子，于是有 $g(u)=0$ 或 $h(u)=0$，这与 $f(u)$ 定义中次数最小矛盾，故 $f(x)$ 在 $K$ 上是不可约的．因此，$f(x)$ 就是所求的多项式，证毕.

**定义 8.4.4** 设 $F$ 是域 $K$ 的扩域，$u\in F$ 是 $K$ 上的代数数，引理中的首一不可约多项式称为 $u$ 的不可约多项式(或极小多项式或定义多项式)，$u$ 在 $K$ 上的次数是 $\deg f$，$u$ 的极小多项式的其他根称为 $u$ 的共轭根.

**定理 8.4.5** 设 $F$ 是域 $K$ 的扩域，$u\in F$ 是 $K$ 上的代数数，则

(1) $K(u)=K[u]$;

(2) $K(u)\cong K[x]/(f)$，其中 $f\in K[x]$ 是满足 $f(u)=0$ 的次数为 $n$ 的唯一的首一不可约多项式;

(3) $[K(u):K]=n$;

(4) $\{1, u, u^2, \cdots, u^{n-1}\}$ 是 $K$ 上向量空间 $K(u)$ 的基底;

(5) $K(u)$ 的每个元素可唯一地表示为 $a_0+a_1u+\cdots+a_{n-1}u^{n-1}$，$a_i\in K$.

**例 8.4.4** 多项式 $x^2+x-1$ 是 $\mathbf{Q}$ 上的不可约多项式.

**例 8.4.5** 多项式 $x^3+3x-1$ 是 $\mathbf{Q}$ 上的不可约多项式.

**定理 8.4.6** 设 $\sigma$：$K\to L$ 是域同构，设 $u$ 是 $K$ 的某一扩域中的元素，$v$ 是 $L$ 的某一扩域中的元素，假设

(1) $u$ 是 $K$ 上的超越元，$v$ 是 $L$ 上的超越元，或者

(2) $u$ 是不可约多项式 $f\in K[x]$ 的根，$v$ 是不可约多项式 $\sigma f\in L[x]$ 的根，

则 $\sigma$ 可扩充为域同构 $K(u)\cong K[x]$，并将 $u$ 映到 $v$.

**证** 对于 $g(x)=b_mx^m+\cdots+b_1x+b_0\in K[x]$，记

$$\sigma g(x)=\sigma(b_m)x^m+\cdots+\sigma(b_1)x+\sigma(b_0)\in L[x].$$

考虑 $K(u)$ 到 $L(v)$ 的映射

$$\varphi: \frac{h(u)}{g(u)}\to\frac{\sigma h(u)}{\sigma g(u)}.$$

这个 $\varphi$ 是 $K(u)$ 到 $L(v)$ 的同构，且满足 $\varphi|_k=\sigma$，$\sigma(u)=v$，证毕.

**定理 8.4.7** 设 $E$ 和 $F$ 都是域 $K$ 的扩域，$u\in E$ 以及 $v\in F$，则 $u$ 和 $v$ 是同一不可约多项式 $f\in K[x]$ 的根当且仅当存在一个 $K$ 的同构 $K(u)\cong K[v]$，其将 $u$ 映到 $v$.

**证** 取 $\sigma=\mathrm{id}_k$ 为 $K$ 上的恒等变换，$\sigma$ 是 $K$ 到自身的同构，且 $\sigma f=f$，应用定理 8.4.6 即得到定理 8.4.7，证毕.

**定理 8.4.8** 设 $K$ 是一个域，$f\in K[x]$ 是次数为 $n$ 的多项式，则存在 $K$ 的单扩域 $F=K(u)$，使得

(1) $u\in F$ 是 $f$ 的根;

(2) $[K(u):K]\leqslant n$，等式成立当且仅当 $f$ 是 $K[x]$ 中的不可约多项式.

**推论 8.4.2** 设 $K$ 是一个域，$f \in K[x]$ 是次数为 $n$ 的不可约多项式，设 $\alpha$ 是 $f(x)$ 的根，则 $\alpha$ 在 $K$ 上生成的域为 $F=K(\alpha)$，且 $[K(\alpha):K]=n$.

下面给出代数闭包的概念：

设 $E$ 是域 $F$ 的扩域，令 $A$ 是 $E$ 中 $F$ 的所有代数元组成的集合，可以证明，$A$ 是 $E$ 的子域且 $F \subseteq A \subseteq E$，则 $A$ 称为 $F$ 在 $E$ 中的代数闭包，特别地，当 $F=A$ 时，就称 $F$ 在 $E$ 中是代数闭的．一个域 $K$ 称为代数闭域，若 $K[x]$ 中每个次数大于零的多次式在 $K$ 内有一个根，于是代数闭包一定是代数闭域，但反之不然．例如，$\mathbf{Q}$ 在 $\mathbf{C}$ 中的代数闭包就是代数数的全体，即代数数域，而 $\mathbf{C}$ 是代数闭域，即 $\mathbf{C}$ 上的代数元必在 $\mathbf{C}$ 中，但 $\mathbf{C}$ 不是代数闭包，因为 $\mathbf{C}$ 含有超越元. 可以证明：在同构的意义下，每个域有且仅有一个代数闭包，这说明每个域 $F$ 都存在一个最大的代数扩域 $L$，使得 $L$ 的代数扩域就是它自身.

下面介绍一类重要的代数扩域.

**定义 8.4.5** 设 $K$ 是一个域，$f \in K[x]$ 是次数大于或等于 1 的多项式，$K$ 的一个扩域 $F$ 称为多项式 $f$ 在 $K$ 上的分裂域，如果 $f$ 在 $F[x]$ 中可分解，且 $F=K(u_1, \cdots, u_n)$，其中 $u_1, \cdots, u_n$ 是 $f$ 在 $F$ 中的根.

设 $S$ 是 $K[x]$ 中一些次数大于或等于 1 的多项式组成的集合，$K$ 的一个扩域 $F$ 称为多项式集合 $S$ 在 $K$ 上的分裂域，如果 $S$ 中的每个多项式 $f$ 在 $F[x]$ 中可分解，且 $F$ 由 $S$ 中的所有多项式的根在 $K$ 上生成.

**定理 8.4.9** 设 $K$ 是一个域，$f \in K[x]$ 的次数为 $n \geqslant 1$，则存在 $f$ 一个分裂域 $F$ 具有 $[F:K] \leqslant n!$

**证** 对 $n=\deg f$ 作数学归纳法．如果 $n=1$，或如果 $f$ 在 $K$ 上可分解，则 $F=K$ 是分裂域．如果 $n>1$，$f$ 在 $K$ 上不能分解，设 $g \in K[x]$ 是 $f$ 的次数大于 1 的不可约因式．则由定理 8.4.8 可知，存在 $K$ 的一个单扩域 $K(u)$ 使得 $u$ 是 $g$ 的根，且 $[K(u):K]=\deg g>1$. 因此，在 $K(u)[x]$ 中有分解式 $f(x)=(x-u)h(x)$，其中 $\deg h=n-1$. 由归纳假设，存在一个 $h$ 在 $K(u)$ 上的维数小于或等于 $(n-1)!$ 的分裂域 $F$. 易知，$F$ 在 $K$ 上的次数 $[F:K]=[F:K(u)][K(u:K)] \leqslant (n-1)!\, n=n!$．证毕.

## 8.5 有限域的构造

只含有限个元素的域称为有限域，它在实验设计和编码理论等学科中有重要应用．有限域的构造也特别简单，本节将对有限域给出具体的构造方法.

设 $F_q$ 是 $q$ 元有限域，其特征 $p$ 为素数，则 $F_q$ 包含素域 $F_p=\mathbf{Z}/p\mathbf{Z}$，是 $F_p$ 上的有限维线性空间，设 $n=[F_q:F_p]$，则 $q=p^n$，即 $q$ 是其特征 $p$ 的幂.

要证明：$F_q^* = F_q \setminus \{0\}$ 是 $q-1$ 阶循环乘群，为此，需先讨论 $F_q^*$ 的一些性质.

**定理 8.5.1** $F_q^*$ 的任意元 $a$ 的阶整除 $q-1$.

**证一** 设 $H=\langle a \rangle$ 是 $a$ 生成的循环群，根据定理 7.3.2，则有

$$\mathrm{ord}(a)=|H|\,|\,|F_q^*|=q-1.$$

**证二** 设 $F_q^*=\{a_1, a_2 \cdots, a_{q-1}\}$，则 $aa_1, aa_2, \cdots, aa_{q-1}$ 是 $a_1, a_2, \cdots, a_{q-1}$ 的一个排列，因此

$$(aa_1)(aa_2)\cdots(aa_{q-1})=a_1a_2\cdots a_{q-1} \text{或} a^{q-1}(a_1a_2\cdots a_{q-1})=a_1a_2\cdots a_{q-1}.$$

两端右乘$(a_1a_2\cdots a_{q-1})^{-1}$，得到$a^{q-1}=1$. 类似于定理6.1.1的证明，有$\mathrm{ord}(a)\mid(q-1)$.

**定义8.5.1** 有限域$F_q$的元素$g$称为生成元，如果它是$F_q^*$的生成元，即阶为$q-1$的元素.

当$g$是$F_q$的生成元时，有$F_q=\{0, g^0=1, g, \cdots, g^{q-2}\}$.

**定理8.5.2** 每个有限域都有生成元. 如果$g$是$F_q$的生成元，则$g^d$是$F_q$的生成元，当且仅当$d$和$q-1$的最大公因数$(d, q-1)=1$，特别地，$F_q$有$\varphi(q-1)$个生成元.

**证** 设$a$是阶为$d$的元素，则$d$个数$a^0=1, a, \cdots, a^{d-1}$两两不等，且是方程$x^d-1=0$的所有根(因为其根都是单根). 根据定理8.5.1，$d\mid(q-1)$，用$F(d)$表示域$F_q$中阶为$d$的元素个数，则有

$$\sum_{d\mid(q-1)} F(d)=q-1.$$

因为阶为$d$的元素$b$满足方程$x^d-1=0$，所以$b$为$a$的幂，即$b=a^i$，$1\leqslant i\leqslant d$. 根据定理7.5.5，$a^i$的阶为$d$的充要条件是$(i, d)=1$，故$F(d)=\varphi(d)$. 如果$F_q$中没有阶为$d$的元素，则$F(d)=0$，总之，有

$$F(d)\leqslant\varphi(d).$$

但根据定理3.3.6，又有

$$\sum_{d\mid(q-1)} F(d)=q-1.$$

这样，

$$\sum_{d\mid(q-1)}(\varphi(d)-F(d))=0.$$

因此，对所有正整数$d\mid(q-1)$，有

$$F(d)=\varphi(d).$$

特别地，有

$$F(q-1)=\varphi(q-1).$$

这说明$F_q$中存在阶为$q-1$的元素，且这样的元素有$\varphi(q-1)$个，即$F_q$中有生成元存在，证毕.

**推论8.5.1** 设$q=p^n$，$p$为素数，$d\mid(q-1)$，则有限域$F_q$中有阶为$d$的元素.

**推论8.5.2** 设$p$为素数，则存在整数$g$遍历模$p$的简化剩余系，即存在模$p$原根.

**定理8.5.3** 如果$F_q$是$q=p^n$元域，则其每个元素满足方程$x^q-x=0$. 更确切地说，$F_q$是这个方程的根集合. 反过来，对每个素数幂$q=p^n$，多项式$x^q-x$在$F_q$上的分裂域是$q$元域.

**定理8.5.4** 设$F_q$是$q=p^n$元有限域，设$\sigma$是$F_q$到自身的映射，$\sigma$：$a\to a^p$，则$\sigma$是$F_q$的自同构，且$F_q$中在$\sigma$下的不动元是素域$F_p$的元素，而$\sigma$的$n$次幂是恒等映射.

定理8.5.4中的映射$\sigma$称为Frobenius自同态.

**定理8.5.5** 设$F_q$是$q=p^n$元有限域，设$\sigma$是$F_q$到自身的映射，$\sigma$：$a\to a^p$，如果$\sigma$是$F_q$的任意元，则$\sigma$在$F_p$上的共轭元素是$\sigma^j(a)=a^{p^j}$.

**有限域的具体构造** 我们可以具体构造素域$F_p$上的$d$次代数扩张，取$p(x)$为$F_p[X]$的$d$次首一不可约多项式，在商环$F_p[X]/(p(x))$上定义加法，其中$(p(x))=\{f(x)\mid p(x)\mid f(x)\}$，

$$f(x)+g(x)=((f+g)(x)(\bmod p(x)),$$

和乘法，

$$f(x)g(x)=(fg)(x)(\bmod p(x)),$$

则 $F_p[X]/(p(x))$，对于上述运算法则构成一个域．根据定理 8.4.2，这个域在 $F_p$ 上是 $d$ 次扩张．记这个域为 $F_q$ 或 $GF(q)$，其中 $q=p^d$.

**例 8.5.1** 证明 $x^4+x+1$ 是 $F_2[x]$ 中的不可约多项式，从而 $F_2[x]/(x^4+x+1)$ 是一个 $F_{2^4}$ 域.

由于 $F_2[x]$ 中的所有次数小于或等于 2 的不可约多项式为 $x$，$x+1$，$x^2+x+1$，且 $x^4+x+1=x(x^3+1)+1$，$x^4+x+1=(x+1)(x^3+x^2+x)+1$，$x^4+x+1=(x^2+x+1)(x^2+x)+1$，所以 $x^4+x+1$ 不能被 $x$，$(x+1)$，$(x^2+x+1)$ 整除，即 $x^4+x+1$ 是 $F_2[x]$ 中的不可约多项式，因此，$F_2[x]/(x^4+x+1)$ 是一个 $F_{2^4}$ 域.

**例 8.5.2** 求 $F_{2^4}=F_2[x]/(x^4+x+1)$ 中的生成元 $g(x)$，并计算 $g(x)^t$，$t=0, 1, \cdots, 14$ 和所有生成元.

**解** 因为 $|F_{2^4}^*|=15=3\times5$，由定理 8.5.1，$F_{2^4}^*$ 中非单位元的阶只可能是 3，5 或 15，当 $g(x)$ 的阶不是 3，5 时，必是 15，它就是生成元，所以满足

$g(x)^3\not\equiv1(\bmod x^4+x+1)$，$g(x)^5\not\equiv1(\bmod x^4+x+1)$ 的元素 $g(x)$ 都是生成元.

对于 $g(x)\equiv x$，有 $x^3\equiv x^3\not\equiv1(\bmod x^4+x+1)$，$x^5\equiv x^2+x\not\equiv1(\bmod x^4+x+1)$，所以 $g(x)=x$ 是 $F_2[x]/(x^4+x+1)$ 的生成元.

对于 $t=0, 1, 2, \cdots, 14$，计算 $g(x)^t(\bmod x^4+x+1)$：

$g(x)^0\equiv1$, $g(x)^1\equiv x$, $g(x)^2\equiv x^2$,

$g(x)^3\equiv x^3$, $g(x)^4\equiv x+1$, $g(x)^5\equiv x^2+x$,

$g(x)^6\equiv x^3+x^2$, $g(x)^7\equiv x^3+x+1$, $g(x)^8\equiv x^2+1$,

$g(x)^9\equiv x^3+x$, $g(x)^{10}\equiv x^2+x+1$, $g(x)^{11}\equiv x^3+x^2+x$,

$g(x)^{12}\equiv x^3+x^2+x+1$, $g(x)^{13}\equiv x^3+x^2+1$, $g(x)^{14}\equiv x^3+1$.

所有生成元为 $g(x)^t$，$(t, \varphi(15))=1$：

$g(x)^1=x$, $g(x)^2=x^2$, $g(x)^4=x+1$, $g(x)^7=x^3+x+1$,

$g(x)^8=x^2+1$, $g(x)^{11}=x^3+x^2+x$, $g(x)^{13}=x^3+x^2+1$, $g(x)^{14}=x^3+1$.

**定理 8.5.6** $F_{p^n}$ 的子域为 $F_{p^d}(d\mid n)$，它是 $F_{p^n}$ 中的元素在 $F_p$ 上生成的域.

**证** 设 $K$ 为 $F_{p^n}$ 的子域，则存在 $\alpha\in F_{p^n}$，使得

$$K=F_p(\alpha),\ |K|=p^d.$$

因为它们都是 $F_p$ 的扩域，根据定理 7.4.1，有

$$[F_{p^n}:F_p]=[F_{p^n}:F_{p^d}][F_{p^d}:F_p].$$

反过来，对任意的 $d\mid n$，有限域 $F_{p^d}$ 包含在 $F_{p^n}$ 中，事实上，方程 $x^{p^d}=x$ 的任一解都是 $x^{p^n}=x$ 的解，证毕.

**定理 8.5.7** 对任意 $q=p^n$，多项式 $x^q-x$ 可在 $F_p[x]$ 中分解成首一不可约多项式的乘积，且每个多项式的次数 $d\mid n$.

**证** 设 $f(x)$ 是任一次数为 $d$ 首一不可约多项式，其根为 $\alpha$，根据推论 8.4.2，$\alpha$ 在 $F_p$ 上生成的域为 $F_p(\alpha)$，其可作为 $F_{p^d}$，包含在 $F_{p^n}$ 中，因为 $\alpha$ 满足 $x^q-x=0$，所以 $f(x)\mid(x^q-x)$，

因而，$f(x)$在$F_q$中有根，且$f(x)$的次数$d \mid n$(因为$F_p(\alpha)$是$F_q$的子域)．因此，所有整除$x^q-x$的首一不可约多项式的次数$d \mid n$，因为$x^q-x$没有重根，这蕴含着$x^q-x$是所有这样的不可约多项式的乘积，证毕.

**推论 8.5.3**　若$n$是素数，则$F_{p^n}[x]$中有$\frac{p^n-p}{n}$个不同的次数为$n$的首一不可约多项式的乘积.

**证**　设$m$是$F_{p^n}[x]$中次数为$n$的首一不可约多项式的个数.

根据定理8.5.7，次数为$p^n$的多项式$x^{p^n}-x$是$m$个次数为$n$的多项式和$p$个次数为1的不可约多项式$x-a$，$a \in F_p$的乘积(因为$n$是素数)，由此得到方程$p^n=mn+p$，证毕.

## 习题 8

1. 证明：环$R$是无零因子环的充要条件是$R$没有左(或右)零因子.

2. 设$(R,+)$是交换群，规定$\forall a, b \in R$，$a \circ b=0$($0$是$R$的零元)．证明：$(R,+,\circ)$是一个环.

3. 如果$R$是整环，证明：$R[x]$也是整环，并且$\forall f(x), g(x) \in R[x]$，若$f(x) \neq 0$，$g(x) \neq 0$，则$f(x)g(x) \neq 0$，$\partial(f(x)g(x))=\partial f(x)+\partial g(x)$.

4. 设$R \neq \{0\}$是环，如果$\forall a \in R$，$a \neq 0$存在唯一的$b \in R$，使$aba=a$，证明：

(1)$R$是无零因子环；

(2)$bab=b$；

(3)$R$是含单位元环.

5. 设$\{S_\lambda \mid \lambda \in \mathbf{I}\}$是环$R$的一族子环，证明：$\bigcap_{\lambda \in \mathbf{I}} S_\lambda$是$R$的子环.

6. 设$\{A_\lambda \mid \lambda \in \mathbf{I}\}$是环的一族理想，证明：$\bigcap_{\lambda \in \mathbf{I}} A_\lambda$是$R$的理想.

7. 设$f$是环$R$到环$S$的环同态映射，证明：$\ker f=\{a \in R \mid f(a)=0\}$是$R$的理想.

8. 设$R$是环，$a \in R$，

(1)若$R$是含单位元环，$a$在$R$的中心，证明：

$$(a)=\{ra \mid r \in R\};$$

(2)设$X=\{a_1, a_2, \cdots, a_n\}$是$R$的子集，证明：

$$X=\left\{\alpha_1+\alpha_2+\cdots+\alpha_n \mid \alpha_i \in (a_i),\ i=1, 2, \cdots, n\right\}$$
$$=(a_1)+(a_2)+\cdots(a_n).$$

9. 设$n$是一个整数，证明：$\mathbf{Z}/n\mathbf{Z}=\mathbf{Z}/(n)$.

10. 设$R$是整环，$a$，$b \in R$，证明：$(a)(b) \subseteq (ab)$.

11. 设$R$是主理想环，$p$是$R$的不可约元，证明：$(p)$是$R$的极大理想.

12. 证明：$\sqrt{3}$是有理数域$\mathbf{Q}$上的代数数，并计算$[\mathbf{Q}(\sqrt{3}):\mathbf{Q}]$

13. 证明：如果$\alpha \neq 0$和$\beta$都是有理数域$\mathbf{Q}$上的代数数，证明：$\alpha+\beta$和$\alpha^{-1}$也是有理数域$\mathbf{Q}$上的代数数.

14. 设$E=F(\alpha)$是域$F$的单代数扩域，证明：$E$是$F$的代数扩域.

15. 设$E=F(\alpha_1, \alpha_2, \cdots, \alpha_n)$，其中每个$\alpha_i$都是域$F$上的代数元，证明：$E$是$F$的有

限扩域，从而为代数扩域.

16. 证明：$x^4+x^3+1$ 是 $F_2[x]$ 中的不可约多项式，从而 $F_2[x]/(x^4+x^3+1)$ 是一个 $F_{2^4}$ 域.

17. 求 $F_{2^4}=F_2[x]/(x^4+x^3+1)$ 中的生成元 $g(x)$，并计算 $g(x)^t$，$t=0, 1, \cdots, 14$ 和所有生成元.

18. 证明：$x^8+x^4+x^3+x+1$ 是 $F_2[x]$ 中的不可约多项式，从而 $F_2[x]/(x^8+x^4+x^3+x+1)$ 是一个 $F_{2^8}$ 域 .

19. 求 $F_{2^8}=F_2[x]/(x^8+x^4+x^3+x+1)$ 中的生成元 $g(x)$，并计算 $g(x)^t$，$t=1, 2, \cdots, 25$ 和所有生成元.

20. 构造 49 元域 $F_{7^2}$.

21. 构造 $3^4$元域 $F_{3^4}$.

# 第 9 章 模与格

群和环是抽象代数的两个基本代数系统．群含有一个代数运算，环含有两个代数运算．模也是一种含有两个代数运算的代数系统，它是域上线性空间的推广．模与格理论在信息安全模型的构建中具有重要作用.

## 9.1 模与模同态

**定义 9.1.1** 设 $R$ 是环，$M$ 是一个交换群．如果给定一个 $R\times M$ 到 $M$ 的映射

$$R\times M\to M,$$
$$(r,\ m)\mapsto rm,$$

并且满足下述条件：

(1) $\forall r\in R$，$\forall m_1$，$m_2\in M$，

$$r(m_1+m_2)=rm_1+rm_2;$$

(2) $\forall r_1$，$r_2\in R$，$\forall m\in M$，

$$(r_1+r_2)m=r_1m+r_2m;$$

(3) $\forall r_1$，$r_2\in R$，$\forall m\in M$，

$$r_1(r_2m)=(r_1r_2)m,$$

则称 $M$ 是一个左 $R$ 模.

如果 $R$ 是含幺环(含单位元环)，$M$ 是交换群，$R\times M$ 到 $M$ 的映射满足(1)，(2)，(3)和

(4) $\forall m\in M$，$1_Rm=m$;

则称 $M$ 是一个幺作用左 $R$ 模.

**例 9.1.1** $\mathbf{Z}$ 是整数环，$(G,\ +)$是交换群，则 $G$ 是幺作用左 $\mathbf{Z}$ 模.

**证** $\forall(n,\ a)\in\mathbf{Z}\times G$，规定

$$(n,\ a)\mapsto\begin{cases}\underbrace{a+a+\cdots+a}_{n\text{个}a}=na, & n>0;\\ 0\in G, & n=0;\\ -(n_1,\ a)=-n_1a=na, & n_1=-n>0,\end{cases}$$

则这个规定是 $\mathbf{Z}\times G$ 到 $G$ 的映射.

(1) $\forall n\in\mathbf{Z}$，$\forall a$，$b\in G$，

当 $n>0$ 时，$n(a+b)=(a+b)+\cdots+(a+b)=na+nb$,

当 $n=0$ 时，$0(a+b)=0=0+0=0a+0b$,

当 $n<0$ 时，令 $n_1=-n>0$,

$$n(a+b)=-[n_1(a+b)]=-(n_1a+n_1b)$$

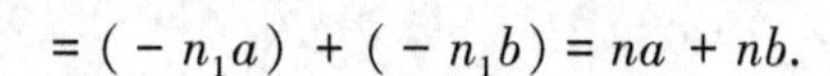


$$= (-n_1 a) + (-n_1 b) = na + nb.$$

(2) $\forall m, n \in \mathbf{Z}$, $\forall a \in G$,

按 $\mathbf{Z} \times G$ 到 $G$ 映射的定义直接验证，可知满足定义 9.1.1 的(2)，(3).

(3) $1 \in \mathbf{Z}$, $\forall a \in G$, $1a = a$.

所以 $G$ 是一个幺作用左 $\mathbf{Z}$ 模.

注意，如果把定义 9.1.1 中的 $R \times M$ 到 $M$ 的代数运算改为 $M \times R$ 到 $M$ 的代数运算，条件(1)~(3)做相应的改变得右 $R$ 模的定义.

**定义 9.1.2** 设 $R$ 是环，$M$ 是交换群，如果定义了 $M \times R$ 到 $M$ 的映射：

$$M \times R \to M,$$
$$(m, r) \mapsto mr,$$

并且满足以下条件：

(1) $\forall m_1, m_2 \in M$, $\forall r \in R$,

$$(m_1 + m_2) r = m_1 r + m_2 r;$$

(2) $\forall m \in M$, $\forall r_1, r_2 \in R$,

$$m(r_1 + r_2) = m r_1 + m r_2;$$

(3) $\forall m \in M$, $\forall r_1, r_2 \in R$,

$$(m r_1) r_2 = m(r_1 r_2),$$

则称 $M$ 是一个右 $R$ 模.

如果 $R$ 是含幺环，$M$ 是交换群，$M \times R$ 到 $M$ 的代数运算满足(1)，(2)，(3)和

(4) $\forall m \in M$, $m 1_R = m$，则称 $M$ 是一个幺作用右 $R$ 模.

在例 9.1.1 中，如果规定 $an = na$，则 $G$ 又是幺作用右 $\mathbf{Z}$ 模.

**例 9.1.2** $M = \{0\}$ 是一个交换群，$R$ 是环，$\forall r \in R$，规定

$$r0 = 0 = 0r,$$

则 $M$ 是左 $R$ 模，$M$ 也是右 $R$ 模，称为零模.

**例 9.1.3** 设 $M \neq 0$ 是一个左 $R$ 模，$I$ 是 $R$ 的理想，并且

$$IM = \{ab \mid a \in I, b \in M\} = \{0\},$$

则 $M$ 是一个左 $R/I$ 模.

**证** $I$ 是 $R$ 的理想，则存在商环 $R/I$. $M$ 是左 $R$ 模，则 $M$ 是交换群，$\forall r \in R$，$\forall m \in M$，有 $rm \in M$.

$\forall (r+I, m) \in (R/I) \times M$，规定

$$(r+I, m) \mapsto rm.$$

若 $r_1 + I = r_2 + I$，则 $r_1 - r_2 \in I$. 因为 $IM = \{0\}$，所以

$$r_1 m - r_2 m = (r_1 - r_2) m = 0.$$

于是 $r_1 m = r_2 m$，以上规定是$(R/I) \times M$ 到 $M$ 的代数运算，简写为$(r+I)m = rm$. $\forall r+I, r_1+I, r_2+I \in R/I$，$\forall m_1, m_2, m \in M$，则有

$$(r+I)(m_1 + m_2) = r(m_1 + m_2) = r m_1 + r m_2 = (r+I) m_1 + (r+I) m_2;$$

$$[(r_1+I) m_+ (r_2+I)] m = [(r_1+r_2)+I] m = (r_1+r_2) m = r_1 m + r_2 m = [(r_1+I) m] + [(r_2+I) m];$$

$$(r_1+I)[(r_2+I) m] = (r_1+I) r_2 m = r_1 (r_2 m) = (r_1 r_2) m = (r_1 r_2 + I) m = [(r_1+I)(r_2+I)] m.$$

所以，$M$ 是左 $R/I$ 模.

**定义 9.1.3** 设 $M$ 是一个左 $R$ 模，$M$ 又是右 $S$ 模，并且 $\forall r\in R$，$\forall s\in S$，$\forall m\in M$，有

$$(rm)s=r(ms),$$

则称 $M$ 是一个 $R$-$S$ 双模.

**例 9.1.4** 设 $R$ 是交换环，$M$ 是左 $R$ 模. 如果 $\forall r\in R$，$\forall m\in M$，

$$mr=rm,$$

则 $M$ 是一个 $R$-$R$ 双模.

**证** $M$ 是左 $R$ 模，则 $M$ 是交换群.

$\forall (m, r)\in M\times R$，规定

$$(m, r)\mapsto mr=rm\in M,$$

这定义了 $M\times R$ 到 $M$ 的代数运算. 因为 $M$ 是左 $R$ 模，

$\forall m_1, m_2, m\in M$，$\forall r_1, r_2, r\in R$，

$(m_1+m_2)r=r(m_1+m_2)=rm_1+rm_2=m_1r+m_2r$；$m(r_1+r_2)=(r_1+r_2)m=r_1m+r_2m$；
$(mr_1)r_2=r_2(mr_1)=r_2(r_1m)=(r_2r_1)m=(r_1r_2)m=m(r_1r_2)$，

所以，$M$ 是右 $R$ 模. 而且

$$(r_1m)r_2=(mr_1)r_2=m(r_1r_2)=m(r_2r_1)=(mr_2)r_1=r_1(mr_2),$$

因此，$M$ 是 $R$-$R$ 双模.

下面讨论模的基本性质：

**定理 9.1.1** 设 $M$ 是左 $R$ 模，$0_M$，$0_R$ 分别表示模 $M$ 和环 $R$ 的零元，$\forall r\in R$，$\forall m\in M$，有

(1) $0_Rm=r0_M=0_M$；

(2) $(-r)m=r(-m)=-(rm)$；

(3) $(-r)(-m)=rm$.

**证** (1)

$$rm+0_Rm=(r+0_R)m=rm,$$

两边加上 $-(rm)$，得 $0_Rm=0_M$.

$$rm+r0_M=r(m+0_M)=rm \Rightarrow r0_M=0_M.$$

(2)

$$rm+(-r)m=[r+(-r)]m=0_Rm=0_M,$$

两边同时加上 $-(rm)$，得

$$(-r)m=-(rm).$$

同理可证，$r(-m)=-(rm)$.

(3) 由(2)容易得到.

下面我们给出模同态的概念：

**定义 9.1.4** 设 $M$，$N$ 均为左 $R$ 模，$f$ 是 $M$ 到 $N$ 的映射，如果 $f$ 满足以下条件：

(1) $\forall m_1, m_2\in M$，

$$f(m_1+m_2)=f(m_1)+f(m_2);$$

(2) $\forall r\in R$，$\forall m\in M$，

$$f(rm)=rf(m),$$

则称 $f$ 是左 $R$ 模 $M$ 到左 $R$ 模 $N$ 的左 $R$ 模同态映射.

若 $f$ 还是单射、满射、双射，则分别称 $f$ 是单左 $R$ 同态映射、满左 $R$ 同态映射、左 $R$ 同构映射.

我们需要特别注意以下几点：

(1)左 $R$ 模 $M$ 到左 $R$ 模 $N$ 的左 $R$ 同态映射必为加群 $M$ 到 $N$ 的群同态映射；

(2)如果 $M$，$N$ 都是右-模，将定义 9.1.4(2)改写为

$$f(mr)=[f(m)]r,$$

则 $f$ 是右 $R$ 模同态映射；

(3)如果 $M$，$N$ 都是 $R$-$S$ 双模，将定义 9.1.4(2)改为

$$f(rms)=r[f(m)]s \quad (r\in R,\ s\in S),$$

则 $f$ 是 $R$-$S$ 双模同态映射；

(4)以下我们只讨论左 $R$ 模及左 $R$ 模同态映射，并且简称为 $R$ 模和 $R$-同态映射.

**例 9.1.5**　证明：设 $f$ 是 $R$ 模 $M$ 到 $N$ 的 $R$ 同态映射，$g$ 是 $R$ 模 $N$ 到 $P$ 的 $R$ 同态映射，则 $gf$ 是 $R$ 模 $M$ 到 $P$ 的 $R$ 同态映射.

**证**　$gf$ 是 $M$ 到 $P$ 的群同态映射，

$\forall r\in R$，$\forall m\in M$，

$$gf(rm)=g[rf(m)]=r[(gf)(m)],$$

$gf$ 是 $R$ 同态映射.

**例 9.1.6**　证明：设 $f$，$g$ 都是 $R$ 模 $M$ 到 $N$ 的 $R$ 同态映射，$\forall m\in M$，规定

(1)　$f+g$：$m\mapsto f(m)+g(m)$；

(2)　$-f$：$m\mapsto -f(m)$；

(3)　$0$：$m\mapsto 0$，

则 $f+g$，$-f$，$0$ 都是 $R$ 模 $M$ 到 $N$ 的 $R$ 同态映射，称 $f+g$ 是 $f$ 与 $g$ 的和，$-f$ 是 $f$ 的负同态映射，$0$ 是零同态映射.

**证**　只给出(1)的证明.

$f+g$ 是 $M$ 到 $N$ 的映射，$\forall m_1$，$m_2\in M$，$\forall r\in R$，

$$\begin{aligned}(f+g)(m_1+m_2)&=f(m_1+m_2)+g(m_1+m_2)\\&=[f(m_1)+f(m_2)]+[g(m_1)+g(m_2)]\\&=[f(m_1)+g(m_1)]+[f(m_2)+g(m_2)]\\&=(f+g)(m_1)+(f+g)(m_2);\end{aligned}$$

$$\begin{aligned}(f+g)(rm)&=f(rm)+g(rm)\\&=rf(m)+rg(m)\\&=r[f(m)+g(m)]\\&=r[(f+g)(m)],\end{aligned}$$

所以，$f+g$ 是 $R$ 同态映射.

**例 9.1.7**　证明：设 $M$，$N$ 都是左 $R$ 模，$M$ 到 $N$ 的所有 $R$ 同态映射组成的集合记为 Hom$(M,\ N)$，那么集合 Hom$(M,\ N)$关于例 9.1.6 定义的 $R$-同态映射的加法构成交换群.

**证**　由例 9.1.7 知，零同态映射 $0\in \mathrm{Hom}(M,\ N)$，则 $\mathrm{Hom}(M,\ N)\neq\varnothing$，并且关于 $R$ 同态映射的加法封闭.

$\forall f$，$g$，$h\in \mathrm{Hom}(M,\ N)$，$\forall m\in M$，

$$\begin{aligned}[(f+g)+h](m)&=(f+g)(m)+h(m)\\&=[f(m)+g(m)]+h(m)\\&=f(m)+[g(m)+h(m)]\end{aligned}$$

$$=f(m)+[(g+h)(m)]$$
$$=[f+(g+h)](m),$$
$$(f+g)(m)=f(m)+g(m)=g(m)+f(m)$$
$$=(g+f)(m),$$

所以

$$(f+g)+h=f+(g+h),\ f+g=g+f,$$

并且

$$f+0=f,\ f+(-f)=0.$$

因此，$\mathrm{Hom}(M, N)$构成交换群.

## 9.2 子模与商模、模同态定理

类似于群论中的子群与商群、群同态定理及环论中的子环与商环、环同态定理，本节讨论模的有关问题.

**定义 9.2.1** 设 $M$ 是左 $R$ 模，$\varnothing\neq N\subseteq M$，如果 $N$ 关于 $M$ 的运算也构成左 $R$ 模，则称 $N$ 是 $M$ 的子模.

任一个非零的 $R$ 模 $M$ 至少有两个子模，一个是$\{0\}$，另一个是 $M$ 自身.

不难看出，为了验证 $R$ 模 $M$ 的子集 $N$ 是一个子模，只需验证 $N$ 是 $M$ 的子群，并且 $N$ 在 $R$ 作用下封闭，也即左 $R$ 模 $M$ 的一个非空子集 $N$ 是 $M$ 的子模的充要条件是：

(1) $\forall m_1, m_2\in N$，有 $m_1-m_2\in N$；

(2) $\forall r\in R$，$\forall m\in N$，有 $rm\in N$.

需要注意以下几点：

(1)若 $N$ 是 $M$ 的子模，则存在 $N$ 到 $M$ 的模包含同态映射；

(2)充要条件(1)说明$(N, +)<(M, +)$. 因此，对于 $R$ 模 $M$ 的子加群要构成子模只需验证条件(2)成立；

(3)如果 $M$ 是幺作用 $R$ 模，条件 (1)可以改为"$\forall m_1, m_2\in N$，有 $m_1+m_2\in N$."

**例 9.2.1** 设 $f$ 是 $R$ 模 $M$ 到 $N$ 的 $R$ 同态映射，

$$\ker f=\{m\in M\mid f(m)=0\},$$

则①$\ker f$ 是 $M$ 的子模；②$\mathrm{Im} f$ 是 $N$ 的子模.

**证** ①显然，$(\ker f, +)<(N, +)$. $\forall r\in R$，$\forall m\in\ker f$，则$f(m)=0$，

$$f(rm)=rf(m)=r0=0.$$

所以，$rm\in\ker f$，$\ker f$ 是 $M$ 的子模.

②$(\mathrm{Im} f, +)<(N, +)$. $\forall r\in R$，$\forall f(m)\in\mathrm{Im} f$，其中 $m\in M$，则

$$rf(m)=f(rm)\in\mathrm{Im} f.$$

所以，$\mathrm{Im} f$ 是 $N$ 的子模.

例 9.2.1 中 $M$ 的子模 $\ker f$ 称为 $R$ 同态映射 $f$ 的核，$f$ 是单同态映射 $\Rightarrow\ker f=\{0\}$，$f$ 是满同态映射 $\Rightarrow\mathrm{Im} f=N$.

**例 9.2.2** 设 $M_1$，$M_2$ 都是 $R$ 模 $M$ 的子模，定义

$$M_1+M_2=\{m_1+m_2\mid m_1\in M_1, m_2\in M_2\},$$

则 ①$M_1+M_2$ 是 $M$ 的子模；②$M_1 \cap M_2$ 是 $M$ 的子模.

**证** 显然，$M_1+M_2$，$M_1 \cap M_2$ 都是 $M$ 的子加群.

$\forall r \in R$，$\forall m_1+m_2 \in M_1+M_2$，

$$r(m_1+m_2)=rm_1+rm_2 \in M_1+M_2.$$

$$\forall m \in M_1 \cap M_2,$$

$$m \in M_1,\ m \in M_2 \ \Rightarrow\ rm \in M_1,\ rm \in M_2$$

$$\Rightarrow\ rm \in M_1 \cap M_2.$$

所以，$M_1+M_2$，$M_1 \cap M_2$ 都是 $M$ 的子模.

接下来我们给出商模的概念.

设 $N$ 是 $R$ 模 $M$ 的子模，则$(N,+) \lhd (M,+)$，商群$(M/N,+)$中的运算是：

$\forall m_1+N,\ m_2+N \in M/N,\ (m_1+N)+(m_2+N)=(m_1+m_2)+N.$

**定理 9.2.1** 设 $N$ 是左 $R$ 模 $M$ 的子模，

$$M/N=\{m+N \mid m \in M\}.$$

$\forall m_1+N,\ m_2+N,\ m+N \in M/N,\ \forall r \in R,$

$$(m_1+N)+(m_2+N)=(m_1+m_2)+N, \tag{9-1}$$

$$r(m+N)=rm+N, \tag{9-2}$$

则 $M/N$ 是一个左 $R$ 模.

**证** $(M/N,+)$是交换群.

若 $m_1+N=m_2+N$，则 $m_1-m_2 \in N$. 由于 $N$ 是 $M$ 的子模，则

$$rm_1-rm_2=r(m_1-m_2) \in N,$$

$$rm_1+N=rm_2+N.$$

所以，式(9-2)与代表元 $m$ 的选取无关，定义了 $R\times(M/N)$到 $M/N$ 的代数运算.

通过验证知 $R/N$ 构成 $R$ 模.

**定义 9.2.2** 设 $N$ 是 $R$-模 $M$ 的子模，则 $M/N$ 关于以上定义的 $R$ 模 $M/N$ 称为 $M$ 关于 $N$ 的商模.

**定理 9.2.2** 设 $N$ 是 $R$ 模 $M$ 的子模，则存在 $M$ 到商模 $M/N$ 的模的自然同态映射

$$\pi: m \mapsto m+N,$$

并且 $\ker \pi = N$.

**证** $\pi$ 是加群 $M$ 到 $M/N$ 的自然同态映射，且 $\ker f=N$. 只要再说明 $\pi$ 是 $R$-同态即可.

$\forall r \in R$，$\forall m \in M$，

$$\pi(rm)=rm+N=r(m+N)=r\pi(m).$$

所以，$\pi$ 是模的自然同态映射.

下面我们介绍模同态定理：

**定理 9.2.3** 设 $f$ 是 $R$ 模 $M$ 到 $N$ 的 $R$ 模同态映射，$P$ 是 $\ker f$ 的子模，则存在唯一的 $R$ 模同态映射 $\bar{f}$：$M/P \to N$，使得

$$\forall m+p \in M/P,\ \bar{f}(m+p)=f(m),$$

并且 $\operatorname{Im} \bar{f}=\operatorname{Im} f$，$\ker \bar{f}=\ker f/P$.

**证** 对于交换群以上结论成立.

$$\forall r \in R,\ \forall m+p \in M/P,$$

$$\bar{f}(r(m+p)) = \bar{f}(rm+p) = f(rm) = rf(m)$$
$$= r\bar{f}(m+p),$$

所以，$\bar{f}$ 是 $R$-模同态映射.

由定理 9.2.3 知：

$\bar{f}$ 是满同态映射$\Leftrightarrow f$是满同态映射；

$\bar{f}$ 是单同态映射$\Leftrightarrow \ker f=P$；

$\bar{f}$ 是同构映射$\Leftrightarrow f$是满同态映射且 $\mathrm{Ker}\, f=P$.

**推论 9.2.1** 设$f$是 $R$ 模 $M$ 到 $N$ 的 $R$ 同态映射，则

$$M/\ker f \cong \mathrm{Im}\, f.$$

同构映射是：$\forall m+\ker f \in M/\ker f$，$\bar{f}$：$m+\ker f \mapsto f(m)$.

**推论 9.2.2** 设 $M_1$，$N_1$ 分别是 $R$ 模 $M$，$N$ 的子模，$f$ 是 $M$ 到 $N$ 的 $R$ 同态映射，且$f(M_1) \subseteq N_1$，则$f$诱导出一个 $R$ 同态映射

$$\bar{f}: M/M_1 \to N/N_1,$$

$$\bar{f}: m+M_1 \mapsto f(m)+N_1.$$

**定理 9.2.4** 设$f$是 $R$ 模 $M$ 到 $N$ 的 $R$ 同态映射，那么存在 $M$ 到 $\mathrm{Im}\, f$ 的满同态映射$f_1$ 和 $\mathrm{Im}\, f$ 的 $N$ 的单同态映射$f_2$，使得$f=f_2f_1$.

**证** 由定理 9.2.2 存在 $M$ 到 $M/\ker f$ 的自然同态映射 $\pi$，由推论 9.2.1，存在 $M/\ker f$ 到 $\mathrm{Im}\, f$ 的同构映射 $\bar{f}$.

令 $f_1=\bar{f}\pi$，则$f_1$ 是 $M$ 到 $\mathrm{Im}\, f$ 的满同态映射.

令 $f_2=\mathrm{Im}\, f$ 到 $N$ 的包含同态映射，是单同态映射.

$\forall m \in M$,

$$f_2f_1(m) = f_2(\bar{f}\pi)(m) = f_2\bar{f}(m+\ker f)$$
$$= f_2(f(m)) = f(m).$$

所以

$$f=f_2f_1.$$

## 9.3 偏序集

本章从偏序集入手简单介绍格的有关知识.

**定义 9.3.1** 设 $P$ 是集合，$P$ 上的二元关系“$\leqslant$”满足以下三个条件，则称“$\leqslant$”是 $P$ 上的偏序关系(或部分序关系)：

(1) 自反性：$a \leqslant a$，$\forall a \in P$；

(2) 反对称性：$\forall a,b \in P$，若 $a \leqslant b$ 且 $b \leqslant a$，则 $a=b$，

(3)传递性：$\forall a,b,c\in P$，若 $a\leqslant b$ 且 $b\leqslant c$，则 $a\leqslant c$，

具有偏序关系的集合 $P$ 为偏序集(或称半序集)，记为$(P,\leqslant)$. $a\leqslant b$ 读作"$a$ 小于或等于 $b$"或"$a$ 含于 $b$"，$a<b$ 读做"$a$ 小于 $b$"或"$a$ 真含于 $b$". 这里$a<b$ 等价于 $a\leqslant b$ 且 $a\neq b$，$\forall a,b\in P$. 若 $a\leqslant b$ 或 $b\leqslant a$，则称 $a$ 与 $b$ 是可比的，否则就说 $a$ 与 $b$ 是不可比. $a$ 与 $b$ 不可比记作 $a\parallel b$.

**例 9.3.1** 设 $A$ 是任意一个集合，$2^A$ 是 $A$ 的幂集，$\subseteq$是集合的包含关系，则$(2^A,\subseteq)$是一个偏序集.

**例 9.3.2** 设$\mathbf{N}$ 是自然数集，"$\mid$"表示数的整除关系，$\leqslant$是"数的小于或等于"关系，则$(\mathbf{N},\mid)$与$(\mathbf{N},\leqslant)$都是偏序集.

由例 9.3.2 可知，同一个集合可以是由不同的偏序关系而组成的不同的偏序集. 设$(P,\leqslant)$是偏序集，如果对于 $P$ 中任意两个不同的元素都是可比的，则称 $P$ 是一个链(或全序集). 对于 $P$ 中任意两个不同的元素都是不可比的，则称 $P$ 是一个反链(或非序集).

例 9.3.2 中的$(\mathbf{N},\leqslant)$是一个链.

**定义 9.3.2** 设$(P,\leqslant)$是偏序集，对于 $P$ 中任意二元 $x$，$y$ 有 $x\leqslant y\Leftrightarrow yRx$，则称 $R$ 是$\leqslant$的逆关系，记作$\leqslant^{-1}$. $\leqslant^{-1}$称为$\leqslant$的逆.

**定理 9.3.1** 设$(P,\leqslant)$是偏序集，则$(P,\leqslant^{-1})$也是偏序集，偏序集$(P,\leqslant^{-1})$称为偏序集$(P,\leqslant)$的对偶，简记作 $P^{-1}$.

**证** 显然$\leqslant^{-1}\subseteq P\times P$ 是 $P$ 的一个关系，令 $R=\leqslant^{-1}$，依次验证三个条件：

(1) $\forall a\in P$，有 $a\leqslant a$，有 $aRa$；

(2) $\forall a,b\in P$，若 $\left.\begin{matrix}aRb\Rightarrow b\leqslant a\\ bRa\Rightarrow a\leqslant b\end{matrix}\right\}\Rightarrow a=b$；

(3) $\forall a,b,c\in P$，$aRb,bRc\Rightarrow b\leqslant a,c\leqslant b\Rightarrow c\leqslant a\Rightarrow aRc$.

所以，$(P,R)$是一个偏序集.

**定义 9.3.3** 设$(P,\leqslant)$是偏序集，$N\subseteq P$，由于关系$\leqslant$是 $P\times P$ 的子集，令$\leqslant_N=\leqslant\cap(N\times N)$是$\leqslant$与 $N\times N$ 的交集，则称$\leqslant_N$是关系$\leqslant$在 $N$ 上的限制.

**定理 9.3.2** 设$(P,\leqslant)$是偏序集，关系$\leqslant_N$是$\leqslant$在 $N$ 上的限制，则$(N,\leqslant_N)$是偏序集，称为$(P,\leqslant)$的子偏序集.

**证** 因为$\leqslant\cap(N\times N)\subseteq(N\times N)$，所以$\leqslant\cap(N\times N)$是 $N$ 的一个关系.

(1) $\forall n\in N$，由 $n\in P$，有 $n\leqslant n$. 又因为$(n,n)\in(N\times N)$，则

$$(n,n)\in\leqslant\cap(N\times N),\ n\leqslant_N n.$$

(2) $\forall n_1,n_2\in N$，$n_1\leqslant_N n_2,n_2\leqslant_N n_1$

$$\Rightarrow n_1\leqslant n_2,n_2\leqslant n_1\Rightarrow n_1=n_2.$$

(3) $\forall n_1,n_2,n_3\in N,n_1\leqslant_N n_2,n_2\leqslant_N n_3$

$$\Rightarrow n_1\leqslant n_2,n_2\leqslant n_3\Rightarrow n_1\leqslant n_3.$$

又$(n_1,n_3)\in N\times N$，所以 $n_1\leqslant_N n_3$.

故$(N,\leqslant_N)$是偏序集.

下面我们讨论偏序集的(序)同态与(序)同构.

**定义 9.3.4** 设$(P,\leqslant)$与$(Q,\leqslant)$是偏序集，若映射 $\sigma$：$P\to Q$ 满足

(1) $x\leqslant y\Rightarrow\sigma(x)\leqslant\sigma(y)$，$\forall x,y\in P$，则称 $\sigma$ 是 $P$ 到 $Q$ 的序同态(或保序的).

若 $\sigma$ 是双射，满足(1)又满足

(2)$\sigma(x)\leqslant\sigma(y)\Rightarrow x\leqslant y$, $\forall x,y\in P$, 则称 $\sigma$ 是 $P$ 到 $Q$ 的序同构(或同构).

这里要注意的是, 序同构一定是序同态的, 但序同态不一定是序同构, 而且要注意序同构 $\sigma$ 一定要满足条件(2). 这是与其他代数系同构不同的地方.

**例 9.3.3** 在例 9.3.2 中, 设 $\sigma$: $n\to n$ 是$\mathbf{N}$的恒等映射. 验证 $\sigma$ 是偏序集($\mathbf{N}$, $|$)到偏序集($\mathbf{N}$, $\leqslant$)的序同态, 但不是序同构.

**证** $\forall x, y\in(\mathbf{N}, |)$, 若 $x\mid y\Rightarrow x\leqslant y\Rightarrow\sigma(x)\leqslant\sigma(y)$, $\sigma$ 是偏序集($\mathbf{N}$, $|$)到偏序集($\mathbf{N}$, $\leqslant$)的序同态.

对于 $2, 3\in\mathbf{N}$, $2=\sigma(2)\leqslant\sigma(3)=3$, 但推不出 $2\mid 3$. 所以, $\sigma$ 不是序同构.

在定义 9.3.3 中, 若序同态 $\sigma$: $P\to Q$ 是满射, 则称 $P$ 与 $Q$ 同态, 记作 $P\sim Q$;

若 $\sigma$ 是序同构, 则称 $P$ 与 $Q$ 同构, 记作 $P\cong Q$.

若$(P, \leqslant)=(Q, \leqslant)$时(注意, 这里 $P=Q$, 且 $P$ 中$\leqslant$与 $Q$ 中$\leqslant$完全一样), 序同态(或序同构)$\sigma$ 称为 $P$ 的自同态(或自同构).

类似地, 可以给出反序同态和反序同构等概念.

**定义 9.3.5** 设$(P, \leqslant)$与$(Q, \leqslant)$是偏序集, 若映射 $\sigma$: $P\to Q$ 满足

(3)$x\leqslant y\Rightarrow\sigma(y)\leqslant\sigma(x)$, $\forall x, y\in P$, 则称 $\sigma$ 是反序同态,

若 $\sigma$ 是双射, 又满足

(4)$\sigma(y)\leqslant\sigma(x)\Rightarrow x\leqslant y$, $\forall x, y\in P$,

则称 $\sigma$ 是反序同构(或对偶同构). 此时, 称 $P$ 与 $Q$ 是对偶同构(或对偶的). 若 $\sigma$: $P\to Q$ 是对偶同构, 并且$(P, \leqslant)=(Q, \leqslant)$, 则称 $\sigma$ 是 $P$ 的一个自对偶同构, 并说偏序集 $P$ 是自对偶的.

**定理 9.3.3** 偏序集 $P$ 与 $P^{-1}$对偶同构.

证明留给读者.

**定理 9.3.4** 设$(P, \leqslant)$与$(Q, \leqslant)$是两个偏序集, $\sigma$: $P\to Q$ 是满射, 则下列条件等价:

(1)$\sigma$ 是序同构(反序同构);

(2)$\sigma$ 是可逆映射, 且 $\sigma$ 与 $\sigma-1$ 皆保序(反序);

(3)$\sigma$ 是双保序的(双反序的), 即

$$\forall x, y\in P, x\leqslant y\Leftrightarrow\sigma(x)\leqslant\sigma(y) \quad (\sigma(y)\leqslant\sigma(x)).$$

**证** (1)$\Rightarrow$(2)$\Rightarrow$(3)显然成立.

下证(3)$\Rightarrow$(1), 只需证 $\sigma$ 是双射即可.

$\forall x, y\in P$,

$$\begin{aligned} x=y&\Leftrightarrow \text{且 } y\leqslant x\\ &\Leftrightarrow\sigma(x)\leqslant\sigma(y)\text{ 且 }\sigma(y)\leqslant\sigma(x)\\ &\Leftrightarrow\sigma(x)=\sigma(y), \end{aligned}$$

因而 $\sigma$ 是单射. 已知 $\sigma$ 是满射, 所以 $\sigma$ 是双射.

对于有限集 $P$, 偏序关系通常用 Hasse 图表示. 这种图形用线段的端点表示 $P$ 的元, 而将连接上下两个端点的线段表示关系"$\leqslant$", 若端点 $a$ 在 $b$ 的下方则表示 $a\leqslant b$.

**例 9.3.4** 设 $P=\{1, 2, \cdots, 14\}$, $|$表示数的整除关系, 则$(P, |)$是有限偏序集, 其示图如图 9.1 所示.

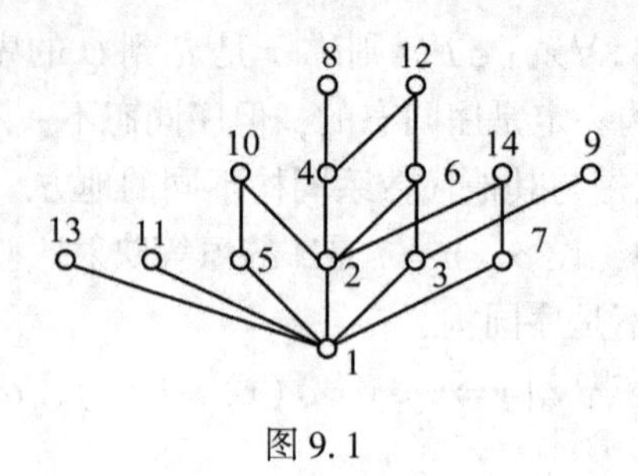


图 9.1

**例 9.3.5** 设 $A=\{1,\ 2,\ 3\}$，则称 $A$ 的幂集 $2^A$ 关于集合包含关系 $\subseteq$ 称为一个有限偏序集 $(2^A,\ \subseteq)$. 其示图如图 9.2 所示.

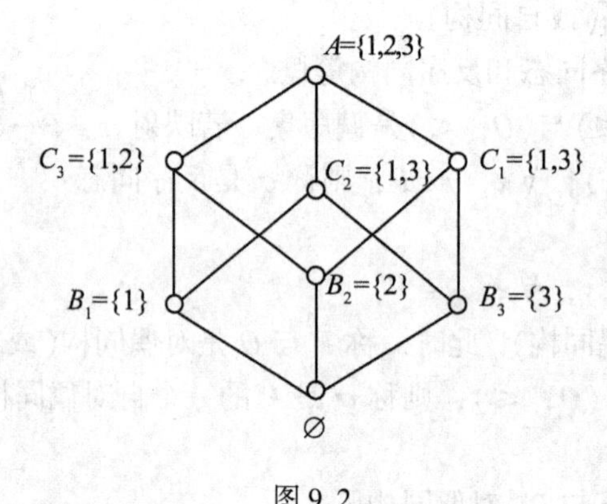


图 9.2

有时某些无限偏序集也可用 Hasse 图表示.

**例 9.3.6** 整数集合 **Z** 关于数的小于或等于关系构成的无限链(**Z**, $\leqslant$)，其示图如图 9.3 所示.

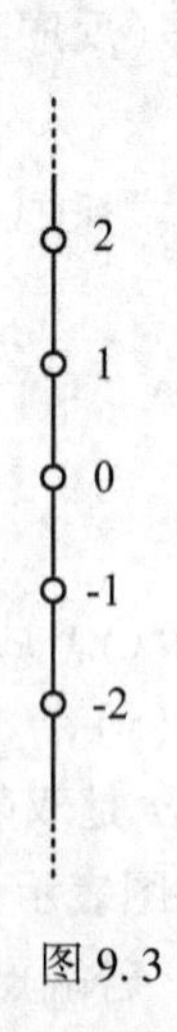


图 9.3

**定义 9.3.6** 在偏序集$(P,\ \leqslant)$中，如果 $P$ 的元 $m$ 对于任意的 $x\in P$，恒有 $x\leqslant m$，则称

$m$ 是 $P$ 的单位元(或最大元). 如果有 $n \in P$, 使得 $\forall x \in P$, 恒有 $n \leqslant x$, 则称 $n$ 是 $P$ 的零元(或最小元), $m$, $n$ 统称为 $P$ 的泛界.

显然, 如果在偏序集$(P, \leqslant)$中有单位元(或零元), 则单位元(或零元)唯一.

在例 9.3.1 的$(2^A, \subseteq)$中, $\mathbf{I}=A$, $0=\varnothing$.

在例 9.3.2 的$(\mathbf{N}, |)$中, 无单位元, $0=1$.

在例 9.3.2 的$(\mathbf{N}, \leqslant)$中, 无单位元, $0=1$.

## 9.4 格

**定义 9.4.1** 设 $L$ 是带有$\wedge$(交), $\vee$(并)两种运算的代数系, 并且满足下列 4 条性质: $\forall a, b, c \in L$,

(1) $a \wedge a=a$, $a \vee a=a$; (幂等律)

(2) $a \wedge b=b \wedge a$, $a \vee b=b \vee a$; (交换律)

(3) $a \wedge (b \wedge c)=(a \wedge b) \wedge c$, $a \vee (b \vee c)=(a \vee b) \vee c$; (结合律)

(4) $a \wedge (a \vee b)=a=a \vee (a \wedge b)$; (吸收律)

则称$(L, \wedge, \vee)$是一个格.

**例 9.4.1** 集 $P$ 的幂集 $2^P$ 对于交运算$\cap$和并运算$\cup$有下列性质:

$$\forall A, B, C \in 2^P, \text{有}$$

(1) $A \cap A=A$, $A \cup A=A$;

(2) $A \cap B=B \cap A$, $A \cup B=B \cup A$;

(3) $A \cap (B \cap C)=(A \cap B) \cap C$, $A \cup (B \cup C)=(A \cup B) \cup C$;

(4) $A \cap (A \cup B)=A=A \cup (A \cap B)$.

因此, $(2^P, \cap, \cup)$是一个格, 称为 $P$ 的幂集格.

下面讨论格的基本性质.

**性质 9.4.1** $\forall a, b \in$ 格 $L$, $a \wedge b=a \Leftrightarrow a \vee b=b$.

**证** ①"$\Rightarrow$" 设 $a \wedge b=a$, 则 $a \vee b=(a \wedge b) \vee b=b \vee (b \wedge a)=b$.

②"$\Leftarrow$" 若 $a \vee b=b$, 则 $a \wedge b=a \wedge (a \vee b)=a$.

**性质 9.4.2** 在格 $L$ 中定义二元关系$\leqslant$:

$$\forall x, y \in L, x \leqslant y \Leftrightarrow x \wedge y=x.$$

则$(L, \leqslant)$是一个偏序集, 且$\forall x, y \in L$, $x \wedge y$ 是 $x$, $y$ 在 $L$ 中的下确界; $x \vee y$ 是 $x$, $y$ 在 $L$ 中的上确界. 其中, $x \wedge y$ 是下确界是指: (1) $x \wedge y \leqslant x$ 且 $x \wedge y \leqslant y$;

(2) $\forall z \in L$, 若 $z \leqslant x$, $z \leqslant y$, 则 $z \leqslant x \wedge y$;

$x \vee y$ 是上确界是指: (1) $x \leqslant x \vee y$ 且 $y \leqslant x \vee y$;

(3) $\forall z \in L$, 若 $x \leqslant z$, $y \leqslant z$, 则 $x \vee y \leqslant z$.

**证** $\forall x \in L$, 由定义 9.4.1(1) 有 $x \wedge x=x$, 所以 $x \leqslant x$, 满足反身性.

又$\forall x, y \in L$, 若 $x \leqslant y$ 且 $y \leqslant x$, 则

$$x \wedge y=x, \quad y \wedge x=y.$$

由定义 9.4.1(2) 有 $x=y$, 即满足反对称性.

若 $x \leqslant y$ 且 $y \leqslant z$, 则

$$x\wedge y=x,\ y\wedge z=y.$$

由定义 9.4.1(3)有

$$x=x\wedge y=x\wedge(y\wedge z)=(x\wedge y)\wedge z=x\wedge z.$$

所以 $x\leqslant z$，即满足传递性．故$(L,\ \leqslant)$是一个偏序集.

下证"$\forall x,\ y\in L,\ x\wedge y$ 是 $x,\ y$ 在 $L$ 中的下确界．"

由

$$\begin{aligned}(x\wedge y)\wedge x&=x\wedge(x\wedge y)\\&=(x\wedge x)\wedge y=x\wedge y,\end{aligned}$$

有

$$x\wedge y\leqslant x;$$

由

$$\begin{aligned}(x\wedge y)\wedge y=y\wedge(y\wedge x)&=(y\wedge y)\wedge x\\&=y\wedge x=x\wedge y,\end{aligned}$$

有

$$x\wedge y\leqslant y;$$

又 $\forall z\in L$，若 $z\leqslant x$ 且 $z\leqslant y$，则 $x\wedge z=z$，且 $z\wedge y=z$. 由定义 9.4.1(3)有

$$z\wedge(x\wedge y)=(z\wedge x)\wedge y=z\wedge y=z.$$

得

$$z\leqslant x\wedge y,$$

即 $x\wedge y$ 是 $x,\ y$ 在 $L$ 中的下确界.

再证"$\forall x,\ y\in L,\ x\vee y$ 是 $x,\ y$ 在 $L$ 中的上确界．"

由 $x\wedge(x\vee y)=x,\ y\wedge(x\vee y)=y$,

有

$$x\leqslant x\vee y,\ y\leqslant x\vee y.$$

又 $\forall z\in L$,

若 $x\leqslant y$，且 $y\leqslant z$，则有 $x\wedge z=x$，且 $y\wedge z=y$

由性质 9.4.1，有 $x\vee z=z$ 且 $y\vee z=z$. 由定义 9.4.1(3)，得

$$(x\vee y)\vee z=x\vee(y\vee z)=x\vee z=z.$$

再由性质 9.4.1，得

$$(x\vee y)\wedge z=x\vee y,\ x\vee y\leqslant z$$

即 $x\vee y$ 是 $x,\ y$ 在格 $L$ 中的上确界.

下面定理给出格的一个等价定义.

**定理 9.4.1** 设$(L,\ \leqslant)$是偏序集，如果 $L$ 中的任意两个元素 $x,\ y$ 都有上确界 $x\vee y$ 和下确界 $x\wedge y$，则$(L,\ \wedge,\ \vee)$是一个格.

证明较为繁琐，有兴趣的读者可参考相关书籍.

**性质 9.4.3** $L$ 是格．$\forall x,\ y,\ z\in L$，若 $x\leqslant y$，则

$$x\wedge z\leqslant y\wedge z,\ x\vee z\leqslant y\vee z.$$

**证** $x\wedge z\leqslant x,\ x\leqslant y\Rightarrow x\wedge z\leqslant y.$

又 $x\wedge z\leqslant x\Rightarrow x\wedge z\leqslant y\wedge z.$

同理可证，$x \vee z \leqslant y \vee z$.

**性质 9.4.4** $L$ 是格，$\forall x, y, z \in L$，有

(1)$x \wedge (y \vee z) \geqslant (x \wedge y) \vee (x \wedge z)$；

(2)$x \vee (y \wedge z) \leqslant (x \vee y) \wedge (x \vee z)$.

**证** 由性质 9.4.3 知

$$x \wedge (y \vee z) \geqslant x \wedge y,$$
$$x \wedge (y \vee z) \geqslant x \wedge z,$$

故

$$x \wedge (y \vee z) \geqslant (x \wedge y) \vee (x \wedge z),$$

(1)成立.

由性质 9.4.3，知

$$x \vee (y \wedge z) \leqslant x \vee y,$$
$$x \vee (y \wedge z) \leqslant x \vee z,$$

故

$$x \vee (y \wedge z) \leqslant (x \vee y) \wedge (x \vee z).$$

(1)，(2)称为格的分配不等式.

**性质 9.4.5** 在格 $L$ 中，有模的不等式成立，即 $\forall x, y, z \in L$，若 $x \leqslant z$，则

$$x \vee (y \wedge z) \leqslant (x \vee y) \wedge z.$$

**性质 9.4.6** 已知 $(P, \wedge, \vee)$，且有泛界 $I$ 与 0，则

$$I = \bigvee_{x \in P} x, \quad 0 = \bigwedge_{x \in P} x.$$

(性质 9.4.5、性质 9.4.6 请读者自证)

由于格$(L, \wedge, \vee)$是偏序集$(L, \leqslant)$，因此格也可由 Hasse 图表示.

为确保计算机网络系统中信息的保密性、完整性和可用性，通常需要遵循一定的安全策略才能对信息进行访问和操作. 并且只有每个用户按照安全策略所授权的方法对信息进行操作访问时，整个计算机信息系统才是安全的. 安全策略目前主要分为两类，一类是访问控制策略，该策略主要是通过在访问矩阵中定义用户所能访问的对象及权限来实现的；另一类是信息流控制策略，该策略通过规定信息的安全类和安全类之间的流动关系来实现对信息的保护，此类策略就是按照本章介绍的格理论来构造的.

## 习题 9

1. 设 $R$ 是交换环，$M$ 是右 $R$ 模. 如果 $\forall r \in R$，$\forall m \in M$，规定 $rm = mr$，证明：$M$ 是 $R$-$R$ 双模.

2. 设 $R$，$S$ 是含幺环，$f$ 是环 $S$ 到 $R$ 的把单位元映为单位元的环同态映射，$M$ 是幺作用左 $R$ 模. $\forall s \in S$，$\forall m \in M$，规定

$$sm = f(s)m,$$

证明：$M$ 是一个幺作用左 $S$ 模.

3. 设 $M$ 是左 $R$ 模，证明：$\forall r \in R$，$\forall m \in M$，

$$r(-m)=-rm,$$
$$(-r)(-m)=rm.$$

4. 设$M$是$R$-$S$双模，如果固定$s\in S$，$\forall m\in M$，规定

$$f: m\mapsto ms,$$

证明：$f$是左$R$模$M$到自身的$R$同态的映射.

5. 设$f$是左$R$模$M$到$N$的$R$模同态映射，证明：

(1)如果$f$是单同态映射，那么对任意左$R$模$P$及$P$到$M$的$R$同态映射$g_1$，$g_2$，若$fg_1=fg_2$成立，必有$g_1=g_2$；

(2)如果$f$是满同态映射，那么对任意左$R$模$\mathbf{Q}$及$\mathbf{N}$到$\mathbf{Q}$的$R$同态映射$h_1$，$h_2$，若$h_1f=h_2f$成立，必有$h_1=h_2$.

6. 设$I$是环$R$的理想，$m$是左$R$模$M$的一个固定元素，

$I_m=\{am \mid \forall a\in I\}$，

证明：$I_m$是$M$的子模.

7. 设$\mathbf{N}$是自然数集，$\{M_i \mid i\in\mathbf{N}\}$是$R$-模$M$的一簇子模，并且

$$M_1\subseteq M_2\subseteq\cdots\subseteq M_i\subseteq\cdots,$$

证明：$\bigcup\limits_{i\in\mathbf{N}}M_i$是$M$的子模.

8. 设$f$是左$R$模$M$到$N$的$R$同态映射，证明：

(1)$\ker f$到$M$的包含同态$g$使$fg=0$.

(2)对于任意$R$模$P$到$M$的$R$同态映射$h$，如果$fh=0$，那么一定存在$P$到$\ker f$的$R$同态映射$\tau$使$h=g\tau$.

9. 证明：在仅含两个元素的集合中，恰有三种不同的偏序关系.

10. 设$A_n=\{1, 2, 3, \cdots, n\}$是前$n$个自然数组成的集合，$\leqslant$是小于或等于关系，则$(A_n, \leqslant)$是一个$n$阶有限链，称为序数$n$的链，记作$n$，作出其Hasse图．由$A_n$构成的反链$(A_n, =)$称为基数$n$的反链，记作$n$，作出其Hasse图.

11. 说明在有限偏序集的示图中，不可能出现以三个元素为顶点而边上再无其他元素的三角形.

12. 设$P$是有限格，则$P$必有泛界$m$和$n$，且$m$和$n$都唯一.

13. 设$(P, \leqslant)$是非空的偏序集，则$(P, \leqslant)$是格等价于$(P, \leqslant^{-1})$是格.

# 第 10 章 布尔函数

## 10.1 布尔函数的基本概念

**定义 10.1.1** 由 $F_2^n$ 到 $F_2$ 上的函数或映射称为 $n$ 元函数，记为 $f(x_1, \cdots, x_n)$，简记为 $f(x)$ 或 $f$，其中 $x=(x_1, \cdots, x_n)=\sum_{i=1}^{n} x_i 2^{n-i}$，即 $(x_1, \cdots, x_n)$ 是 $x$ 的二进制表示．布尔函数的表示形式有多种，下面介绍几种主要的形式：真值表表示、小项表示、多项式表示、Walsh 谱表示、矩阵表示和序列表示．这些表示在研究布尔函数及其性质中都要用到．

### 10.1.1 布尔函数的真值表表示

将布尔函数在各点的函数值按顺序排列起来，记为 $f(0)$，$f(1)$，$\cdots$，$f(2^n-1)$，称之为 $f(x)$ 的真值表．用真值表表示的函数称为布尔函数真值表表示．$f(x)$ 的真值表中 1 的个数称为 $f(x)$ 的汉明重量，记为 $w(f)$．

**例 10.1.1** 设 $f(0, 0)=1$，$f(0, 1)=1$，$f(1, 0)=1$，$f(1, 1)=0$，那么，$f(x)$ 的真值表表示为 $f(x)=(1, 1, 1, 0)$．

### 10.1.2 布尔函数的小项表示

设 $x \in F_2$，约定 $x'=x$，$x^0=\bar{x}=1+x$，对于 $x_i$，$c_i \in F_2$，就有 $x_i^{c_i}=\begin{cases}1, & x_i=c_i\\ 0, & x_i=c_i\end{cases}$，设整数 $c(0 \leqslant c \leqslant 2^n-1)$ 的二进制表示是 $(c_1, c_2, \cdots, c_n)$，约定 $x^c=x_1^{c_1}x_2^{c_2}\cdots x_n^{c_n}$，它具有下述"正交性"：

$$x_1^{c_1}x_2^{c_2}\cdots x_n^{c_n}=\begin{cases}1, & (x_1, x_2, \cdots, x_n)=(c_1, c_2, \cdots, c_n);\\ 0, & (x_1, x_2, \cdots, x_n)\neq(c_1, c_2, \cdots, c_n).\end{cases}$$

由此可得，

$$f(x)=\sum_{c=0}^{2^n-1} f(c_1, c_2, \cdots, c_n)x_1^{c_1}x_2^{c_2}\cdots x_n^{c_n}. \qquad (10\text{-}1)$$

式(10-1)称为 $f(x)$ 的小项表示，$f(c_1, c_2, \cdots, c_n)x_1^{c_1}x_2^{c_2}\cdots x_n^{c_n}$ 称为一个小项．$\sum$ 表示在 $F_2$ 上求和．

**例 10.1.2** 例 10.1.1 中的 $f(x)$ 的小项表示是

$$f(x_1, x_2)=1\cdot x_1^0x_2^0+0\cdot x_1^0x_2^1+1\cdot x_1^1x_2^0+0\cdot x_1^1x_2^1=x_1^0x_2^0+x_1^1x_2^0.$$

### 10.1.3 布尔函数的多项式表示

$f(x)$的多项式表示为

$$f(x)=a_0+\sum_{1\leqslant i_1<i_2<\cdots<i_r\leqslant n}^{n}\sum a_{i_1i_2\cdots i_r}x_{i_1}x_{i_2}\cdots x_{i_r}. \tag{10-2}$$

要将$f(x)$的小项表示转化为多项式表示，只须将$\overline{x_i}=1+x_i$代入式(10-1)，并注意$x_ix_i=x_i$，$x_ix_j=x_jx_i$，利用分配律并进行合并同类项即可，如例10.1.2中

$$f(x_1, x_2)=(x_1+1)(x_2+1)+x_1(x_2+1)=1+x_2.$$

也常将式(10-2)按变元的升幂及下标数字写成如下形式：

$$f(x)=a_0+a_1x_1+a_2x_2+\cdots+a_nx_n+a_{12}x_1x_2+\cdots+a_{n-1,n}x_{n-1}x_n+\cdots+a_{12\cdots n}x_1x_2\cdots x_n. \tag{10-3}$$

式(10-3)称为$f(x)$的代数标准型或代数正规型，一个乘积项(也称单项式)$x_{i_1}x_{i_2}\cdots x_{i_r}$的次数定义为$r$，布尔函数$f(x)$的次数定义为$f(x)$的代数标准型中具有非零系数的乘积项中的最大次数，记为$\deg(f)$. 一次布尔函数称为仿射函数，常数项为零的仿射函数称为线性函数，次数大于1的布尔函数称为非线性函数.

### 10.1.4 布尔函数的谱表示

**定义10.1.2** 设$x=(x_1, \cdots, x_n)$，$w=(w_1, \cdots, w_n)\in F_2{}^n$，$w\cdot x=x_1w_1+\cdots+x_nw_n$，称

$$S_f(w)=2^{-n}\sum_{x\in F_2^n}f(x)(-1)^{w\cdot x},$$

$$S_{(f)}(w)=2^{-n}\sum_{x\in F_2^n}(-1)^{f(x)+w\cdot x}$$

分别为$f(x)$的线性Walsh谱和循环Walsh谱.

**例10.1.3** 设$f(x)=f(x_1, x_2, x_3)=x_1x_2\oplus x_3$，计算$f(x)$在$\alpha=(1, 1, 0)$点的Walsh循环谱.

**解** 令$\phi(x)=\alpha\cdot x=(1, 1, 0)\times(x_1, x_2, x_3)=x_1\oplus x_2$，则以下四个函数的取值情况如下表所示：

| $x=(x_1, x_2, x_3)$ | (0, 0, 0) | (0, 0, 1) | (0, 1, 0) | (0, 1, 1) | (1, 0, 0) | (1, 0, 1) | (1, 1, 0) | (1, 1, 1) |
|---|---|---|---|---|---|---|---|---|
| $f(x)$ | 0 | 1 | 0 | 1 | 0 | 1 | 1 | 0 |
| $\phi(x)=x_1\oplus x_2$ | 0 | 0 | 1 | 1 | 1 | 1 | 0 | 0 |
| $f(x)\oplus\phi(x)$ | 0 | 1 | 1 | 0 | 1 | 0 | 1 | 0 |
| $(-1)^{f(x)\oplus\phi(x)}$ | 1 | –1 | –1 | 1 | –1 | 1 | –1 | 1 |

因此，有

$$S_{(f)}(1, 1, 0)=\frac{1}{2^3}\sum_{x\in Z_2^N}(-1)^{f(x)\oplus\phi(x)}=\frac{1}{8}(1-1-1+1-1+1-1-1)=0.$$

**引理10.1.1** 设$n\geqslant 1$，则$\forall w\in Z_2{}^n$，有

$$\frac{1}{2^n}\sum_{x\in Z_2{}^n}(-1)^{w\cdot x}=\begin{cases}1, & 若 w=0;\\0, & 若 w\neq 0.\end{cases}$$

**证** 当 $w=0$ 时，$\forall x\in Z_2^n$，均有 $w\cdot x=0\cdot x=0$，因此有

$$\frac{1}{2^n}\sum_{x\in Z_2^n}(-1)^{w\cdot x}=\frac{1}{2^n}\sum_{x\in Z_2^n}(-1)^0=1.$$

当 $w\neq 0$ 时，记 $w=(w_1, \cdots, w_n)$，$\forall x\in Z_2^n$，记 $x=(x_1, \cdots, x_n)$，则有

$$\begin{aligned}\frac{1}{2^n}\sum_{x\in Z_2^n}(-1)^{w\cdot x}&=\frac{1}{2^n}\sum_{x\in Z_2^n}(-1)^{w_1x_1\oplus w_2x_2\oplus\cdots\oplus w_nx_n}\\&=\frac{1}{2^n}\sum_{x_1\in\{0,1\}}\sum_{x_2\in\{0,1\}}\cdots\sum_{x_n\in\{0,1\}}\prod_{i=1}^n(-1)^{w_ix_i}\\&=\frac{1}{2^n}\sum_{x_1\in\{0,1\}}(-1)^{w_1x_1}\sum_{x_2\in\{0,1\}}(-1)^{w_2x_2}\cdots\sum_{x_n\in\{0,1\}}(-1)^{w_nx_n}\\&=\frac{1}{2^n}\prod_{i=1}^n\sum_{x_i\in\{0,1\}}(-1)^{w_ix_i}.\end{aligned}$$

由定义 10.1.2 及引理 10.1.1，易知两种谱之间的关系是

$$S_{(f)}(w)=\begin{cases}-2S_f(w), & w\neq 0;\\1-2S_f(w), & w=0.\end{cases}$$

依定义 10.1.2，可得到 $f(x)$ 用两种 Walsh 谱的表示如下：

$$f(x)=\sum_{w\in F_2^n}S_f(w)(-1)^{w\cdot x},$$

$$f(x)=\frac{1}{2}-\frac{1}{2}\sum_{w\in F_2^n}S_{(f)}(w)(-1)^{w\cdot x}.$$

关于 Walsh 谱，下面不加证明地给出以下结论：

**定理 10.1.1(Plancheral 公式)** 设 $f(x)$ 是 $n$ 元布尔函数，则

$$\sum_{w\in F_2^n}S_f^2(w)=S_f(0)=w(f)/2^n.$$

**定理 10.1.2(Parseval 公式)** 设 $f(x)$ 是一个 $n$ 元布尔函数，则

$$\sum_{w\in F_2^n}S_{(f)}^2(w)=1.$$

**定理 10.1.3** 设 $f_1(x)$，$f_2(x)$ 是 $n$ 元布尔函数，则

$$S_{f_1+f_2}(w)=S_{f_1}(w)+S_{f_2}(w)-2S_{f_1f_2}(w).$$

**定理 10.1.4** 设 $f_1(x)$，$f_2(x)$ 是 $n$ 元布尔函数，则

$$S_{f_1f_2}(w)=-2^{-n}\sum_{\tau=0}^{2^n-1}S_{f_1}(\tau)S_{f_2}(w+\tau).$$

### 10.1.5 布尔函数的矩阵表示

**定义 10.1.3** 设 $f(x)$ 是一个 $n$ 元布尔函数，矩阵

$$\begin{bmatrix} f(0) \\ f(1) \\ \vdots \\ f(N) \end{bmatrix} = \begin{bmatrix} \varphi(0,\ 0) & \cdots & \varphi(N,\ 0) \\ \varphi(0,\ 1) & \cdots & \varphi(N,\ 1) \\ \vdots & & \vdots \\ \varphi(0,\ N) & \cdots & \varphi(N,\ N) \end{bmatrix} \begin{bmatrix} S_f(0) \\ S_f(1) \\ \vdots \\ S_f(N) \end{bmatrix}$$

称为 $f(x)$ 的矩阵(即 $f(x)$ 的矩阵表示)，其中 $\varphi(\omega,\ x)=\varphi_\omega(x)=(-1)^{\omega\cdot x}$.

**定义 10.1.4** 设 $H_n$ 是 $2^n$ 阶的矩阵. 如果 $H_n$ 由下面的递推关系

$$H_0=[1],\ H_n=\begin{bmatrix} 1 & 1 \\ 1 & -1 \end{bmatrix} \otimes H_{n-1}=\begin{bmatrix} H_{n-1} & H_{n-1} \\ H_{n-1} & -H_{n-1} \end{bmatrix}$$

给出，则称 $H_n$ 为 Hadamard 矩阵，其中，$\otimes$表示矩阵的克罗内克(Kerpncker)积.

利用 Hadamard 矩阵可得到与 Walsh 谱平衡的一套理论，另外，利用 Hadamard 矩阵的有关性质可得到计算 Walsh 谱的快速算法. 由此可见，Hadamard 矩阵在密码学中是很重要的.

**定义 10.1.5** 设 $f(x)$ 是一个 $n$ 元布尔函数，$w=w(f)$ 是其汉明重量，$D=\{d=(d_1,\ \cdots,\ d_n)\mid f(d)=1\}$，将 $D$ 中的元素按字典式顺序从小到大排列为 $c_i=(c_{i1},\ \cdots,\ c_{in})$，则称 0-1 矩阵

$$C_f=\begin{bmatrix} c_{11} & \cdots & c_{1n} \\ \vdots & & \vdots \\ c_{w1} & \cdots & c_{wn} \end{bmatrix}$$

为 $f(x)$ 的特征矩阵. 布尔函数与其特征之间是相互唯一确定的.

**定义 10.1.6** 设 $A$ 是 $F_2$ 上的 $M\times n$ 矩阵，如果对任意给定的 $m$ 列，每一个行向量恰好重复$\dfrac{M}{2^m}$次，则称 $A$ 为正交矩阵，记为$(M,\ n,\ 2,\ m)$.

### 10.1.6 布尔函数的序列表示

称序列 $\left((-1)^{f(\alpha_0)},\ (-1)^{f(\alpha_1)},\ \cdots,\ (-1)^{f(\alpha_{2^n-1})}\right)$为 $f(x)$ 的序列表示，其中 $\alpha_0=(0,\ \cdots,\ 0)$，$\alpha_1=(0,\ \cdots,\ 0,\ 1)$，$\alpha_{2^n-1}=(1,\ \cdots,\ 1)\in {F_2}^n$.

下面给出这两种运算的两个重要结论.

**定理 10.1.5** 当 $m=2^n$，设 $a$，$b$ 分别是 $n$ 元布函数 $f(x)$ 和 $g(x)$ 的序列表示，那么，$a*b$就是 $f(x)+g(x)$ 的序列表示.

**定理 10.1.6** 设 $I_i$ 是 $H_n$ 的第 $i$ 行，$0\leqslant i\leqslant 2^n$，$a_i$ 是 $i$ 的二进制表示，那么，$I_i$ 就是线性函数 $\varphi_i=(\alpha_i,\ x)$的序列.

## 10.2 布尔函数的平衡相关免疫性

对于由 $n$ 个移位寄存器驱动的非线性组合密钥流生成器，Siegenthaler 提出了一种“分别征服”的相关攻击方法，即 DC 攻击；而这种攻击是建立在非线性组合函数与其变元的相关性及信源的 0、1 不平衡基础上的，因此为了抗击 DC 攻击，Siegenthaler 又提出了相关免疫(Correlation-Immune)的概念，要求密钥流生成器中的非线性组合函数必须是平衡的和相关免疫的.

下面介绍平衡和相关免疫的概念，谱特征、重量特征和其代数标准型的结构特征．

**定义 10.2.1** 如果 $n$ 元布尔函数的重量 $w(f)=2^{n-1}$，则称 $f(x)$ 是平衡布尔函数．

前面讲到，平衡性是抗击相关攻击所必需的，实际上，平衡是用于密码体制的布尔函数简称密码函数都必须具备的．由定义 10.2.1 及布尔函数的几种不同表示的转换关系可知，$f(x)$ 的重量即为 $f(x)$ 小项表示中小项的数目，注意由小项表示转换为多项式表示时，每个小项展开后含有一个最高次项 $x_1x_2\cdots x_n$，特别地，关于平衡函数有如下结构特点：

**定理 10.2.1** 平衡布尔函数的多项式表示中不含最高次项．

由平衡和 $f(x)$ 的循环 Walsh 谱的定义可推得平衡函数的谱特征为：

**定理 10.2.2** 若 $f(x)$ 是平衡布尔函数，则 $S_{(f)}(0)=0$.

最早给出的相关免疫定义，是 T. Siegenthaler 给出的下列定义．

**定义 10.2.2** 设 $x_1$，$x_2$，…，$x_n$ 是 $n$ 个独立的、均匀分布的二元随机变量，$f(x_1, \cdots, x_n)$ 是 $F_2^n \to F_2$ 的布尔函数，令随机变量 $z=f(x_1, \cdots, x_n)$，如果对任意下标的子集 $\{i_1, \cdots, i_m \mid 1 \leqslant i_1 < i_2 < \cdots < i_m \leqslant n\}$，随机变量 $z=f(x_1, \cdots, x_n)$ 与随机变量 $(x_{i_1}, x_{i_2}, \cdots, x_{i_m})$ 统计独立，则称 $f(x_1, \cdots, x_n)$ 是 $m$ 阶相关免疫的．这个条件用互信息表示为 $I(z; x_{i_1}, \cdots, x_{i_m})=0$.

与 T. Siegenthaler 给出的 $m$ 阶相关免疫定义等价，$m$ 阶相关免疫有许多其他形式的定义.

**定义 10.2.3** 设 $n$ 元布尔函数 $f(x_1, \cdots, x_n)$ 中每个变元 $x_i$ 都是 $F_2$ 上独立同分布随机变量，若对任意的 $1 \leqslant i_1 < i_2 < \cdots < i_m \leqslant n$ 和 $a_1$，$a_2$，…，$a_m$，存在

$$P\{f(x_1, \cdots, x_n)=1 \mid x_{i_1}=a_1, \cdots, x_{i_m}=a_m\}=P\{f(x_1, \cdots, x_n)=1\},$$

即 $f(x)$ 与 $x_{i_1}$，…，$x_{i_m}$ 统计无关，则称 $f(x)$ 是 $m$ 阶相关免疫的，其中 $1 \leqslant m \leqslant n-1$.

显然，如果 $f(x)$ 是 $m$ 阶相关免疫的，那么对任意的 $k<m$，$f(x)$ 也是 $k$ 阶相关免疫的．

定义 10.2.3 是从概率的角度给出相关免疫的定义，还可以从重量分析、谱分析、矩阵分析等角度给出相关免疫的概念．将这些不同形式的定义加以概括，用定理表述如下：

**定理 10.2.3** 设 $f(x)$ 是 $n$ 元布尔函数，则下列条件是等价的：

(1) $f(x)$ 是 $m$ 阶相关免疫的；

(2) $f(x)$ 与任意 $m$ 个变元 $x_{i_1}$，…，$x_{i_m}$ 统计无关；

(3) 对任意的 $1 \leqslant i_1 < i_2 < \cdots < i_m \leqslant n$ 和 $a_1$，$a_2$，…，$a_m$，存在

$$2^m W(f(x_1, \cdots, x_n) \mid x_{i_1}=a_1, \cdots, x_{i_m}=a_m)=w(f(x_1, \cdots, x_n));$$

(4) $f(x)$ 的特征矩阵是 $(w, n, 2, m)$ 正交矩阵；

(5) 对任意的 $w=(0, \cdots, w_{i_1}, \cdots, w_{i_m}, \cdots, 0) \in F_2^n$，$0 \leqslant W(w)<m$，$f(x)$ 与 $w \cdot x$ 统计无关；

(6) 对任意的 $w=(0, \cdots, w_{i_1}, \cdots, w_{i_m}, \cdots, 0) \in F_2^n$，$0 \leqslant W(w)<m$，$f(x)+w \cdot x$ 是平衡的．

T. Siegenthaler 还给出了布尔函数 $m$ 阶相关免疫的一个必要条件如下：

**定理 10.2.4** 设 $f(x_1, \cdots, x_n)$ 的重量为 $w(f)$，则 $f(x)$ 为 $m$ 阶相关免疫的必要条件是 $w(f)=2^m \times k(k \geqslant 0)$.

**证** 设 $f(x)$ 的小项表示为 $f=\sum_{i=1}^{w(f)} x^{c_i}$，$x=x_1x_2\cdots x_n$，$c_i=c_{i_1}c_{i_2}\cdots c_{i_n}$，$1 \leqslant i \leqslant w(f)$. 令

$$y=y_1y_2\cdots y_m, \quad z=x_{m+1}\cdots x_n,$$

$f(x_1, \cdots, x_n)$的小项表示按 $y$ 合并同类项，得

$$f(x_1, \cdots, x_n) = \sum_{d \in F_2^m} y^d (z^{e_1(d)} + \cdots + z^{e_{h(d)}(d)}),$$

这里 $e_i(d) \in F_2^{n-m}$.

因为 $p\{f=1\} = w(f)/2^n$，所以

$$p\{f=1 \mid y=d\} = p\{z^{e_1(d)} + \cdots + z^{e_{h(d)}(d)} = 1\} = h(d)/2^{n-m}.$$

如果$f(x)$为 $m$ 阶相关免疫的，由定义 10.2.3 知 $p\{f=1\} = p\{f=1 \mid y=d\}$，即

$$w(f)/2^n = h(d)/2^{n-m},$$

故 $w(f) = 2^m \times h(d)$，其中 $h(d) = k$ 是常数．证毕.

由定理 10.2.3 即可推出$f(x)$与变元 $x_{i_1}, \cdots, x_{i_m}$ 统计无关的谱特征.

**定理 10.2.5** $f(x)$与变元 $x_{i_1}, \cdots, x_{i_m}$ 统计无关当且仅当对任意的 $w = (0, \cdots, w_{i_1}, \cdots, w_{i_m}, \cdots, 0) \in F_n^2$，$1 \leqslant W(w) \leqslant m$，有 $S_{(f)}(w) = 0$.

**证** 由定理 10.2.3 可知，$f(x)$与变元 $x_{i_1}, \cdots, x_{i_m}$ 统计无关，当且仅当对任意的 $w = (0, \cdots, w_{i_1}, \cdots, w_{i_m}, \cdots, 0) \in F_n^2$，$1 \leqslant W(w) \leqslant m$，$f(x) + w \cdot x$ 是平衡的，而$f(x) + w \times x$ 平衡，当且仅当 $S_{(f+w \cdot x)}(0) = 0$. 从而定理得证.

定理 10.2.5 是$f(x)$与变元统计无关的谱特征，结合定理 10.2.3，则有 $m$ 阶相关免疫函数的谱特征为：

**定理 10.2.6** $f(x)$是 $m$ 阶相关免疫的，当且仅当对任意的 $w = (0, \cdots, w_{i_1}, \cdots, w_{i_m}, \cdots, 0) \in F_n^2$，$1 \leqslant W(w) \leqslant m$，$S_{(f)}(w) = 0$.

由两种 Walsh 谱的关系式和定理 10.2.5 立即可推出如下著名的 Xiao-Massey 定理.

**定理 10.2.7** $f(x)$是 $m$ 阶相关免疫的，当且仅当对任意的 $w \in F_n^2$，$1 \leqslant W(w) \leqslant m$，$S_{(f)}(w) = 0$.

定理 10.2.4 反映了 $m$ 阶相关免疫的函数的重量特征，定理 10.2.6 和定理 10.2.7 分别给出了 $m$ 阶相关免疫的循环谱特征和线性谱特征．我们知道 Walsh 谱是密码研究的重要工具，因此，以上这些定理在相关免疫函数的研究中将起着非常重要的作用，下面的定理则给出了 $m$ 阶相关免疫函数正规型的结构特征.

**定理 10.2.8** 设$f(x_1, \cdots, x_n)$是 $m$ 阶相关免疫的，$1 \leqslant m \leqslant n-1$，$w(f) = 2^m \cdot k$，则在$f$的代数正规型中任意大于或等于 $n-m+1$ 个变元的乘积项不出现，若 $k$ 为偶数，则所有 $n-m$ 个变元的乘积项全部不出现，若 $k$ 为奇数，则所有 $n-m$ 个变元的乘积项均出现.

定理 10.2.8 指出了 $n-m$ 次项在$f$的代数正规型中出现的充要条件．下面的定理更一般地给出任意 $h$ 次在 $m$ 阶相关免疫函数$f$的代数正规型中出现的充要条件.

**定理 10.2.9** 设$f(x_1, \cdots, x_n)$是 $m$ 阶相关免疫的，则在$f$的代数正规型中，乘积项 $x_{i_1} \cdots x_{i_h}$ $(h < n-m)$ 出现的充要条件是：在$f$的特征矩阵中划去第 $i_1, i_2, \cdots, i_h$ 列后，剩余矩阵的行向量中零向量的个数为奇数.

**推论 10.2.1** 设$f(x_1, \cdots, x_n)$是 $m$ 阶相关免疫的，且$f$的特征矩阵的每个行向量的汉明重量都大于 $t$，则在$f$的代数正规型中任意次数小于 $t$ 的乘积均不出现.

**定理 10.2.10** $f(x_1, \cdots, x_n)$ 是$n-1$ 阶相关免疫函数，当且仅当$f(x) = a_0 + \sum_{i=1}^{n} x_i$.

**定理 10.2.11** 仅由两个单项组成的布尔函数相关免疫的充要条件是这两个单项式是一

次单项式，即$f(x_1, \cdots, x_n)=x_i+x_j$.

以上是关于平衡函数和相关免疫函数的一些特征．下面以此为基础，讨论平衡相关免疫函数的特征，所谓平衡相关免疫函数是指满足平衡性又满足相关免疫性的布尔函数，由平衡性和相关免疫性的已有结论，可得到平衡相关免疫函数的谱特征和重量特征．

**定理 10.2.12** $f(x)$是平衡$m$阶相关免疫函数，当且仅当对任意的$w \in GF^n(2)$，$0 \leqslant W(w) \leqslant m$，恒有$S_{(f)}(w)=0$.

**证** 由平衡函数和相关免疫函数的谱特征易知，当$f(x)$是$m$阶相关免疫函数时，由定理10.2.4，有$w(f)=2^m \cdot k(k \geqslant 0)$，又$f(x)$是平衡的，则必有$k=2^{n-m-1}$，依照$m$阶相关免疫函数等价定义10.2.3，应有

$$w(f(x_1, \cdots, x_n) \mid x_{i_1}=a_1, \cdots, x_{i_m}=a_m)=k=2^{n-m-1}. \tag{10-4}$$

式(10-4)表明：当$n$元布尔函数$f(x_1, \cdots, x_n)$中任意$m$个变元固定为常数时，得到的$n-m$元布尔函数都是平衡的，即有以下定理.

**定理 10.2.13** 设$n$元布尔函数$f(x_1, \cdots, x_n)$是平衡$m$阶相关免疫的，那么任意固定$f(x_1, \cdots, x_n)$中$m$个变元为常数，得到$n-m$元布尔函数都是平衡的，即对任意的$1 \leqslant i_1 \leqslant \cdots \leqslant i_m \leqslant n$和$a_1, a_2, \cdots, a_m$，当$x_{i_1}=a_1, \cdots, x_{i_m}=a_m$时，

$$W(f(x_1, \cdots, a_1, \cdots, a_m, \cdots, x_n))=2^{n-m-1}.$$

## 10.3 布尔函数的非线性度及其上界研究

1979年，Diffie和Hellman指出任何一个密码系统都可以用一个非线性函数来描述，而非线性函数的非线性度是衡量布尔函数密码安全性的重要指标，研究表明：最佳线性逼近攻击对流密码体制具有极大的威胁，而对抗最佳线性逼近攻击的最好办法是提高布尔函数(非线性组合函数或滤波函数)的非线性度．布尔函数的非线性度标志着布尔函数抗击最佳仿射逼近攻击的能力．因此，研究布尔函数的非线性度对密码体制设计和安全度量具有重要意义.

下面给出布尔函数的非线性度的概念．

**定义 10.3.1** 设$f(x)$是$n$元布尔函数，$L_n$是所有$n$元仿射函数的集合，称非负整数

$$N_f=\min_{l(x) \in L_n} d(f(x), l(x))$$

为布尔函数$f(x)$的非线性度，其中，$d(f(x), l(x))$是$f(x)$与$l(x)$之间的汉明距离，即

$$d(f(x), l(x))=\left|\{x \in F_2^n \mid f(x) \neq l(x)\}\right|.$$

在二元域，$d(f(x), l(x))=w(f+l)$.

**定理 10.3.1** 设$n$元布尔函数$f(x)$的非线性度是$N_f$，则

$$N_f=\frac{1}{2}(2^n-\max\left|S_{(f)}(w)\right|). \tag{10-5}$$

**证** 由于

$$\begin{aligned}(-1)^v S_{(f)}(w) &= \frac{1}{2^n}\sum_{x \in F_2^N}(-1)^{f(x)+w \cdot x+v} \\ &= \frac{1}{2^n}(\left|\{x \in F_2^n \mid f(x)=w \cdot x+v\}\right|)-(\left|\{x \in F_2^n \mid f(x) \\ &\neq w \cdot x+v\}\right|)\end{aligned}$$

$$=\frac{1}{2^n}(2^n-2\,|\{x\in F_2^n\,|\,f(x)\neq w\cdot x+v\}|),$$

所以 $d(f(x),\ w\cdot x+v)=|\{x\in F_2^n\,|\,f(x)\neq w\cdot x+v\}|)$

$$=2^{n-1}(1-(-1)^v S_{(f)}(w)).$$

由定义 10.3.1 可知，

$$N_f=\min_{l(x)\in L_n} d(f(x),\ l(x))=2^{n-1}(1-\max|S_{(f)}(w)|). \tag{10-6}$$

定理 10.3.1 给出了布尔函数非线性度与 Walsh 谱之间的关系，也是非线性度的一种 Walsh 谱表示，它表明布尔函数 $f(x)$ 的非线性度由 $f(x)$ 的最大绝对谱值确定．这从另一方面反映了 $f(x)$ 的谱表示了该函数与线性函数之间的符合程度．从密码学的角度来讲，希望所选用的布尔函数的非线性度越高越好．由式(10-6)可知，要 $N_f$ 尽可能的大，$\max|S_{(f)}(w)|$ 就必须尽可能的小．但由 Parseval 公式：$\sum_{w\in F_2^n}S_{(f)}^2(w)=1$，知：$\max|S_{(f)}(w)|\geqslant 2^{-\frac{n}{2}}$，因此

$$N_f\leqslant 2^{n-1}(1-2^{-\frac{n}{2}}). \tag{10-7}$$

式(10-7)给出了布尔函数非线性度的上界．我们还可以给出这个上界的两种改进．

设 $\xi(\alpha)$ 是 $f(x\oplus\alpha)$ 的序列，则 $\xi(0)$（简记 $\xi$）是 $f(x)$ 本身的序列，$\xi(0)*\xi(\alpha)$ 是 $f(x)\oplus f(x\oplus\alpha)$ 的序列，$l_i$ 是 $H_n$ 的第 $i$ 行．

引入指标：$\Delta(\alpha)=\langle\xi(0),\ \xi(\alpha)\rangle$，$\Im=\{i,\ |0\leqslant i\leqslant 2^n-1,\ \langle\xi,\ l_i\rangle\neq 0\}$，

$\Re=\{\alpha\,|\,\Delta(\alpha)\neq 0,\ \alpha\in F_2^n\}$，$\Delta_M=\max\{|\Delta(\alpha)|\,|\,\alpha\in F_2^n,\ \alpha\neq 0\}$．

**定理 10.3.2** $\xi$ 是 $f(x)$ 的序列，$l_i$ 是 $H_n$ 的第 $i$ 行，则 $f(x)$ 的非线性度

$$N_f=2^{n-1}-\frac{1}{2}\max\{|<\xi,\ l_i>|,\ 0\leqslant i\leqslant 2^n-1\}. \tag{10-8}$$

$\#\Im$，$\#\Re$ 和 $\Delta_M$ 在可逆线性变换下是不变的，#表示集合中元素的个数．用新指标表述的 Parseval 公式是：

$$\sum_{i=0}^{2^n-1}<\xi,\ l_i>^2=2^{2n}. \tag{10-9}$$

**定理 10.3.3** $\xi$ 是 $f(x)$ 的序列，$l_i$ 是 $H_n$ 的第 $i$ 行，则有

$$N_f\leqslant 2^{n-1}\left(1-\frac{1}{\sqrt{\#\Im}}\right). \tag{10-10}$$

**证** 设 $P_M=\max\{|<\xi,\ l_i>|\,|\,i=0,\ 1,\ \cdots,\ 2^n-1\}$，由 Parseval 公式(10-9)得

$$P_M^2\cdot\#\Im\geqslant 2^{2n}. \tag{10-11}$$

又据式(10-8)，得 $N_f\leqslant 2^{n-1}-\frac{2^{n-1}}{\sqrt{\#\Im}}$. 证毕．

**引理 10.3.1** 设 $f$ 是任意 $n$ 元布尔函数，$\xi$ 是它的序列，那么，

$(\Delta(\alpha_0),\ \Delta(\alpha_1),\ \cdots,\ \Delta(\alpha_{2^n-1}))H_n=(<\xi,\ l_0>^2,\ <\xi,\ l_1>^2,\ \cdots,\ <\xi,\ l_{2^n-1}>^2)$，

其中，$I_i$ 是 $H_n$ 的第 $i$ 行．

**定理 10.3.4** 设 $f$ 是任意 $n$ 元布尔函数，$\xi$ 是它的序列，那么，

$$N_f\leqslant 2^{n-1}-2^{-\frac{1}{2}n-1}\sqrt{\sum_{i=0}^{2^n-1}\Delta^2(\alpha_i)}. \tag{10-12}$$

**证** 由引理 10.3.1，得

$$2^n\sum_{i=0}^{2^n-1}\Delta^2(\alpha_i)=\sum_{i=0}^{2^n-1}\langle\xi,\ l_i\rangle^4\leqslant P_M^2\cdot\sum_{i=0}^{2^n-1}\langle\xi,\ l_i\rangle^2,$$

对此式用式(10-9)，得

$$\sum_{i=0}^{2^n-1}\Delta^2(\alpha_i)\leqslant 2^n\cdot P_M^2,$$

因此

$$P_M\geqslant 2^{-\frac{n}{2}}\sqrt{\sum_{i=0}^{2^n-1}\Delta^2(\alpha_i)},$$

用式(10-8)，即得

$$N_f\leqslant 2^{n-1}-2^{-\frac{n}{2}-1}\sqrt{\sum_{i=0}^{2^n-1}\Delta^2(\alpha_i)}.$$

由于$\Delta(\alpha_0)=2^n$，$\#\Im\leqslant 2^n$，有

$$2^{n-1}-2^{-\frac{n}{2}-1}\sqrt{\sum_{i=0}^{2^n-1}\Delta^2(\alpha_i)}\leqslant 2^{n-1}-2^{\frac{n}{2}-1},$$

$$2^{n-1}-\frac{2^{n-1}}{\sqrt{\#\Im}}\leqslant 2^{n-1}-2^{\frac{n}{2}-1}.$$

可见，式(10-10)和式(10-11)是较常用形式$N_f\leqslant 2^{n-1}-2^{\frac{n}{2}-1}$的改进．证毕.

下面定理给出一些特殊情况下非线性度的上界．

**定理 10.3.5** 当$n\geqslant 3$时，平衡$n$元布尔函数的非线性度满足

$$N_f\leqslant\begin{cases}2^{n-1}-2^{\frac{n}{2}-1}-2, & n=2,\ 4,\ 6,\ \cdots,\\ \lfloor 2^{n-1}-2^{\frac{n}{2}-1}\rfloor, & n=1,\ 3,\ 5,\ \cdots,\end{cases}$$

其中，$\lfloor x\rfloor$表示小于或等于$x$的最大偶数．

**定理 10.3.6** $n$元平衡$n-3$阶相关免疫函数的非线性度满足：$N_f\leqslant 2^{n-2}$.

## 10.4 布尔函数的严格雪崩特性和扩散性

1985年Webster和S. Tavares在研究S-盒的设计时，将“完全性”和“雪崩特性”这两个概念进行组合，定义了一个新的概念——严格雪崩准则(Strict Avalanche Criterion，SAC)．B. Preneel等人又将“50%-依赖性”概念和“完全非线性”概念进行组合，提出了扩散(Propagation Criterion，PC)．后来，又对这两种准则进行了推广，提出了高次扩散、高阶高次扩散及高阶严格雪崩的概念．如今，这些概念已成为度量布尔函数密码完全性的重要指标．

**定义 10.4.1** 如果对任意的$\alpha\in F_2^n$，$W(\alpha)=1$，恒有$f(x)\oplus f(x\oplus\alpha)$是平衡的，则称$f(x)$满足严格雪崩准则，简称$f(x)$满足SAC.

**定义 10.4.2** 如果固定$f(x)$的任意$k$个变元得到的所有$n-k$元函数都满足SAC，称$f(x)$是$k$阶严格雪崩的，简称$f(x)$满足SAC($k$).

**定义 10.4.3** 如果对任意的$\alpha\in F_2^n$，$1\leqslant W(\alpha)\leqslant l$，恒有$f(x)\oplus f(x\oplus\alpha)$是平衡的，则称$f(x)$是$l$次扩散的，简称$f(x)$满足PC($l$).

**定义 10.4.4** 如果固定$f(x)$的任意$k$个变元得到的所有$n-k$元函数都满足PC($l$)，则

称$f(x)$是$k$阶$l$次扩散的，简称$f(x)$满足$PC(l)/k$.

显然，SAC 等价于$PC(l)$，$SAC(k)$等价于$PC(l)/k$；$k$阶$l$次扩散比$k$阶扩散的要求条件强得多.

如果引入布尔函数的分支函数的概念，我们还可得到$f(x_1, \cdots, x_n)$满足 SAC 的又一充要条件.

设$f(x_1, \cdots, x_n)$是$n$元布尔函数，则

$f(x_1, \cdots, x_n)=x_i f_i(x_1, \cdots, x_{i-1}, x_{i+1}, \cdots, x_n)+h_i(x_1, \cdots, x_{i-1}, x_{i+1}, \cdots, x_n)$ $(1 \leqslant i \leqslant n)$,其中$f_i(x_1, \cdots, x_{i-1}, x_{i+1}, \cdots, x_n)$称为$f(x_1, \cdots, x_n)$关于$x_i$的分支.

**定理 10.4.1** $n$元布尔函数$f(x_1, \cdots, x_n)$满足 SAC，当且仅当$f(x_1, \cdots, x_n)$关于$x_i$的分支函数$f_i(x_1, \cdots, x_{i-1}, x_{i+1}, \cdots, x_n)(1 \leqslant i \leqslant n)$是$n$元平衡布尔函数.

**证** $f(x)+f(x+e_i)=x_i f_i+h_i+(1+x_i)f_i+h_i=f_i$，$1 \leqslant i \leqslant n$.
因此，$f(x)+f(x+e_i)$是平衡函数，当且仅当$f_i$是平衡布尔函数.

由定理 10.4.1 可推出满足 SAC 的布尔函数具有以下性质：

**定理 10.4.2** 如果$n$元的布尔函数$f(x)$满足$SAC(k)$，$0 \leqslant k \leqslant n-2$，那么$f \oplus g$也是$SAC(k)$,其中$g$是任意$n$元仿射函数.

由定理 10.4.2 可见，研究$f(x)$的扩散性，只要考虑$f(x)$的非线性部分的扩散性即可.

**定理 10.4.3** 所有二次函数$f(x_1, \cdots, x_n)=\sum\limits_{1 \leqslant i<j \leqslant n} \alpha_{ij} x_i x_j$都满足 SAC；所有仿射函数都不满足 SAC.

**定理 10.4.4** 如果$f(x_1, \cdots, x_n)$满足 SAC，则$g(x_1, \cdots, x_n)=x_1 \sum\limits_{i=2}^{n} c_i x_i+f(x_2, \cdots, x_n)$满足 SAC.

**定理 10.4.5** 设$f(x)$关于$\alpha \in F_2^n \setminus \{0\}$满足扩散准则，那么，$\sum\limits_{w \in F_2^n} S_{(f)}^2(-1)^{\alpha \cdot w}=0$.

**定理 10.4.6** 设$f(x)$关于$\alpha \in F_2^n \setminus \{0\}$满足$l$次扩散准则，那么，对所有的$\alpha \in F_2^n$，$1 \leqslant w(\alpha) \leqslant l$，有$\sum\limits_{w \in F_2^N} S_{(f)}^2(-1)^{\alpha \cdot w}=0$.

与谱一样，自相关函数也是研究布尔函数的重要工具，下面给出$f(x)$的自相关函数的定义和满足扩散性的函数的相关函数特征.

**定义 10.4.5** $r(\alpha)=\sum\limits_{x \in F_2^n}(-1)^{f(x)+f(x+\alpha)}$称为$f(x)$的自相关函数.

**定理 10.4.7** $f(x)$关于$\alpha$满足扩散准则，当且仅当$r(\alpha)=0$；$f(x)$关于$\alpha$满足$l$次扩散准则，当且仅当对任意的$\alpha \in F_2^n$，$1 \leqslant w(\alpha) \leqslant l$，有$r(\alpha)=0$.

相关免疫性与 Boole 函数的次数之间存在相互制约关系，Walsh 谱分布的均匀性与平衡性之间也存在相互制约关系. 事实上，密码函数的许多密码学指标之间都存在折中问题. 在密码算法的设计中，过分强调一个密码学指标是没有意义的，关键是密码函数的这些指标最终能否保证密码算法能够对抗破译方法的攻击.

## 10.5 Bent 函数

Bent 函数是一类特殊的布尔函数，它对流密码有着非常重要的意义. 这类函数最早于

1976年由 Rothaus 提出，1982年 Olsen、Scholtz、Welch 和 Kumar 等人对其应用进行了研究. 到了1988年，在寻找流密码的稳定函数时，武传坤注意到 Bent 函数是稳定的，并提出了 Bent 函数在流密码中的应用问题，指出了 Bent 函数作为非线性组合函数和滤波函数时的优缺点．最早由 Rothaus 给出的 Bent 函数定义如下：

**定义 10.5.1** 如果 $n$ 元布尔函数 $f(x)$ 的所有谱值都等于 $\pm 2^{\frac{n}{2}}$，则称 $f(x)$ 为 Bent 函数．

众所周知，线性是密码设计者禁忌的，在目前应用最广泛的流密码体制——非线性前馈生成器和非线性组合器中，都是使用非线性布尔函数来提高系统的非线性程度．而谱概念的实质就是反映布尔函数和线性函数之间的相关程度．由 Bent 函数的定义可以看出，Bent 函数与所有线性函数之间的相关程度是相同的，因此，Bent 函数能最大限度地抗击线性逼近攻击．下面给出 Bent 函数的等价定义．

**定理 10.5.1** $f(x)$ 是 $n$ 元布尔函数，则下面说法是等价的：

(1) $f(x)$ 是 Bent 函数；

(2) 对每一个 $i(i=0, 1, \cdots, 2^n-1)$，有 $<\xi, I_i>^2=2^n$，$l_i$ 是 $H_n$ 的第 $i$ 行；

(3) $\#\mathfrak{R}=1$；

(4) $\Delta_M=0$；

(5) $N_f=2^{n-1}-2^{\frac{n}{2}-1}$；

(6) $|S_{(f)}(w)|=2^{\frac{n}{2}}$.

定理 10.5.1 中所出现的符号含义与前面所述相同，Bent 函数主要有如下密码性质：

(1) 若 $f(x)$ 是 $n$ 元 Bent 函数，则它的非线性度 $N_f=2^{n-1}-2^{\frac{n}{2}-1}$.

(2) 若 $f(x)$ 是 $n$ 元 Bent 函数，则对于任意的 $\alpha\in F_2^n$，$f(x)=f(x+a)$ 是平衡的．

(3) 若 $f(x)$ 是 $n$ 元 Bent 函数，则 $f(x)$ 是 $n$ 次扩散的．

(4) 若 $f(x)$ 是 $n$ 元 Bent 函数，则 $f(x)$ 满足严格雪崩准则．

(5) 若 $f(x)$ 是 $n$ 元 Bent 函数，则 $f(x)$ 不含非零线性结构，即 $U_f=\{0\}$.

(6) 若 $f(x)$ 是 $n$ 元 Bent 函数，则 $f(x)$ 的自相关度 $C_f(w)=\begin{cases}1, & w=0;\\ 0, & w\neq 0.\end{cases}$

(7) 若 $f(x)$ 是 $n$ 元 Bent 函数，则 $f(x)$ 与每个仿射函数之间的符合率为 $\frac{1}{2}+\frac{1}{2}\times 2^{\frac{-n}{2}}$.

(8) 若 $f(x)$ 是 $n$ 元 Bent 函数，则 $f(x)$ 与其任意 $m$ 个变元的相关度为 $C_f(x_{i_1}, x_{i_2}, \cdots, x_{i_m})\leqslant 2^{\frac{-n}{2}}+2^{\frac{m-n}{2}}$.

(9) 若 $f(x)$ 是 $n$ 元 Bent 函数，则 $f(x)$ 所能达到的最高代数次数是 $\frac{n}{2}$.

(10) 若 $f(x)$ 是 $n$ 元 Bent 函数，则 $n$ 一定是偶数．

(11) 若 $f(x)$ 是 $n$ 元 Bent 函数，则 $f(x)$ 不是平衡的，也不具有相关免疫性．

这11条较完整地反映了 Bent 函数的基本密码特性．我们知道，任意 $n$ 元布尔函数的非线性度 $N_f\leqslant 2^{n-1}-2^{\frac{n}{2}-1}$，由性质(1)可知，Bent 函数是非线性度达到最高的函数．而非线性度反映的是布尔函数和所有仿射函数之间的最小距离．因此，性质(1)表明 Bent 函数与所有仿射函数之间的最小距离达到最大，这从另一个角度说明了 Bent 函数是抗击仿射逼近攻击的最佳布尔函数．性质(2)和性质(3)说明 Bent 函数具有最高的扩散次数，当然，它也是任意次扩散的，这同样是 Bent 函数所独有的良好性质．性质(4)说明 Bent 函数也是满足严格雪崩特性的．线性结构是密码学避免的，而性质(5)表明 Bent 函数不含非零线性结构．性质(6)表明 $f(x)$ 和 $f(x+w)$ 相一致的概率为二分之一，这是 Bent 函数又一个具有良好密码意义的性质．性质(7)说明 Bent 函数与所有仿射函数之间的距离是相等的，也就是说 Bent 函数在所有的仿射函数之间保持了平衡．因此，从这个意义上讲，Bent 函数是稳定的．

性质(11) 所反映的无疑是 Bent 函数的缺陷，它说明 Bent 函数不具有相关免疫性，但性质(8)告诉我们，当 $m$ 较小时，Bent 函数与其任意 $m$ 个变元的相关性较小，因此 Bent 函数是有一定抗击相关的攻击能力．性质(9)一方面表明 Bent 函数所能达到的最高代数次数是受限的，另一方面它的代数次数还是可以达到较高的，在代数次数方面是能够满足一定实际安全需要的．性质(10)反映的是 Bent 函数的不足，说明只有偶数个变元的 Bent 函数，而不存在奇数个变元的 Bent 函数．

以上的分析说明 Bent 函数具有良好的密码特性，但 Bent 函数是不能直接作为非线性组合函数的，其中一个重要原因就是用做非线性组合函数的布尔函数都要求是平衡的，而 Bent 函数不满足这一条．尽管如此，Bent 函数在构造密码安全非线性组合函数中仍然有着广泛的应用．

## 习题 10

1. 写出布尔函数 $f(x)$ 的循环 Walsh 谱及线性 Walsh 谱表示．

2. 任取一个二元布尔函数，将其分别用真值表、小项及多项式表示．

3. 证明：三元布尔函数 $f(x_1, x_2, x_3)=x_1x_2+x_3$ 是 0 阶相关免疫的．

4. 证明：四元布尔函数 $f(x_1, x_2, x_3, x_4)=x_1x_2+x_3+x_4$ 是一阶相关免疫的，但不是二阶相关免疫的．

5. 证明：布尔函数 $f(x_1, x_2, x_3)=x_1x_2+x_3$ 不满足严格雪崩准则．

6. 证明：布尔函数 $f(x_1, x_2, x_3)=x_1x_2+x_2x_3+x_1x_3$ 满足严格雪崩准则．

7. 证明：$f(x)=x_1x_4+x_2x_3$ 是一个四元 Bent 函数．

8. 证明：5 元布尔函数

$$f(x)=x_1x_2x_3x_4+x_1x_2x_3x_5+x_1x_2x_4x_5+x_1x_3x_4x_5x_4 \\ +x_2x_3x_4x_5+x_1x_4+x_1x_5+x_2x_3+x_2x_5+x_3$$

是一阶相关免疫的．

# 第 11 章　椭圆曲线

椭圆曲线理论是代数几何、数论等多个数学分支的一个交叉点，但椭圆曲线密码被发现之前，椭圆曲线一直被认为是纯理论学科．由于 RSA 密码体制中所要求的素数越来越大，致使工程实现变得越来越困难，后来人们发现椭圆曲线是克服此困难的一个强有力的工具．特别地，以椭圆曲线上的(有理)点构成的 Abel 群为背景结构实现各种密码体制已是公钥密码学领域的一个重要课题．由于椭圆曲线密码体制本身的优点，自 20 世纪 80 年代中期被引入以来，椭圆曲线密码体制(ECC)逐步成为一个十分令人感兴趣的密码学分支，1997 年以来形成了一个研究热点，特别是在移动通信安全的应用方面更是加快了这一趋势.

椭圆曲线指的是由 Weierstrass 方程 $y^2+a_1xy+a_3y=x^3+a_2x^2+a_4x+a_6$ 所确定的平面曲线，其中系数 $a_i(i=1, 2, 3, 4, 6)$ 定义在某个域上，可以是有理数域、实数域、复数域，还可以是有限域，椭圆曲线密码是基于有限域上椭圆曲线有理点群的一种密码系统，其数学基础是利用椭圆曲线上的点构成的 Abel 加法群上的离散对数的计算困难性.

## 11.1　椭圆曲线基本概念

设 $K$ 是一个域，域 $K$ 上的 Weierstrass 方程是

$$y^2+a_1xy+a_3y=x^3+a_2x^2+a_4x+a_6, \tag{11-1}$$

其中，$a_1, a_2, a_3, a_4, a_5 \in K$.

式(11-1)的判别式是

$$\Delta=-b_2^2b_8-8b_4^3-27b_6^2+9b_2b_4b_6,$$

其中，

$$\begin{cases} b_2=a_1^2+4a_2; \\ b_4=a_1a_3+2a_4; \\ b_6=a_3^2+4a_6; \\ b_8=a_1^2a_6-a_1a_3a_4+4a_2a_6+a_2a_3^2-a_4^2. \end{cases}$$

**定义 11.1.1**　当 $\Delta \neq 0$ 时，域 $K$ 上的点集

$$E:=\{(x, y) \mid y^2+a_1xy+a_3y=x^3+a_2x^2+a_4x+a_6\} \cup \{O\} \tag{11-2}$$

其中，$a_1, a_2, a_3, a_4, a_6 \in K$；$\{O\}$ 为无穷远点，称为域 $K$ 上的椭圆曲线；$j=(b_2^2-24b_4)^3/\Delta$ 称为椭圆曲线 $E$ 的 $j$-不变量，记作 $j(E)$.

在对域 $K$ 上椭圆曲线 $E$ 的研究中，通常取如下形式的 Weierstrass 方程：

(1)当域 $K$ 的特征不为 2 或 3 时，Weierstrass 方程为

$$y^2=x^3+a_4x+a_6,\ \Delta=-16(4a_4^3+27a_6^2),\ j=1728\frac{4a_4^3}{4a_4^3+27a_6^2}.$$

(2)当域 $K$ 的特征为 2，且 $j(E)\neq 0$ 时，Weierstrass 方程为

$$y^2+xy=x^3+a_2x^2-a_6,\ \Delta=a_6,\ j=1/a_6.$$

(3)当域 $K$ 的特征为 2，且 $j(E)=0$ 时，Weierstrass 方程为

$$y^2+a_3y=x^3+a_4x+a_6,\ \Delta=a_3^4,\ j=0.$$

(4)当域 $K$ 的特征为 3，且 $j(E)\neq 0$ 时，Weierstrass 方程为

$$y^2=x^3+a_2x^2+a_6,\ \Delta=-a_2^3a_6,\ j=-a_2^3/a_6.$$

(5)当域 $K$ 的特征为 3，且 $j(E)=0$ 时，Weierstrass 方程为

$$y^2=x^3+a_4x+a_6,\ \Delta=-a_4^3,\ j=0.$$

## 11.2 加法原理

设 $E$ 是由式(11-2)定义的域 $K$ 上的椭圆曲线，定义 $E$ 上的运算法则，记作⊕.

**运算法则** 设 $P$、$Q$ 是 $E$ 上的两个点，$L$ 是过 $P$ 和 $Q$ 的直线(过 $P$ 点的切线，如果 $P=Q$)，$R$ 是 $L$ 与曲线 $E$ 相交的第三点关于 $x$ 轴的对称点，则 $R=P\oplus Q$.

**定理 11.2.1** $E$ 上运算法则⊕具有如下性质：

(1) $(P\oplus Q)\oplus(-R)=O$；

(2)对任意 $P\in E$，$P\oplus O=P$；

(3)对任意 $P, Q\in E$，$P\oplus Q=Q\oplus P$；

(4)设 $P\in E$，存在一个点，记作 $-P$，使得

$$P\oplus(-P)=O;$$

(5)对任意 $P, Q, S\in E$，有

$$(P\oplus Q)\oplus S=P\oplus(Q\oplus S).$$

这就是说，$E$ 对于运算规则⊕构成一个交换群.

现在给出定理 11.2.1 中群运算的精确公式.

**定理 11.2.2** 设椭圆曲线 $E$ 的一般 Weierstrass 方程为

$$E=\{(x, y)\mid y^2+a_1xy+a_3y=x^3+a_2x^2+a_4x+a_6\}\cup\{O\}.$$

设 $P_1=(x_1, y_1)$，$P_2=(x_2, y_2)$ 是曲线 $E$ 上的两个点，则

$$-P_1=(x_1, -y_1-a_1x_1-a_3).$$

取

$$\begin{cases}\lambda=\dfrac{y_2-y_1}{x_2-x_1}, & \text{如果 } x_1\neq x_2;\\[2ex] \lambda=\dfrac{3x_1^2+2a_2x_1+a_4-a_1y_1}{2y_1+a_1x_1+a_3}, & \text{如果 } x_1=x_2.\end{cases}$$

如果 $P_3=(x_3, y_3)=P_1+P_2\neq O$，则 $x_3$，$y_3$ 可以由下面公式给出

$$\begin{cases}x_3=\lambda^2+a_1\lambda-a_2-x_1-x_2,\\ y_3=\lambda(x_1-x_3)-a_1x_3-y_1-a_3\end{cases}.$$

下面给出具体域上的椭圆曲线及其运算法则.

### 11.2.1 实数域 R 上的椭圆曲线及其运算法则的几何意义

因为实数域**R** 的特征不为 2、3，所以实数域**R** 上椭圆曲线 $E$ 的 Weierstrass 方程可设为

$$E: y^2=x^3+a_4x+a_6,$$

其判别式 $\Delta=-16(4a_4^3+27a_6^2)\neq 0$.

$E$ 在**R**上的运算规则为，设 $P_1=(x_1, y_1)$，$P_2=(x_2, y_2)$ 是曲线 $E$ 上的两个点，$O$ 为无穷远点，则

(1) $O+P_1=P_1+O$；

(2) $-P_1=(x_1, -y_1)$；

(3) 如果 $P_3=(x_3, y_3)=P_1+P_2\neq O$，有

$$\begin{cases} x_3=\lambda^2-x_1-x_2, \\ y_3=\lambda(x_1-x_3)-y_1, \end{cases}$$

其中，

$$\begin{cases} \lambda=\dfrac{y_2-y_1}{x_2-x_1}, & \text{如果 } x_1\neq x_2; \\ \lambda=\dfrac{3x_1^2+a_4}{2y_1}, & \text{如果 } x_1=x_2. \end{cases}$$

**运算法则的几何意义** 设 $P_1=(x_1, y_1)$，$P_2=(x_2, y_2)$ 是曲线 $E$ 上的两个点，$O$ 为无穷远点. 则 $-P_1$ 为过点 $P_1$ 和点 $O$ 的直线 $L$ 与曲线 $E$ 的交点，换句话说，$-P_1$ 是点 $P_1$ 关于 $x$ 轴的对称点. 而点 $P_1$ 与点 $P_2$ 的和 $P_1+P_2=P_3=(x_3, y_3)$ 是过点 $P_1$ 和点 $P_2$ 的直线 $L$ 与曲线 $E$ 的交点关于 $x$ 轴的对称点.

### 11.2.2 素域 $F_p(p>3)$ 上的椭圆曲线 $E$

因为素域 $F_p$ 的特征不为2，3，所以素域 $F_p$ 上椭圆曲线 $E$ 的 Weierstrass 方程可设为

$$E: y^2=x^3+a_4x+a_6,$$

其判别式 $\Delta=-16(4a_4^3+27a_6^2)\neq 0$.

设 $P_1=(x_1, y_1)$，$P_2=(x_2, y_2)$ 是曲线 $E$ 上的两个点，$O$ 为无穷远点，则 $E$ 在 $F_p$ 上的运算规则为

(1) $O+P_1=P_1+O$；

(2) $-P_1=(x_1, -y_1)$；

(3) 如果 $P_3=(x_3, y_3)=P_1+P_2\neq O$，有

$$\begin{cases} x_3=\lambda^2-x_1-x_2; \\ y_3=\lambda(x_1-x_3)-y_1, \end{cases}$$

其中，

$$\begin{cases} \lambda=\dfrac{y_2-y_1}{x_2-x_1}, & \text{如果 } x_1\neq x_2; \\ \lambda=\dfrac{3x_1^2+a_4}{2y_1}, & \text{如果 } x_1=x_2. \end{cases}$$

### 11.2.3 域 $F_{2^n}(n\geqslant 1)$ 上的椭圆曲线 $E$，$j(E)\neq 0$

因为域 $F_{2^n}$ 的特征为2，所以域 $F_{2^n}$ 上椭圆曲线 $E$ 的 Weierstrass 方程可设为

$$E: y^2+xy=x^3+a_2x^2+a_6.$$

设 $P_1=(x_1, y_1)$，$P_2=(x_2, y_2)$ 是曲线 $E$ 上的两个点，$O$ 为无穷远点，则 $E$ 在域 $F_{2^n}$ 上的运算规则为：

(1) $O+P_1=P_1+O$；

(2) $-P_1=(x_1, x_1+y_1)$；

(3) 如果 $P_3=(x_3, y_3)=P_1+P_2\neq O$，有

$$\begin{cases} x_3=\lambda^2+\lambda+x_1+x_2+a_2, \\ y_3=\lambda(x_1+x_3)+x_3+y_1, \end{cases}$$

其中，

$$\begin{cases} \lambda=\dfrac{y_2+y_1}{x_2+x_1}, \text{ 如果 } x_1\neq x_2; \\ \lambda=\dfrac{x_1^2+y_1}{x_1}, \text{ 如果 } x_1=x_2. \end{cases}$$

### 11.2.4 域 $F_{3^n}(n\geqslant 1)$ 上的椭圆曲线 $E$，$j(E)\neq 0$

因为域 $F_3^n$ 的特征为 3，所以域 $F_3^n$ 上椭圆曲线 $E$ 的 Weierstrass 方程可设为

$$E: y^2=x^3+a_2x^2+a_6.$$

设 $P_1=(x_1, y_1)$，$P_2=(x_2, y_2)$ 是曲线 $E$ 上的两个点，$O$ 为无穷远点，则 $E$ 在域 $F_3^n$ 上的运算规则为：

(1) $O+P_1=P_1+O$；

(2) $-P_1=(x_1, -y_1)$；

(3) 如果 $P_3=(x_3, y_3)=P_1+P_2\neq O$，有

$$\begin{cases} x_3=\lambda^2-x_1-x_2-a_2, \\ y_3=\lambda(x_1-x_3)-y_1, \end{cases}$$

其中，

$$\begin{cases} \lambda=\dfrac{y_2-y_1}{x_2-x_1}, \ x_1\neq x_2; \\ \lambda=\dfrac{3x_1^2+2a_2x_2}{2y_1}, \ x_1=x_2. \end{cases}$$

## 11.3 有限域上的椭圆曲线

密码学中普遍采用的是有限域上的椭圆曲线，有限域上的椭圆曲线是指曲线方程定义式(11-1)，所有系数都是某一有限域 $F_p$ 中的元素(其中 $p$ 为一大素数). 其中最为常用的是由方程

$$y^2\equiv x^3+ax+b \pmod p \ (a, b\in F_p, 4a^3+27b^2 \pmod p\neq 0) \tag{11-3}$$

定义的曲线.

**例 11.3.1** 取 $p=11$，椭圆曲线 $y^2=x^3+x+6$，由于 $p$ 较小，使 $GF(p)$ 也较小. 故可以利用穷举的方法根据式 $y^2=x^3+ax+b\bmod p$ 求出所有解点，设 $E_p(a, b)$ 表示式(11-3)所定义的椭

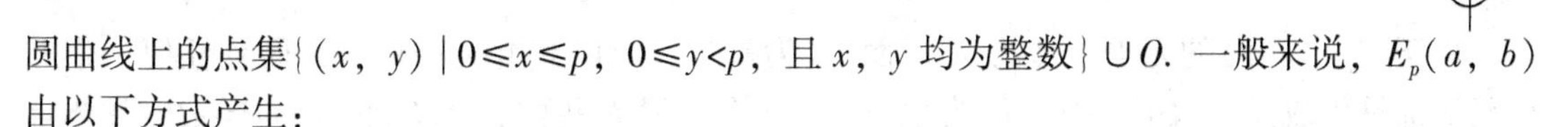


圆曲线上的点集$\{(x, y) \mid 0 \leqslant x \leqslant p, 0 \leqslant y < p$，且 $x, y$ 均为整数$\} \cup O$. 一般来说，$E_p(a, b)$ 由以下方式产生：

(1)对每一 $x$($0 \leqslant x < p$ 且 $x$ 为整数)，计算 $x^3+ax+b \pmod p$.

(2)决定(1)中求得的值在模 $p$ 下是否有平方根，如果没有，则曲线上没有与这一 $x$ 相对应的点；如果有，则求出两个平方根($y=0$ 时只有一个平方根).

根据下表可知 $E_{11}(1, 6)$ 包括的解点有：$\{(2, 4), (2, 7), (3, 5), (3, 6), (5, 2), (5, 9), (7, 2), (7, 9), (8, 3)(8, 8), (10, 2), (10, 9)\}$. 再加上无穷远点 $O$，共 13 个点构成一个加法交换群.

**椭圆曲线 $y^2=x^3+x+6$ 的解点**

| $x$ | $y^2=x^3+x+6 \bmod 11$ | 是否模 11 平方乘余 | $y$ |
|---|---|---|---|
| 0 | 6 | No | — |
| 1 | 8 | No | — |
| 2 | 5 | Yes | 4，7 |
| 3 | 3 | Yes | 5，6 |
| 4 | 8 | No | — |
| 5 | 4 | Yes | 2，9 |
| 6 | 8 | No | — |
| 7 | 4 | Yes | 2，9 |
| 8 | 9 | Yes | 3，8 |
| 9 | 7 | No | — |
| 10 | 4 | Yes | 2，9 |

一般地，$E_p(a, b)$上的加法定义如下：

设 $P, Q \in E_p(a, b)$，则

(1) $P+O=P$；

(2)如果 $P=(x, y)$，那么$(x, y)+(x, -y)=O$，即$(x, -y)$是 $P$ 的加法逆元，表示为 $-P$；

(3)点 $P$ 的倍数定义为：在 $P$ 点作椭圆曲线的切线，设切线与曲线交于点 $S$，定义 $2P=P+P=-S$，类似地可定义 $3P=P+P+P$；

(4)设 $P=(x_1, y_1)$，$Q=(x_2, y_2)$，$P \neq -Q$，则 $P+Q=(x_3, y_3)$由以下规则确定：

$$\begin{cases} x_3 \equiv \lambda^2-x_1-x_2 \pmod p, \\ y_3 \equiv \lambda(x_1-x_3)-y_1 \pmod p, \end{cases}$$

其中，

$$\lambda=\begin{cases} \dfrac{y_2-y_1}{x_2-x_1} \pmod p, & P \neq Q; \\ \dfrac{3x_1^2+a}{2y_1} \pmod p, & P=Q. \end{cases}$$

由于 $E_{11}(1, 6)$ 的元素个数为 13，而 13 为素数，所以此群是循环群，而且任何一个非 $O$ 元素都是生成元．取 $P=(2, 7)$ 为生成元，$n$ 个元素 $P$ 相加，$P+P+P+\cdots+P=nP$．具体计算方法如下：

$$2P=(2, 7)+(2, 7)=(5, 2),$$

这是因为

$$\lambda=(3\times2^2+1)(2\times7)^{-1}\bmod 11=2\times3^{-1}\bmod 11=2\times4\bmod 11=8.$$

于是

$$\begin{cases}x_3=8^2-2-2(\bmod 11)=5,\\ y_3=8(2-5)-7(\bmod 11)=2.\end{cases}$$

最后得

$$\begin{gathered}P=(2, 7), 2P=(5, 2),\\ 3P=(8, 3), 4P=(10, 2),\\ 5P=(3, 6), 6P=(7, 9),\\ 7P=(7, 2), 8P=(3, 5),\\ 9P=(10, 9), 10P=(8, 8),\\ 11P=(5, 9), 12P=(2, 4).\end{gathered}$$

## 11.4 椭圆曲线密码算法

本节简要介绍椭圆曲线密码体制，第 5 章中的 ELGamal 密码建立在有限域 $GF(p)$ 中的离散对数问题的困难之上，而椭圆曲线密码则建立在椭圆曲线群上的离散对数问题的困难之上．首先介绍椭圆曲线群上的离散对数问题.

### 11.4.1 椭圆曲线群上的离散对数问题

在例 11.3.1 中椭圆曲线上的解点 $E_{11}(1, 6)$ 所构成的交换群恰好是循环群，但是一般并不一定．可以找出椭圆曲线上解点群的一个循环子群 $E_1$ 并证明该循环子群 $E_1$ 的阶 $|E_1|$ 是足够大的素数时，这个循环子群中的离散对数问题是困难的.

设 $P$ 和 $Q$ 是椭圆曲线上的两个解点，$k$ 为一正整数，对于给定的 $P$ 和 $k$，计算 $kP=Q$ 是容易的，但若已知 $P$ 和 $Q$ 点，要计算出 $t$ 则是困难的．这便是椭圆曲线群上的离散对数问题（Elliptic Curve Discrete Logarithm Problem，ECDLP）.

除了几类特殊的椭圆曲线外，对于一般 ECDLP 目前尚没有找到有效的求解方法．基于椭圆曲线离散对数困难性的密码，称为椭圆曲线密码．下面我们介绍一般的椭圆曲线密码.

### 11.4.2 一般的椭圆曲线密码

一个椭圆曲线密码由下面六元组所描述：

$$T=\langle p, a, b, G, n, h\rangle, \tag{11-4}$$

其中，$p$ 为大于 3 素数，$p$ 确定了有限域 $GF(p)$；元素 $a, b\in GF(p)$，$a$ 和 $b$ 确定了椭圆曲线；$G$ 为循环子群 $E_1$ 的生成元；$n$ 为素数且为生成元 $G$ 的阶，$G$ 和 $n$ 确定了循环子群 $E_1$；$h=|E|/n$,并称为余因子，$h$ 将交换群 $E$ 和循环子群联系起来.

用户的私钥定义为一个随机数 $d$，

$$d \in \{0, 1, 2, \cdots, n-1\}, \tag{11-5}$$

用户的公开钥定义为 $Q$ 点，

$$Q = dG. \tag{11-6}$$

首先根据式(11-4)建立椭圆曲线密码的基础结构，为构造具体的密码体制奠定基础．这里包括选择一个素数 $p$，从而确定有限域 $GF(p)$，选择元素 $a$，$b \in GF(p)$，从而确定一条 $GF(p)$ 上的椭圆曲线；选择一个大素数 $n$，并确定一个阶为 $n$ 的基点．参数 $p$，$a$，$b$，$n$，$G$ 是公开的.

根据式(11-5)，随机地选择一个整数 $d$，作为私钥．再根据式(11-6)确定出用户的公开密钥 $Q$.

设要加密的明文数据为 $M$，将 $M$ 划分为一些较小的数据块，$M=[m_1, m_2, \cdots, m_t]$，其中 $0 \leqslant m_i \leqslant n$. 设用户 $A$ 要将数据 $m_i$ 加密发送给用户 $B$，其加解密进程如下.

加密过程：

(1)用户 $A$ 去查公钥库 PKDB，查到用户 $B$ 的公开钥 $Q_B$；

(2)用户 $A$ 选择一个随机数 $k$，且 $k \in \{1, 2, \cdots, n-1\}$；

(3)用户 $A$ 计算点 $X_1$：$(x_1, y_1) = kG$；

(4)用户 $A$ 计算点 $X_2$：$(x_2, y_2) = kQ_B$，如果分量 $x_2 = 0$，则转(2)；

(5)用户 $A$ 计算 $C = m_i x_2 \bmod n$；

(6)用户 $A$ 发送加密数据$(X_1, C)$给用户 $B$.，

解密过程：

(1)用户 $B$ 用自己的私钥 $d_B$ 求出点 $X_2$：

$$d_B X_1 = d_B(kG) = k(d_B G) = kQ_B = X_2:(x_2, y_2);$$

(2)对 $C$ 解密，得到明文数据 $m_i = C x_2^{-1} \bmod n$.

类似地，可以构成其他椭圆曲线密码.

### 11.4.3 椭圆曲线密码的实现

以上我们介绍了椭圆曲线密码的基本原理．由于椭圆曲线密码所依据的数学基础比较复杂，因而使得具体实现也比较困难．这种困难主要表现在安全椭圆曲线的产生和倍点运算等方面．为了密码体制的安全，要求所用的椭圆曲线满足一些安全准则，而产生这样的安全曲线比较复杂．同时为了密码体制能够实用，其加解密运算必须高效，这就要求有高效的倍点和其他运算算法．而当所用的有限域和子群 $E_1$ 较大时，寻求高效的倍点运算等算法是比较困难的.

尽管如此，目前已经找到比较有效的实现方法使得椭圆曲线密码逐步走向实际应用.

### 11.4.4 椭圆曲线密码的安全性

椭圆曲线密码的安全性是建立在椭圆曲线离散对数问题的困难之上的．目前，求解椭圆曲线离散对数问题的最好算法是分布式 Pollard-$p$ 方法，其计算复杂性为 $O((\pi n/2)^{1/2}/m)$，其中 $n$ 是群的阶的最大素因子，$m$ 是该分布算法所使用的 CPU 的个数．可见素数 $p$ 和 $n$ 足够大时，椭圆曲线密码是安全的．这就是要求椭圆曲线解点群的阶要有大素数因子的根本原

因，在理想情况下群的阶本身就是一个素数.

另外，为了确保椭圆曲线密码的安全，应当避免使用弱的椭圆曲线．所谓弱的椭圆曲线主要是指超奇异椭圆曲线和反常(anomalous)椭圆曲线.

普遍认为，密钥长160位的椭圆曲线密码的安全性相当于密钥长为1024位的RSA密码.由式(11-4)~式(11-6)可知，椭圆曲线密码的基本运算可以比RSA密码的基本运算复杂得多，正是因为如此，所以椭圆曲线密码的密钥可以比RSA的密钥短．密钥越长，自然越安全，但是技术实现也就越困难，效率也就越低．一般认为，在目前的技术水平下采用160~200位密钥的椭圆曲线，其安全性就够了.

由于椭圆曲线密码的密钥位数短，在硬件实现中电路的规模小、省电．因此，椭圆曲线密码特别适于在航空、航天、卫星及智能卡中应用.

## 习题 11

1. 椭圆曲线$E_{23}(1, 1)$表示$y^2 \equiv x^3+x+1 \pmod{23}$，求其上的所有点.
2. 已知点$P=(3, 10)$和$Q=(9, 7)$在椭圆曲线$E_{23}(1, 1)$上，求$P+Q$.

# 第 12 章 数理逻辑

逻辑学是研究人的思维形式和规律的科学．根据所研究的对象和方法的不同，可将逻辑学分为辩证逻辑、形式逻辑和数理逻辑．数理逻辑用数学的形式化方法研究抽象思维的规律，研究的中心问题是推理，即数理逻辑研究的是各学科(包括数学)共同遵从的一般性的逻辑规律．数理逻辑已经成为与数学、哲学、计算机科学、编译原理及算法设计、人工智能、自动化系统等密切联系的科学．数理逻辑主要包括五部分：逻辑演算、证明论、公理化集合论、模型论和递归函数论．本章仅介绍数理逻辑中最基本的内容：命题逻辑和谓词逻辑.利用代数方法研究逻辑问题的分支称为命题逻辑，利用函数方法研究逻辑问题的分支称为谓词逻辑．下面首先来讨论命题逻辑.

## 12.1 命题逻辑

本节主要讨论命题逻辑，介绍了命题的概念，命题公式中的一些常用的联结词，如何将命题符号化，命题公式的定义及公式之间的逻辑关系．在逻辑学中，无论是思维还是推理，都离不开命题．那么，什么是命题呢？

**定义 12.1.1** 具有确定真假意义的陈述句称为命题．每个命题只有两种可能结果："真"或"假"，称为命题的真值．若一个命题所作出的判断是正确的，则称它的真值为1；否则称它的真值为0.

**例 12.1.1** 判断下列语句是否为命题并分析其真值.

(1)12 是奇数.

(2)你懂了吗？

(3)这个女孩真漂亮呀！

(4)请勿随地吐痰.

(5)并非每个冬天都会下雪.

(6)我正在说谎.

(7)火星上有水源.

(8)$x+y=9$.

**解** 在上述语句中，(1)、(5)、(7)是命题.(2)是疑问句，(3)是感叹句，(4)是祈使句，(6)是悖论，(8)虽然是陈述句，但它的对错要随 $x$ 和 $y$ 的取值而定(不唯一)，所以都不是命题．在 3 个命题中，(5)的真值为 1，(1)的真值为 0，(7)虽然在说话的当时有唯一真值，但以现在的科技水平，尚不能确定这个真值是 1 还是 0.

由上例可以看出，如果一个句子是命题，应满足下面两个条件：

(1)该句子是具有判断性的陈述句；

(2)它有确定的真值，非真即假.

在不同的标准下，我们可以将所有的命题作不同的分类．若按真值情况来分，命题可分为真命题和假命题；若按复杂程度来分，命题可分为简单命题(原子命题)和复合命题．其中简单命题是指不能再细分为更简单的陈述语句的命题，而复合命题则是指由联结词、标点符号和原子命题构成的命题．复合命题也具有确定的真值.

## 12.2 联结词

从上节中我们了解到由简单命题和联结词可以组成复合命题，通常我们用大写英文字母或数字来表示简单命题，而对于复合命题，就可以通过将表示命题中简单命题的符号用联结词连接起来而得到的符号串来表示．数理逻辑中的联结词就是从日常使用的联结词抽象出来的，但联结词的定义有多种方法，下面把联结词看做运算符号，通过对各联结词的运算规则来定义联结词.

**定义 12.2.1** 与命题 P 的真值相反的命题称为 $P$ 的否定命题，记作$\neg$P.

联结词"$\neg$"称为否定联结词，读作"非 $P$"．事实上，联结词"$\neg$"反映了日常语言中"非……"、"不……"、"……是不对的"、"没有……"等连词的逻辑含义.

**定义 12.2.2** 设 $P$、$Q$ 是任意两个命题，$P\wedge Q$ 的真值为 1，当且仅当 $P$、$Q$ 的真值都为 1.

联结词$\wedge$称为合取联结词，读作"$P$ 合取 $Q$"或"$P$ 并且 $Q$"．联结词$\wedge$反映了语言中"……并且……"、"既……又……"、"不仅……而且……"、"虽然……但是……"、"同时"等连词的逻辑含义.

**定义 12.2.3** 设 $P$、$Q$ 是任意两个命题，$P\vee Q$ 真值为 0，当且仅当 $P$、$Q$ 的真值都为 0.

联结词$\vee$称为析取联结词，$P\vee Q$ 读作"$P$ 析取 $Q$"或"$P$ 或者 $Q$"．联结词$\vee$反映了日常语言中"或者……或者……"、"不是……就是……"、"要么……要么……"、"非……即……"等连词的逻辑含义．但日常语言中的"或"既可以是"可兼或"，也可以是"排斥或".例如，命题："晚上我们去自习或去看电影"中的"或"是"排斥或"．而命题"王静语文考了 100 分或英语考了 100 分"中的"或"是"可兼或".

**定义 12.2.4** 设 $P$、$Q$ 是任意两个命题，$P\to Q$ 真值为 0，当且仅当 $P$ 的真值为 1，且 $Q$ 的真值为 0.

联结词"$\to$"称为蕴含联结词，或条件联结词．一般将 $P\to Q$ 读作"$P$ 蕴含 $Q$"或"若 $P$ 则 $Q$"．联结词"$\to$"反映了自然语言中"如果……那么……"、"若……则……"、"只要……就……"、"当……则……"、"必须……以便……"等连词的逻辑含义.

**定义 12.2.5** 设 $P$、$Q$ 是任意两个命题，$P\leftrightarrow Q$ 真值为 0，当且仅当 $P$ 的真值和 $Q$ 的真值相同.

联结词："$\leftrightarrow$"称为双条件联结词．一般将 $P\leftrightarrow Q$ 读作"$P$ 等价 $Q$"或"$P$ 当且仅当 $Q$"．联结词"$\leftrightarrow$"反映了自然语言中"……即……"、"……当且仅当……"、"……等价于……"等连词的逻辑含义.

上面的 5 个联结词，在数理逻辑中的作用相当于+、-、×、÷等代数运算符号在代数中

的作用．因此我们有必要约定它们的运算优先级：若符号串中含有括号，则括号优先级高于每个联结词；各括号的优先级从内向外依次降低；各联结词的优先级按¬、∧、∨、→、↔依次降低；优先级相同的联结词按它们出现的先后次序发生作用．

## 12.3 命题公式及其间的逻辑关系

由12.1节知道命题分为原子命题和复合命题，并讨论了5个常用的联结词．本节先定义命题公式的概念，然后针对命题公式进行讨论，得到一些对研究数理逻辑问题非常有用的结论．

**定义12.3.1** 命题逻辑中的合式公式，又称为命题公式，简称公式，由下列规则生成：

(1)单个命题变元是命题公式；

(2)若 $A$ 是命题公式，则 $\neg A$ 也是命题公式；

(3)若 $A$、$B$ 是命题，则 $(A\wedge B)$、$(A\vee B)$、$(A\to B)$、$(A\leftrightarrow B)$ 也是命题公式；

(4)只有有限次使用(1)、(2)、(3)所形成的包括命题变元、联结词和括号的字符串才是命题公式．

从命题公式的定义看出：命题公式没有真值，只有对其命题变元进行真值指派后，才能确定公式的真值．

**例12.3.1** 符号串 $(((P\wedge Q)\to\neg P)\vee R)$，$Q$，$(\neg P\vee Q)\wedge R$ 等都是命题公式．

**例12.3.2** 符号串 $((P\vee Q)\leftrightarrow(\wedge Q))$，$(Q\vee P)\to$，$(P\neg(Q\vee R))$ 等都不是命题公式．

由上面的例子可以看出，书写一个命题公式时，常常省略最外层的那对括号．另外，如果联结词“¬”后面紧跟一个命题符号，则此“¬”仅作用于其后的那个命题符号上．若一个命题公式中共含有 $n$ 个不同的命题变元，则称它为 $n$ 元命题公式．

有了命题公式的概念，就可以把自然语言中的某些语句写成由命题变元、联结词和括号表示的合式公式，称为符号化．命题的符号化在数理逻辑中很重要，是进行推理的基础．

**例12.3.3** 将下列命题符号化：

(1)虽然这次比赛你输了，但这并不代表你永远会输．

(2)她不但外表美而且心地善良．

(3)假如上午不下雨，我去公园，否则就可以在家里上网或看书．

(4)如果你和她都不固执己见的话，那么不愉快的事也不会发生了．

(5)李四或王五都可以做好这项工作．

(6)除非你努力，否则你将失败．

**解** (1)设 $P$：这次比赛你输了；$Q$：这代表你永远会输．原命题可符号化为：$P\wedge\neg Q$．

(2)设 $P$：她外表美；$Q$：她心地善良．原命题可表示为 $P\wedge Q$．

(3)设 $P$：上午下雨；$Q$：我去公园；$R$：我在家里上网；$S$：我在家里看书．命题可表示为：$(\neg P\to Q)\wedge(P\to(\neg R\leftrightarrow S))$．

(4)设 $P$：你固执己见；$Q$：她固执己见；$R$：不愉快的事不会发生．原命题可符号化为：$(\neg P\wedge\neg Q)\to R$．

(5)设 $P$：李四可以做好这项工作；$Q$：王五可以做好这项工作．原命题可符号化为：$P\wedge Q$．

(6)设 $P$：你努力；$Q$：你将失败．原命题可符号化为：$\neg P \to Q$.

在命题公式中，由于命题变元的出现，使公式的真值不确定，只有对公式中的所有命题变元都进行真值指派，公式才成为一个有真值的命题．

**定义 12.3.2** 设 $A$ 是一个含有命题符号 $P_1$，$P_2$，…，$P_n$ 的公式，用 $n$ 个确定的真值 $t_1$，$t_2$，…，$t_n$ 分别赋值给 $P_1$，$P_2$，…，$P_n$，称为对公式作了一种解释(或称赋值指派)．

任何一个公式作了一种解释后，即可求出一个唯一的、确定的真值．如果公式 $A$ 在某个赋值下求出的真值为 1，则称该赋值是公式 $A$ 的一个成真赋值；如果公式 $A$ 在某赋值下求出的真值为 0，则称该赋值是公式 $A$ 的一个成假赋值．可以看出一个公式可以有许多解释．一般来说，有 $n$ 个命题变元的公式共有 $2^n$ 个不同的解释．

**定义 12.3.3** 对给定的公式 $A$，将 $A$ 在每种赋值下的真值都求出来并列表，称为公式 $A$ 的真值表．

在构造真值表时，可采用如下方法：

(1)找出公式 $A$ 的所有命题变元并按一定顺序排列．

(2)列出 $A$ 的 $2^n$ 个解释，赋值从 $\underbrace{00\cdots0}_{n}$ 开始，按递增顺序写出各赋值直到 $\underbrace{11\cdots1}_{n}$ 为止，然后按从低到高的顺序列出 $A$ 层次．

(3)根据赋值计算各层次的真值并最终计算出 $A$ 的真值．

**例 12.3.4** 设有公式 $A=(\neg P \wedge Q) \to (P \vee \neg Q)$，求其真值表．

**解** 公式 $A$ 有 2 个命题变元，分 5 层，其真值表如下：

| $P$ | $Q$ | $\neg P$ | $\neg P \wedge Q$ | $\neg Q$ | $P \vee \neg Q$ | $(\neg P \wedge Q) \to (P \vee \neg Q)$ |
|---|---|---|---|---|---|---|
| 0 | 0 | 1 | 0 | 1 | 1 | 1 |
| 0 | 1 | 1 | 1 | 0 | 0 | 0 |
| 1 | 0 | 0 | 0 | 1 | 1 | 1 |
| 1 | 1 | 0 | 0 | 0 | 1 | 1 |

由于命题公式在不同的赋值下有不同的真值结果，因此也就有不同形式的公式．这里主要介绍永真式与永假式，二者性质相反且可互相转化．

**定义 12.3.4** (1)如果公式 $A$ 在任何一种赋值下的真值都为 1，则称 $A$ 是一个永真式(或重言式)．

(2)如果公式 $A$ 在任何一种赋值下的真值都为 0，则称 $A$ 是一个永假式(或矛盾式)．

(3)如果至少存在一种赋值，使在赋值下，公式 $A$ 的真值为 1，则称 $A$ 是一个可满足式．

永真式和永假式在数理逻辑中占有特殊且重要的地位，如在推理中所引用的公理和定理都是重言式．由定义可知：永真式的否定是永假式，永假式的否定是永真式．

**例 12.3.5** 公式 $P \vee \neg P$，$(P \wedge Q) \to (P \vee R)$，$\neg(P \vee (P \wedge Q)) \vee Q$ 等都是永真式；公式 $P \wedge \neg P$，$P \leftrightarrow \neg P$，$(P \vee \neg P) \to (Q \wedge \neg Q \wedge R)$ 等都是永假式．

我们还可容易得到如下结论：

(1)如果公式 $A$ 是个可满足式，则 $A$ 必不是永假式；

(2)如果 $A$ 是永真式，则 $A$ 必是可满足式；

(3)如果 $A$ 是永假式，是 $B$ 任一公式，则 $A\wedge B$ 必是永假式，$A\to B$ 必是永真式；

(4)如果 $A$ 是永真式，是 $B$ 任一公式，则 $A\vee B$ 必是永真式，$B\to A$ 必是永真式.

(5)若 $A$，$A\to B$ 均为永真式，则 $B$ 也是重言式.

下面将主要研究命题公式之间的两种逻辑关系：等价和蕴含.

**定义 12.3.5** 如果在任何一种赋值下，两个命题公式 $A$、$B$ 的真值都相同，则称 $A$ 等价于 $B$，也称 $A$ 与 $B$ 是等价的，记作 $A\Leftrightarrow B$. 我们还可以给出等价关系的另一种定义.

**定义 12.3.5′** 对命题公式 $A$、$B$，如果 $A\leftrightarrow B$ 是永真式，则称 $A$ 等价于 $B$，也称 $A$ 与 $B$ 是等价的，记作 $A\Leftrightarrow B$.

等价是命题公式之间的一种逻辑关系. 下面定理给出等价关系的一个重要性质.

**定理 12.3.1** 对任意的公式 $A$、$B$、$C$，下面的结论都成立.

(1)$A\Leftrightarrow A$.　　　　(自反性)

(2)若 $A\Leftrightarrow B$，则 $B\Leftrightarrow A$.　　　　(对称性)

(3)若 $A\Leftrightarrow B$，且 $B\Leftrightarrow C$，则 $A\Leftrightarrow C$.　　　　(传递性)

要证明两个命题公式等价，最基本的方法是分别列出两个公式的真值表并进行比较，若真值表完全相同，即可证明两个公式等价.

**例 12.3.6** 判定 $\neg(P\to Q)$ 与 $P\vee\neg Q$ 是否等价.

**解** 作出 $\neg(P\to Q)$ 和 $P\vee\neg Q$ 的真值表如下表所示.

| $P$ | $Q$ | $\neg Q$ | $P\to Q$ | $\neg(P\to Q)$ | $P\vee\neg Q$ |
|---|---|---|---|---|---|
| 0 | 0 | 1 | 1 | 0 | 1 |
| 0 | 1 | 0 | 1 | 0 | 0 |
| 1 | 0 | 1 | 0 | 1 | 1 |
| 1 | 1 | 0 | 1 | 0 | 1 |

由上表可知当公式中命题变元较少时，使用真值表来判定公式间的等价关系比较方便. 但当命题变元较多时，列出的真值表会很庞大，这时可以使用等值演算法，即利用预先得到的一些基本等价式，可以证明其他更复杂的等价式.

**定理 12.3.2** 设 $A$、$B$、$C$ 是任意的公式，1 表示任意一个永真式，0 表示任意一个永假式，则下列等价式成立：

(1) $A\Leftrightarrow A$.　　　　(双重否定律)

(2) $A\Leftrightarrow A\vee A$,　　　　(等幂律)
$A\Leftrightarrow A\wedge A$.

(3) $A\vee B\Leftrightarrow B\vee A$,　　　　(交换律)
$A\wedge B\Leftrightarrow B\wedge A$.

(4) $(A\vee B)\vee C\Leftrightarrow A\vee(B\vee C)$,　　　　(结合律)
$(A\wedge B)\wedge C\Leftrightarrow A\wedge(B\wedge C)$.

(5) $A\vee(B\wedge C)\Leftrightarrow(A\vee B)\wedge(A\vee C)$,　　　　(分配律)
$A\wedge(B\vee C)\Leftrightarrow(A\wedge B)\wedge(A\wedge C)$.

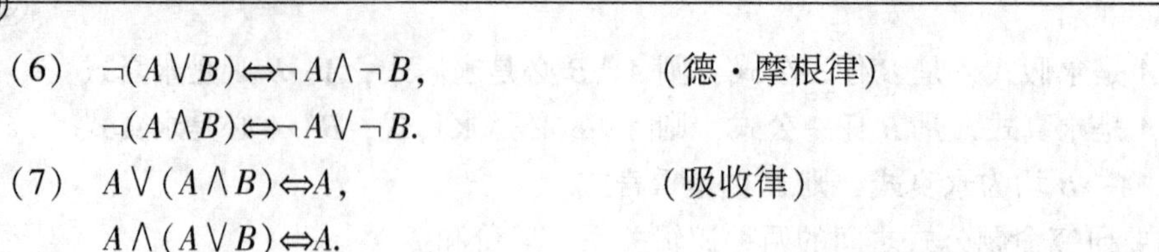

(6) $\neg(A\vee B)\Leftrightarrow\neg A\wedge\neg B$, （德·摩根律）

$\neg(A\wedge B)\Leftrightarrow\neg A\vee\neg B$.

(7) $A\vee(A\wedge B)\Leftrightarrow A$, （吸收律）

$A\wedge(A\vee B)\Leftrightarrow A$.

(8) $A\vee 0\Leftrightarrow A$, （同一律）

$A\wedge 1\Leftrightarrow A$.

(9) $A\wedge 0\Leftrightarrow 0$, （零律）

$A\vee 1\Leftrightarrow 1$.

(10) $A\vee\neg A\Leftrightarrow 1$. （排中律）

(11) $A\wedge\neg A\Leftrightarrow 0$. （矛盾律）

(12) $A\to B\Leftrightarrow\neg A\vee B$. （蕴含等值式）

(13) $A\leftrightarrow B\Leftrightarrow(A\to B)\wedge(B\to A)$. （等价等值式）

(14) $A\to B\Leftrightarrow\neg B\to\neg A$. （假言易位）

(15) $(A\to B)\wedge(A\to\neg B)\Leftrightarrow\neg A$. （归谬律）

上面的每一个基本等价公式都可通过真值表法验证．另外，由于$A$、$B$、$C$、0、1的任意性，上述每个公式实际上只是一个模型，它可以具体化为无穷多个同类型的等价式．例如，$\neg((P\to Q)\wedge\neg P)\Leftrightarrow\neg(P\to Q)\vee\neg\neg P$，$\neg(\neg Q\vee R)\Leftrightarrow\neg\neg Q\wedge\neg R$等都是德·摩根律的具体实例.

**定理 12.3.3** 设$A$是一个含有子公式的命题公式，若将$A$中的$A_1$用公式$A_2$替换，得到的公式记为$A'$；若$A_1\Leftrightarrow A_2$，则$A\Leftrightarrow A'$.

定理12.3.3又称为替换规则，它说明把$A$中的任何子公式用与之等价的公式替换以后，得到的新公式必等价于$A$. 把“将公式$A$变换成与之等值的公式$B$”称为“对$A$作了一次等值变换”．当要证明等值式$A\Leftrightarrow B$的时候，只需要证明公式$A$可以通过等值变换变成公式$B$即可.

**例 12.3.7** 证明(1) $P\to(Q\to R)\Leftrightarrow(P\wedge Q)\to R$;

(2) $\neg P\to(P\to\neg Q)\Leftrightarrow P\to(Q\to P)$.

**证** (1) $P\to(Q\to R)\Leftrightarrow\neg P\vee(Q\to R)$ （蕴含等值式）

$\Leftrightarrow\neg P\vee(\neg Q\vee R)$ （蕴含等值式）

$\Leftrightarrow(\neg P\vee\neg Q)\vee R$ （结合律）

$\Leftrightarrow\neg(P\wedge Q)\vee R$ （德·摩根律）

$\Leftrightarrow(P\wedge Q)\to R$ （蕴含等值式）

(2) $\neg P\to(P\to\neg Q)\Leftrightarrow P\to(\neg P\vee\neg Q)$ （蕴含等值式）

$\Leftrightarrow\neg\neg P\vee(\neg P\vee\neg Q)$ （蕴含等值式）

$\Leftrightarrow P\vee(\neg P\vee\neg Q)$ （双重否定律）

$\Leftrightarrow P\vee(\neg Q\vee\neg P)$ （交换律）

$\Leftrightarrow(P\vee\neg Q)\vee\neg P$ （结合律）

$\Leftrightarrow\neg P\vee(P\vee\neg Q)$ （交换律）

$\Leftrightarrow\neg P\vee(\neg Q\vee P)$ （交换律）

$\Leftrightarrow\neg P\vee(Q\to P)$ （蕴含等值式）

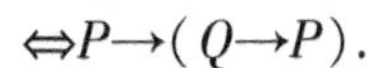
$\Leftrightarrow P\to(Q\to P)$.　　　　　　　　　　　　　（蕴含等值式）

除了等价关系外，命题公式之间还有另外一种逻辑关系——蕴含，逻辑的重要应用在于研究推理，逻辑等价可以用来推理，但在推理中用到最多的是蕴含关系．下面先定义蕴含的概念.

**定义 12.3.6**　设 $A$、$B$ 是命题公式，如果在任何一种使 $A$ 真值为 1 赋值下，$B$ 的真值都为 1，则称 $A$ 蕴含 $B$. 记作 $A\Rightarrow B$.

类似于等值的定义，蕴含也可以利用“公式的类型”来定义.

**定义 12.3.6′**　对命题公式 $A$、$B$，如果 $A\to B$ 是永真式，则称 $A$ 蕴含 $B$. 记作 $A\Rightarrow B$.

需要注意的是，$G\Rightarrow H$ 不是公式，这是由于“$\Rightarrow$”与“$\Leftrightarrow$”一样，都不是逻辑联结词．另外，蕴含关系具有自反性、对称性和传递性.

同等价式的证明一样，要证明一个蕴含式，也可以有多种方法．下面用真值表法证明.

**例 12.3.8**　证明$(P\to Q)\wedge\neg Q\Rightarrow\neg P$.

**证**　作$(P\to Q)\wedge\neg Q$ 和$\neg P$ 的真值表如下表所示．

| $P$ | $Q$ | $P\to Q$ | $\neg Q$ | $(P\to Q)\wedge\neg Q$ | $\neg P$ |
|---|---|---|---|---|---|
| 0 | 0 | 1 | 1 | 1 | 1 |
| 0 | 1 | 1 | 0 | 0 | 1 |
| 1 | 0 | 0 | 1 | 0 | 0 |
| 1 | 1 | 1 | 0 | 0 | 0 |

因在$(P\to Q)\wedge\neg Q$ 的真值为 1 的行中，$\neg P$ 的真值也为 1，所以$(P\to Q)\wedge\neg Q\Rightarrow\neg P$.

除真值表方法外，还有以下两种方法：

(1)前件为真推导后件为真的方法．设公式的前件为真，若能推出后件也为真，则条件式是永真式，即蕴含式成立.

**例 12.3.9**　证明$(P\to Q)\wedge P\Rightarrow Q$.

**证**　设$(P\to Q)\wedge P$ 为真，则 $P$ 为真，$(P\to Q)$为真，于是 $Q$ 为真．所以$(P\to Q)\wedge P\Rightarrow Q$.

(2)后件为假推导前件为假的方法．该条件式后件为假，若能推导出前件也为假，则条件式是永真式，即蕴含式成立.

**例 12.3.10**　证明$(P\to Q)\wedge\neg Q\Rightarrow\neg P$.

**证**　由上述方法(2)，假定$\neg P$ 为假，则 $P$ 为真．若 $Q$ 为假，则 $P\to Q$ 为假，$(P\to Q)\wedge\neg Q$ 为假；若 $Q$ 为真，则$\neg Q$ 为假，$(P\to Q)\wedge\neg Q$ 为假，所以$(P\to Q)\wedge\neg Q\Rightarrow\neg P$.

下面列出一些基本的蕴含式，可以用上面介绍的方法来证明.

设 $A$、$B$、$C$、$D$ 是任意的公式，则下列蕴含式成立：

(1)　$A\Rightarrow A\vee B$,

　　$A\Rightarrow B\vee A$;

(2)　$A\wedge B\Rightarrow A$,

$A \wedge B \Rightarrow B$；

(3) $A \to B$，$A \Rightarrow B$；

(4) $A \vee B$，$\neg A \Rightarrow B$，

$A \vee B$，$\neg B \Rightarrow A$；

(5) $A \to B$，$\neg B \Rightarrow \neg A$；

(6) $A \to B$，$B \to C \Rightarrow A \to C$；

(7) $A \to B$，$C \to D$，$A \vee C \Rightarrow B \vee D$；

(8) $A$，$B \Rightarrow A \wedge B$.

## 12.4 谓词与量词

命题逻辑的基本组成单位是原子命题．原子命题在命题演算中是最小的单位，不能再对其进行分解，也不能再对原子命题的内部结构作进一步的分析，故虽然命题逻辑在内容及应用上十分重要，却存在着很大的局限性．为了解决这个问题，人们引入了谓词逻辑理论，深入刻画命题内部的逻辑结构，分析出个体词、谓词和量词，表达出个体与总体之间的内在联系．谓词逻辑也称为一阶逻辑或一阶谓词逻辑.

**定义 12.4.1** 不依赖于人的主观而独立存在的具体或抽象的客观实体称为个体.

事实上，每个能用名词来代表的对象都是个体．例如，玫瑰花、月球、泰山、东湖、概念等都是个体.

在数理逻辑中，用小写英文字母表示个体．特别地，用 $a$，$b$，$c$，…，$a_1$，$a_2$，$a_3$，…等表示确定的个体，称为个体常元或个体常项；用 $x$，$y$，$z$，…，$x_1$，$x_2$，$x_3$，…等表示任何一个个体，称为个体变元或个体变项．另外，称个体变元的取值范围为个体域或论域，常用 $D$ 表示；称宇宙中所有事物组成的集合为全总个体域，常用 $U$ 表示.

**定义 12.4.2** 用来刻画个体的性质或个体之间相互关系的词称为谓词.

**例 12.4.1** 设有下列简单命题：

(1)武汉是一个省会城市.

(2)$x$ 是有理数.

在(1)中，个体为“武汉”，谓词为“……是一个省会城市”；而在(2)中 $x$ 是个体变元，谓词是“……是有理数”.

谓词用大写英文字母 $F$，$G$，$H$，…表示，一般不再区分谓词常元和谓词变元．一个谓词符号是常元还是变元，通过当前情况可以确定.

一般地，如果谓词 $F$ 涉及 $n$ 个个体，就称是一个 $n$ 元谓词，为了描述和研究逻辑问题的方便，通常将一个 $n$ 元谓词符号和 $n$ 个个体符号结合起来，形成一个具有特殊意义的符号串 $P(x_1, x_2, \cdots, x_n)$，称之为简单命题函数．显然，命题函数的定义域为个体域，值域为 $\{0, 1\}$.

对一个命题函数，如果其中含有 $m$ 个命题变元，则称这个命题函数是一个 $m$ 元命题函数，不含有命题变元的命题函数称为 0 元命题函数．由一个或多个简单命题函数以及逻辑联结词组合而成的表达式称为复合命题函数.

仅定义个体词和谓词的概念，对有些词语来说，还是不能准确地表达．如“所有的”、

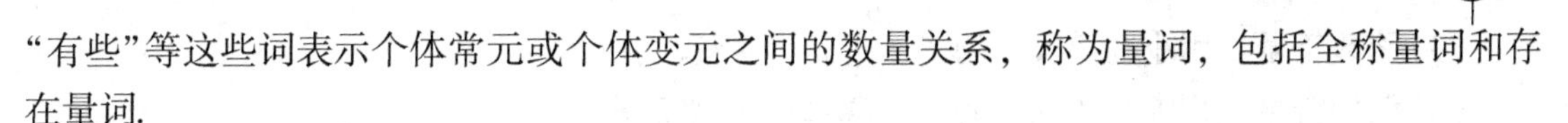


"有些"等这些词表示个体常元或个体变元之间的数量关系，称为量词，包括全称量词和存在量词.

**定义 12.4.3** 称"对任意的"、"每个"、"一切的"、"所有的"等词为全称量词，用符号"$\forall$"表示；称"有一个"、"至少有一个"、"存在"、"有些"等词为存在量词，用符号"$\exists$"表示. 例如用$\forall xF(x)$表示个体域中的所有个体具有性质$F$. 用$\exists xF(x)$表示个体域中有的个体具有性质$F$. 量词的作用范围称为辖域.

**例 12.4.2** 设个体域$D$为所有实数组成的集合，$F(x)$：$x$是有理数.

$\forall xF(x)$的含义为"每个实数都是有理数". 显然$\forall xF(x)$的真值为0.

$\exists xF(x)$的含义为"有的实数是有理数". 显然$\exists xF(x)$的真值为1.

在我们引入谓词逻辑的3个基本概念(个体、谓词、量词)之后，可以将任何命题进行符号化.

**例 12.4.3** 将下列命题符号化.

(1)每个人都有缺点.

(2)有的人喜欢运动.

(3)一切人都能做那件事.

(4)所有的人都是要吃饭的.

(5)有些成员提前完成了使命.

(6)并不是每一个学生都补考过.

**解** (1)若$M(x)$表示"$x$是人"，$B(x)$表示"$x$有缺点"，则原命题符号化为$\forall x(M(x)\to B(x))$.

(2)若$M(x)$表示"$x$是人"，$B(x)$表示"$x$喜欢运动"，则原命题符号化为$\exists x(M(x)\land B(x))$.

(3)设$M(x)$表示"$x$是人"，$B(x)$表示"$x$能做那件事"，则原命题符号化为$\forall x(M(x)\to B(x))$.

(4)若$M(x)$表示"$x$是人"，$B(x)$表示"$x$要吃饭"，则原命题符号化为$\forall x(M(x)\to B(x))$.

(5)若$M(x)$表示"$x$是学生"，$B(x)$表示"$x$提前完成了任务"，则原命题符号化为$\exists x(M(x)\land B(x))$.

(6)若$M(x)$表示"$x$是学生"，$B(x)$表示"$x$补考过"，则原命题符号化为$\exists x(M(x)\land\neg B(x))$.

## 12.5 谓词公式及公式之间的逻辑关系

在命题逻辑中，简单命题和逻辑联结词可以组合成复合命题. 那么在谓词逻辑中，什么样的谓词表达式才能成为谓词公式并能进行谓词逻辑的推理和演算呢？本节将介绍谓词公式的定义与解释、谓词公式的分类及公式间的逻辑关系.

首先，我们介绍谓词逻辑中的7类合法符号.

(1)个体常元符号：用小写英文字母$a$，$b$，$c$，…来表示.

(2)个体变元符号：用小写英文字母$x$，$y$，$z$，…来表示.

(3)函数符号：用小写英文字母$f$，$g$，$h$，…来表示.

(4)谓词符号：用大写英文字母$F$，$G$，$H$，…来表示.

(5)量词符号：全称量词$\forall$，存在量词$\exists$.

(6)联结词符号：“$\neg$”、“$\wedge$”、“$\vee$”、“$\rightarrow$”、“$\leftrightarrow$”.

(7)辅助符号：“(”、“)”、“,”(左括号、右括号和逗号).

**定义 12.5.1** 谓词逻辑中项的递归定义如下：

(1)单个个体常元或个体变元符号都是项.

(2)若$f(x_1, x_2, \cdots, x_n)$是$n$元函数，$t_1$，$t_2$，…，$t_n$是项，则$f(t_1, t_2, \cdots, t_n)$也是项.

(3)由有限次使用(1)、(2)产生的表达式才是项.

有了项的定义，我们便可以给出谓词公式的定义.

**定义 12.5.2** 若$F(x_1, x_2, \cdots, x_n)$是$n$元谓词，是$t_1$，$t_2$，…，$t_n$项，则称$F(t_1, t_2, \cdots, t_n)$为原子谓词公式，简称原子公式.

**定义 12.5.3** 满足下列条件之一的表达式，称为谓词公式，简称公式.

(1)原子公式是谓词公式；

(2)若$A$、$B$是谓词公式，则$\neg A$、$A \vee B$、$A \wedge B$、$A \rightarrow B$、$A \leftrightarrow B$也是谓词公式；

(3)若$A$是谓词公式，$x$是个体变元符号，则$\forall xA$、$\exists xA$也是谓词公式；

(4)只有有限次使用(1)~(3)产生的符号串才是谓词公式.

**例 12.5.1** 将下列命题符号化：

(1)工科的学生都要学高等数学.

(2)尽管有人胆小，但并非所有人都胆小.

**解** (1)令$M(x)$：$x$是工科的学生，$B(x)$：$x$要学高等数学；则命题符号化为：$\forall x(M(x) \rightarrow B(x))$.

(2)令$B(x)$：$x$胆小；$M(x)$：$x$是人. 命题可符号化为：$\exists x(M(x) \wedge B(x)) \wedge \neg \forall x(M(x) \rightarrow B(x))$.

**定义 12.5.4** 给定一个谓词公式$G$，若变元$x$出现在关于该变元的量词的辖域之内，则称变元$x$的出现为约束出现，此时的变元$x$称为约束变元；若$x$的出现不是约束出现，则称它为自由出现，此时的变元$x$称为自由变元.

确定一个量词的辖域，就是找出位于该量词之后的相邻的子公式. 具体如下：

(1)若量词后有括号，则括号内的子公式就是该量词的辖域；

(2)若量词后无括号，则与量词邻接的那个谓词为该量词的辖域.

**例 12.5.2** 指出下列谓词公式中的变元哪些是约束变元，哪些是自由变元?

(1) $\forall x(A(x) \rightarrow B(x))$.

(2) $\forall x(A(x) \rightarrow (\exists y)B(x, y))$.

(3) $\forall x \exists y(F(x, y) \vee G(y, z)) \wedge \exists xH(x, y)$.

(4) $\forall x(A(x) \leftrightarrow B(x)) \wedge (\exists x)C(x) \wedge D(x)$.

**解** 在(1)中，$\forall x$的辖域是$A(x) \rightarrow B(x)$，$x$为约束变元.

在(2)中，$\forall x$的辖域是$A(x) \rightarrow (\exists y)B(x, y)$，$\exists y$的辖域是$B(x, y)$，$x$，$y$都为约束变元.

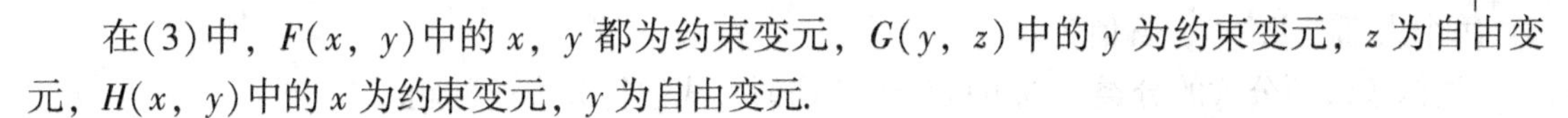

在(3)中，$F(x, y)$中的$x$，$y$都为约束变元，$G(y, z)$中的$y$为约束变元，$z$为自由变元，$H(x, y)$中的$x$为约束变元，$y$为自由变元.

在(4)中，$\forall x$的辖域是$A(x)\leftrightarrow B(x)$，$x$为约束变元，$\exists x$的辖域是$C(x)$，$x$也为约束变元，$D(x)$中的$x$为自由变元.

从上例可知，在一个公式中，某一个变元的出现既可以是自由的，又可以是约束的．为了研究方便，不致引起混淆，同时为了使其式子给大家一目了然的理解效果，对于表示不同意思的个体变元，总是以不同的变量符号来表示的，即希望一个变元在同一个公式中只以一种身份出现．由此引入以下两个规则：

(1)将量词中出现的变元以及该量词辖域中此变量的所有约束出现，都用新的个体变元替换．新的变元一定要有别于改名辖域中的所有其他变量．此规则称为自由变元的改名规则.

(2)将公式中出现该自由变元的每一处都用新的个体变元替换，新变元不允许在原公式中以任何约束形式出现．此规则称为自由变元的代入规则.

若公式$A$中无自由出现的个体变元，则称$A$为封闭的公式，简称闭式．不是闭式的公式称为开式.

谓词逻辑的所有合法符号中，有的符号在任何公式中出现时，其含义都是一样的，比如个体变元符号、联结词符号、量词符号、辅助符号等．但是，也有一些符号，比如个体常元符号、函数符号、谓词符号等，若不对它们进行具体的解释，则公式没有实际的意义．另外，个体域也会影响一个命题的真值．在谓词逻辑中，当给一个公式$A$里的所有不确定因素都指定特定含义时，就称对公式$A$作了一种解释.

对一个公式的解释，最多需要指定4类符号的含义．这4类符号是个体常元符号、函数符号、谓词符号、个体域$D$. 因此，可作下述定义.

**定义 12.5.5**　对谓词公式$G$的解释由如下4部分组成：

(1)非空的个体域集合$D$；

(2)$G$中的每个个体常量符号，指定$D$中的某个元素；

(3)$G$中的每个$n$元函数符号，指定某个特定的函数；

(4)$G$中的每个$n$元谓词符号，指定某个特定的谓词.

**例 12.5.3**　设解释$I$如下：

$D=\{2, 3\}$；　$a$：2；　$f(2)$：3，$f(3)$：2；　$M(2)$：0，$M(3)$：1；

$Q(2, 2)$：1，$Q(2, 3)$：1，$Q(3, 2)$：0，$Q(3, 3)$：1.

指出$N=\forall x(p(x)\wedge Q(x, a))$在$I$下的真值.

**解**　$T_1(N)=T_2(M(2)\wedge Q(2, 2)\wedge M(3)\wedge Q(3, 2))$

$=0\wedge 1\wedge 1\wedge 0$

$=0.$

**例 12.5.4**　对谓词公式$\forall x\exists yF(x, y)$，分别给出两个解释，使在第一种解释下公式的真值为1，在第二种解释下公式的真值为0.

**解**　解释Ⅰ为：$D$是所有人组成的集合，$F(x, y)$：$y$是$x$的母亲，则在Ⅰ下，公式的含义为“每个人都有母亲”，真值为1.

解释Ⅱ为：$D$是所有人组成的集合，$F(x, y)$：$y$是$x$的儿子，则在Ⅱ下，公式的含义为“每个人都有儿子”，真值为0.

类似于命题公式的分类，也可以讨论把谓词公式进行分类的问题.

**定义 12.5.6** 如果公式$G$在对它的所有解释$I$下的真值都为1，则称$G$是个永真式或有效公式；如果公式$G$在对它的所有解释$I$下的真值为0，则称$G$是个永假式或矛盾公式；如果公式$G$在至少有一种解释$I$使得$G$的真值为1，则称$G$是个可满足公式.

下面给出谓词逻辑的等价与蕴含.

**定义 12.5.7** 设$A$，$B$是两个公式，若$A\leftrightarrow B$是永真式，则称$A$等值于$B$，记作$A\Leftrightarrow B$，并称$A\Leftrightarrow B$是一个等价公式.

显然，公式$A$是等值于公式$B$的充分必要条件是，在任何一种解释$I$下，都有$T_I(A)=T_I(B)$.

同命题逻辑中处理等价问题的情况一样，在谓词逻辑里，也是从等价的定义出发，先得到一些最基本的等价式，然后以这些基本等价式为基础，进一步研究更复杂的逻辑问题．但谓词逻辑基本等价式比命题逻辑基本等价式要多得多，也要复杂得多．一般地，可以把谓词逻辑基本分为两类，即命题逻辑基本等价式的推广和关于量词的基本等价式.

首先引入代入实例的概念.

**定义 12.5.8** 设$M_0$是含有$n$个命题变元$P_1$，$P_2$，…，$P_n$的命题公式，则$M_1$，$M_2$，…，$M_n$都是谓词公式，用$M_i(1\leqslant i\leqslant n)$处处替换$P_i$所得公式$M$称为$M_0$的一个代入实例.

**定理 12.5.1** (1)永真的命题公式的任何一个代入实例都是永真式；

(2)永假的命题公式的任何一个代入实例都是永假式.

由于谓词公式的等值是通过有效公式来定义的，因此利用定理12.5.1，就可以把命题逻辑中的基本等值式推广到谓词逻辑中来，得到一些结构相同的谓词逻辑等值式.

显然，由命题逻辑的一个基本等值式可以推广得到无穷多个谓词逻辑基本等值式. 然后介绍关于量词的基本等值式.

由于谓词逻辑中，引进了谓词、量词等概念，因此，在谓词逻辑中还有重要的基本等值式在命题逻辑里是没有的，现将它们罗列如下.

设$A(x)$、$B(x)$都是含$x$的任意的谓词公式，$C$是一个命题，则有：

(1)量词转换律

$\neg\forall xA(x)\Leftrightarrow\exists x\neg A(x)$；

$\neg\exists xA(x)\Leftrightarrow\forall x\neg A(x)$.

(2)量词分配律

$\forall x(A(x)\land B(x))\Leftrightarrow\forall xA(x)\land\forall xB(x)$；

$\exists x(A(x)\lor B(x))\Leftrightarrow\exists xA(x)\lor\exists xB(x)$.

(3)量词辖域的扩张与收缩

$\forall x(A(x)\land C)\Leftrightarrow\forall xA(x)\land C$；

$\forall x(A(x)\lor C)\Leftrightarrow\forall xA(x)\lor C$；

$\forall x(A(x)\to C)\Leftrightarrow\exists xA(x)\to C$；

$\forall x(C\to A(x))\Leftrightarrow C\to\forall xA(x)$；

$\exists x(A(x)\land C)\Leftrightarrow\exists xA(x)\land C$；

$\exists x(A(x) \vee C) \Leftrightarrow \exists xA(x) \vee C$;

$\exists x(A(x) \to C) \Leftrightarrow \forall xA(x) \to C$;

$\exists x(C \to A(x)) \Leftrightarrow C \to \exists xA(x)$.

**定义 12.5.9** 设 $A$、$B$ 是两个公式，如果 $A \to B$ 是永真式，则称 $A$ 蕴含 $B$，记作 $A \Rightarrow B$，并称 $A \Rightarrow B$ 是一个蕴含式.

我们不加证明地给出下列谓词逻辑的基本蕴含式.

(1) $\forall xA(x) \Rightarrow \exists xA(x)$;

(2) $\exists x(A(x) \wedge B(x)) \Rightarrow \exists xA(x) \wedge \exists xB(x)$;

(3) $\forall xA(x) \vee \forall xB(x) \Rightarrow \forall x(A(x) \vee B(x))$;

(4) $\exists xA(x) \to \forall xB(x) \Rightarrow \forall x(A(x) \to B(x))$;

(5) $\forall x(A(x) \to B(x)) \Rightarrow \forall xA(x) \to \forall xB(x)$;

(6) $\forall x(A(x) \to B(x)) \Rightarrow \exists xA(x) \to \exists xB(x)$.

## 12.6 范　　式

使用真值表法和对偶定理可以判断两个命题公式是否等价．下面给出另外的方法判定两个公式是否等价，这就是将公式化为一种标准形式，即范式，然后比较两个范式是否相同，以下引入范式及相关的内容.

下面先定义真值函数概念.

**定义 12.6.1** 一个 $n$ 元真值函数是指 $F$：$\{0, 1\}^n \to \{0, 1\}$，即此函数以 $n$ 个命题变元为自变量，将对这些命题变元的一个任意一种赋值(即 $n$ 个真值)变换成唯一的一个真值．不同的 $n$ 元真值函数共有 $2^{2^n}$ 个.

设 $F$ 是一个 $n$ 元真值函数，$A$ 是一个含有 $n$ 种命题变元的命题公式，如果 $F$ 和 $A$ 在任何一种赋值情况下的值都相同，就说 $F$ 是 $A$ 的真值函数，有时也说 $F$ 可以由 $A$ 表示．显然，每个命题公式的真值函数都存在且唯一，但一个真值函数可以用无穷多个命题公式来表示(表示同一个真值函数的命题公式必互相等值).

下面给出全功能联结词集和冗余词的概念.

**定义 12.6.2** 设 $M$ 是一个联结词集合，若任一真值函数都可以用仅含 $M$ 中的联结词的命题公式来表示，则称 $M$ 为全功能联结词集.

**定义 12.6.3** 在一个联结词集合中，如果一个联结词可由该集合中的其他联结词来等值表示，则称此联结词为冗余联结词；不是冗余联结词的称为独立联结词.

**定义 12.6.4** 不含冗余联结词的全功能联结词集合称为极小联结词集合.

我们可以容易地得到下面结论：

(1) $\{\neg, \wedge, \vee, \to, \leftrightarrow\}$ 不是极小联结词集合；

(2) $\{\neg, \wedge, \vee\}$ 是全功能联结词集合，但不是极小联结词集合；

(3) $\{\neg, \wedge\}$ 是全功能联结词集合，也是极小联结词集合；

(4) $\{\neg, \vee\}$ 是全功能联结词集合，也是极小联结词集合；

(5) $\{\neg, \to\}$ 是全功能联结词集合，也是极小联结词集合.

**定义 12.6.5** (1)形如 $\triangle \vee \triangle \vee \cdots \vee \triangle$ 的命题公式称为简单合取式，其中，每个 $\triangle$ 都是

单个命题变元或单个命题变元的否定；

(2)形如$\triangle\vee\triangle\vee\cdots\vee\triangle$的命题公式称为简单析取式，其中，每个$\triangle$都是单个命题变元或单个命题变元的否定.

有了简单合(析)取式的概念后，就可以定义范式了.

**定义 12.6.6** (1)形如$\square\vee\square\vee\cdots\vee\square$的命题公式称为析取范式，其中，每个$\square$都是简单合取式.

(2)形如$\square\wedge\square\wedge\cdots\wedge\square$的命题公式称为合取范式，其中，每个$\square$都是简单析取式.

**定理 12.6.1** 对每个命题公式，都存在与之等价的析(合)取范式.

**证** 任何一个命题公式$G$，通过下列步骤，必可等价变换成析(合)取范式.

首先我们利用蕴含等值式、等价等值式$A\to B\Leftrightarrow\neg A\vee B$，$A\leftrightarrow B\Leftrightarrow(A\to B)\wedge(B\to A)$消去$G$中的联结词"→"，"↔".

接着利用德·摩根律$\neg(A\wedge B)\Leftrightarrow\neg A\vee\neg B$，$\neg(A\vee B)\Leftrightarrow\neg A\wedge\neg B$将公式中的每个"¬"移到单个命题变元前.

最后适当利用结合律、分配律、交换律、等幂律、吸收律、双重否定律等基本等值式，将公式化成析(合)取范式.

**定理 12.6.2** 给出了求给定命题的公式的析(合)取式的具体步骤，经过有限步等值变换，该公式就能化为与之等价的析(合)取范式．还要注意，一个命题公式的析(合)取范式不是唯一的．事实上，一个命题公式的析(合)取范式是有无穷多个的.

**例 12.6.1** 求命题公式$P\to(P\wedge(Q\to R))$的析取范式和合取范式.

**解** $P\to(P\wedge(Q\to R))$

$\Leftrightarrow\neg P\vee(P\wedge(\neg Q\vee R))$

$\Leftrightarrow\neg P\vee(P\wedge\neg Q)\vee(P\wedge R)$ (析取范式)

$\Leftrightarrow(\neg P\vee P)\wedge(\neg P\vee\neg Q\vee R)$. (合取范式)

由于同一个命题公式的析(合)取式不是唯一的，因而，需将命题公式进一步规范化，得到具有唯一性的特殊范式——主析(合)取范式.

**定义 12.6.7** 设$A$是含有$n$种命题变元$P_1$，$P_2$，…，$P_n$的命题公式，若简单合取式$m$中，命题变元$P_1$，$P_2$，…，$P_n$都在$m$中出现且仅出现一次，则称$m$是$A$的极小项；若简单析取式$M$中，命题变元$P_1$，$P_2$，…，$P_n$都在$M$中出现且仅出现一次，则称$M$是$A$的一个极大项.

例如$\neg P\wedge Q\wedge R$是关于命题变元$P$，$Q$，$R$的极小项.

含$n$种命题变元命题公式的极小(大)项有下述性质：

(1)$n$个命题变元共有$2^n$个极小项；

(2)$n$个命题变元的$2^n$个极小项的任一项，有且仅有一组真值指派使得此极小项的真值为1；

(3)$n$个命题变元的$2^n$个极小项两两互不等价；

(4)$n$个命题变元的$2^n$个极小项中的任两个不同极小项的合取式永假.

**定义 12.6.8** 对命题公式$A$，如果它的析(合)取范式中，每个简单合(析)取式都是极小(大)项，则称此析(合)取范式是$A$的主析(合)取范式.

特别约定，永假式的主析取范式为0，永真式的主合取范式为1.

关于主析(合)取范式的存在性和唯一性，我们有下述两个定理：

**定理 12.6.3**　任何命题公式都存在与其等值的主析(合)取范式.

**定理 12.6.4**　任一命题公式的主析(合)取范式是唯一的.

**例 12.6.2**　求命题公式 $P\rightarrow(P\wedge(Q\rightarrow R))$ 的主析取范式.

**解**　$P\rightarrow(P\wedge(Q\rightarrow R))$

$\Leftrightarrow P\vee(P\wedge(\neg Q\vee R))$

$\Leftrightarrow(\neg P\vee P)\wedge(\neg P\vee\neg Q\vee R)$

$\Leftrightarrow(\neg P\vee\neg Q\vee R)\Leftrightarrow(\neg P\vee\neg Q\vee R)$.

**例 12.6.3**　用真值表法求 $((P\vee Q)\rightarrow R)\rightarrow P$ 的主析(合)取范式.

**解**　作出公式 $((P\vee Q)\rightarrow R)\rightarrow P$ 的真值表如下表所示.

| $P$ | $Q$ | $R$ | $P\vee Q$ | $(P\vee Q)\rightarrow R$ | $((P\vee Q)\rightarrow R)\rightarrow P$ |
|---|---|---|---|---|---|
| 0 | 0 | 0 | 0 | 1 | 0 |
| 0 | 0 | 1 | 0 | 1 | 0 |
| 0 | 1 | 0 | 1 | 0 | 1 |
| 0 | 1 | 1 | 1 | 1 | 0 |
| 1 | 0 | 0 | 1 | 0 | 1 |
| 1 | 0 | 1 | 1 | 1 | 1 |
| 1 | 1 | 0 | 1 | 0 | 1 |
| 1 | 1 | 1 | 1 | 1 | 1 |

得 $((P\vee Q)\rightarrow R)\rightarrow P$ 的主析取范式为：$m_2\vee m_4\vee m_5\vee m_6\vee m_7$. 主合取范式为：$M_0\wedge M_1\wedge M_3$.

在命题演算中，常常要将公式化成范式形式．在谓词演算中也是如此，即为了推理方便，通常将谓词公式化成与之等价的前束范式.

**定义 12.6.9**　如果公式 $G$ 中的一切量词都位于该公式的最前端(不含否定词)且这些量词的辖域都延伸到期公式的末端，则公式 $G$ 称为前末范式．其标准形式如下：

$$(Q_1x_1)(Q_2x_2)\cdots(Q_nx_n)M(x_1,\ x_2,\ \cdots,\ x_n).$$

其中，$Q_i$ 为量词 $\forall$ 或 $\exists$ $(i=1,\ \cdots,\ n)$，$M$ 是一个没有量词的主谓词公式，$x_i$ 是个体变元.

**定理 12.6.5**　任一谓词公式都可以化为与之等价的前束范式，但其前束范式不唯一.

将一谓词公式转换为与之等价的前束范式的步骤一般为：

(1)如公式中有联结词“→”、“↔”，则消去它们；

(2)反复运用德·摩根定律，直接将“¬”内移到原子谓词公式的最前端；

(3)使用谓词的等价公式将所有的量词提到公式的最前端.

**例 12.6.4**　将公式 $(\forall x)P(x)\rightarrow(\exists x)Q(x)$ 化成前束范式.

**解**　$(\forall x)P(x)\rightarrow(\exists x)Q(x)$

$\Leftrightarrow\neg(\forall x)P(x)\vee(\exists x)Q(x)\Leftrightarrow(\exists x)\neg P(x)\vee(\exists x)Q(x)$

$\Leftrightarrow(\exists x)(\neg P(x)\vee Q(x))$.

论证的有效性和结论的真实性是不同的，我们可证明下述定理：

**定理 12.6.6** (1)有效结论不一定是真结论；

(2)真结论不一定是有效结论.

**证** (1)反例：如果2+2=4，那么月球是恒星；2+2=4，所以月球是恒星.

令$P$：2+2=4，$Q$：月球是恒星．则

前提：$P\to Q$；$P$.

结论：$Q$.

因为推理形式$((P\to Q)\land P)\to Q$是永真式，所以$Q$是$P\to Q$，$P$的有效结论，但显然$Q$是个假命题.

(2)反例：如果我是你，那么我就能说服她；我不是你，所以我不能说服她．

令$P$：我是你，$Q$：我能说服她．则

前提：$P\to Q$；$\neg P$.

结论：$\neg Q$.

因为推理形式$((P\to Q)\land\neg P)\to\neg Q$是永真式，所以$\neg Q$是$P\to Q$，$\neg P$的有效结论．但显然$\neg Q$是个真命题.

那么，要确保一个推理所得到的结论是个真命题，进行的推理应该达到什么样的要求呢？下面的定理回答了这个问题.

**定理 12.6.7** 对一个由前提$A_1$，$A_2$，…，$A_n$推出结论$B$的推理，如果能确保以下两点：(1)每个前提$A_1$，$A_2$，…，$A_n$都真；(2)$B$是$A_1$，$A_2$，…，$A_n$的有效结论；则$B$必定是个真命题.

## 12.7 命题逻辑推理理论

推理理论对于计算机科学中的程序验证、定理的机械化证明及人工智能都是十分重要的．下面，我们首先引入推理的概念.

**定义 12.7.1** 由一些前提$A_1$，$A_2$，…，$A_n(n\geqslant 1)$推出一个结论$B$的思维过程称为推理.

由上述有关推理的定义，可知推理是一个过程，每个推理至少要有一个前提，并且所有前提的地位是完全平等的．并非每个前提对推出的结论都是有用的．推理的结论可以是前提中的某一个，也可以与所有前提都不相同．每个前提及结论都是命题．不是命题的词句在任何推理中都是无用的．特别地，在命题逻辑推理理论中，每个前提及结论都是命题公式.

在逻辑学中，一般最关心的问题是：一个推理的结论$B$是不是所述前提$A_1$，$A_2$，…，$A_n$的必然结果，而不关心前提及结论的真假？

**定义 12.7.2** 对一个由$H_1$，$H_2$，…，$H_n$推出$B$的推理，若$H_1$，$H_2$，…，$H_n\to B$是永真式，则称$B$是$H_1$，$H_2$，…，$H_n$的有效结论(逻辑结果)，记为$H_1$，$H_2$，…，$H_n\Rightarrow B$.

有效推理的认证最基本的有三类：真值表法、直接证法和间接证法．下面分别介绍这三种方法.

**方法一 真值表法**

要证明$A_1$，$A_2$，…，$A_n\Rightarrow B$，可只需证明$A_1\land A_2\land\cdots\land A_n\to B$是个永真式即可，而证明一个命题公式是永真式，最简单的办法就是利用真值表方法．当然，真值表法是在前提和结论的形式结构都比较简单且所含命题变元较少的情况下所使用的方法.

**例 12.7.1** 判断推理是否有效：$(P\vee Q)$，$\neg P$ 是前提，$Q$ 是结论.

**解** 构造真值表如下表所示.

| $P$ | $Q$ | $P\vee Q$ | $\neg P$ | $Q$ |
|---|---|---|---|---|
| 1 | 1 | 1 | 0 | 1 |
| 1 | 0 | 1 | 0 | 0 |
| 0 | 1 | 1 | 1 | 1 |
| 0 | 0 | 0 | 1 | 0 |

上表只有第 3 行中前提$(P\vee Q)$，$\neg P$ 都为 1，且 $Q$ 也为 1. 因此 $Q$ 是前提$(P\vee Q)$，$\neg P$ 的有效结论.

**方法二 直接证法**

推理过程中，每一个引入的新命题都是运用 P 规则，在前提集合中直接取出来的.

**例 12.7.2** 证明：$\neg(\neg P\vee Q)$，$R\to Q)\Rightarrow\neg R$.

**证** ①$\neg(\neg P\vee Q)$； P 规则

②$\neg\neg P\wedge\neg Q$； T 规则，①，$E$：$\neg(A\vee B)\Leftrightarrow\neg A\wedge\neg B$

③$\neg Q$； T 规则，②，$I$：$A\wedge B\Rightarrow B$

④$R\to Q$； P 规则

⑤$\neg R$. T 规则，③，④，$I$：$A\to B$，$\neg B\Rightarrow\neg A$

**方法三 间接证法**

使用直接证法，可以论证任何推理的有效性. 但是，在有些情况下，直接证法可能会遇到困难，因此，有必要介绍另一种演绎方法——间接证法. 间接证法根据要论证的推理问题的特点，预先引入一个新的特殊前提，然后根据此特殊前提与原有前提一起推出的结论情况来确认原推理的有效性. 间接证法有时又被分为反证法和附加前提法，下面我们给出一个附加前提法的例子.

**例 12.7.3** 或者哲学难学，或者没有多少学生喜欢它；如果生物容易学，那么哲学不难学. 因此，如果许多学生喜欢哲学，那么生物并不容易学.

**证** 令 $P$：哲学难学，$Q$：许多学生喜欢哲学，$R$：生物容易学，则

前提：$P\vee\neg Q$；$R\to\neg P$.

结论：$Q\to\neg R$.

推理过程如下：

①$Q$； 附加前提引入

②$P\vee\neg Q$； P 规则

③$P$； $T$ 规则，①，②，$I$：$A\vee B$，$\neg B\Rightarrow A$

④$R\to\neg P$； P 规则

⑤$\neg R$； T 规则，③，④，$I$：$A\to B$，$\neg B\Rightarrow\neg A$

⑥$Q\to\neg R$； CP 规则，①，⑤

## 12.8 谓词逻辑推理理论

同命题逻辑一样，在谓词演算中同样也要研究推理的问题，作为命题逻辑的扩大系统——谓词逻辑，完全可以使用与命题演算时相同的术语和符号，也可以使用命题演算系统中的证明方法和推理规则(如 P 规则、T 规则、CP 规则). 在推导的过程中，还可以引用命题演算和谓词演算的全部基本等价公式和基本的蕴含公式，但在谓词演算推理中，某些前提与结论可能是受量词限制的，为了使用这些等价公式和蕴含公式，必须在推理中引入消去和添加量词的规则：

(1)全称特指规则(简称 US)

$$\forall xG(x)\Rightarrow G(y),$$

其中，$y$ 是个体域中的任意一个个体.

上述 US 规则也有推广公式，即 $\forall xG(x)\Rightarrow G(c)$. 其中，$c$ 是个体域中的某一个个体.

**例 12.8.1** 词句"所有素数都是整数"可符号化为 $\forall xP(x)$，其中 $P(x)$ 表示"$x$ 是素数". 个体域为全体素数，则根据全称特指规则有 $P(7)$，即"7 是整数".

(2)存在特指规则(简称 ES)

$$\exists xG(x)\Rightarrow G(c),$$

其中，$c$ 是个体域中某些特殊的个体.

上述规则的意思是指如果个体域中存在个体具有性质 $G$，那么必有某些(至少一个)个体 $c$ 具有性质 $G$.

需要限制 $G(x)$ 中没有自由个体出现. 若有自由出现的个体，则必须用函数符号来取代.

**例 12.8.2** 设个体域是全体整数，$P(x)$ 表示"$x$ 是偶数"，$Q(x)$ 表示"$x$ 是奇数"，显然，$P(2)$ 和 $Q(3)$ 都为真，$P(2)\wedge Q(3)$ 也为真. 故 $\exists xP(x)$ 和 $\exists xQ(x)$ 都为真，但 $P(2)\wedge Q(2)$ 为假.

(3)全称推广规则(简称 UG)

$$G(y)\Rightarrow(\forall x)G(x),$$

其中，$y$ 是个体域中任意一个个体.

上述规则的意思是指如果任意一个个体 $y$(自由变项)都具有性质 $G$，那么所有个体 $x$ 都具有性质 $G$. 仍需限制 $x$ 不在 $G(y)$ 中约束出现.

**例 12.8.3** 设个体域是全体人类，$P(x)$ 表示"$x$ 是要呼吸的". 显然对任意一个人 $a$，$P(a)$ 都成立，即任何人都是要呼吸的，则应用 UG 规则有 $\forall xP(x)$ 成立.

(4)存在推广规则(简称 EG)

$$G(c)\Rightarrow\exists x(x),$$

其中，$c$ 是个体域中的某个个体常量.

上述规则的意思是指如果有个体常量具有性质 $G$，则 $\exists xG(x)$ 必为真. 需要限制 $x$ 不出现在 $G(c)$ 中.

**例 12.8.4** 设个体域为全体人类，$P(x)$ 表示"$x$ 是天才"，$P$(牛顿)表示"牛顿是天才"是成立的，故 $\exists xP(x)$ 成立.

上述四条规则，看似简单，但要正确使用它们，常常有许多限制，稍不注意，就会出错.

下面我们举例说明推理规则的应用.

**例 12.8.5**　证明苏格拉底三段论：所有的人都是要死的；苏格拉底是人，所以苏格拉底是要死的.

**证**　设 $H(x)$：$x$ 是人，$M(x)$：$x$ 是要死的，$s$：苏格拉底．则

前提：$\forall x(H(x)\rightarrow M(x))$，$H(s)$.

结论：$M(s)$.

推理过程如下：

①$\forall x(H(x)\rightarrow M(x))$；　　P 规则

②$H(s)\rightarrow M(s)$；　　US 规则，①

③$H(s)$；　　P 规则

④$M(s)$.　　T 规则，②，③，I：假言推理

**例 12.8.6**　证明下面的有效推理.

所有的有理数都是实数；并非所有的有理数都是整数．因此，有的实数不是整数.

**证**　令 $F(x)$：$x$ 是有理数，$G(x)$：$x$ 是实数，$H(x)$：$x$ 是整数.

则前提：$\forall x(F(x)\rightarrow G(x))$，$\neg\forall x(F(x)\rightarrow H(x))$

结论：$\exists x(G(x)\wedge\neg H(x))$

推理过程如下：

①$\neg\forall x(F(x)\rightarrow H(x))$　　P 规则

②$\exists x\neg(F(x)\rightarrow H(x))$　　T 规则，①，量词否定律

③$\neg(F(c)\rightarrow H(c)$　　ES 规则，②

④$\forall x(F(x)\rightarrow G(x))$　　P 规则

⑤$F(c)\rightarrow G(c)$　　US 规则，④

⑥$\neg(\neg F(c)\vee H(c))$　　T 规则，③，蕴含等值式

⑦$F(c)\wedge\neg H(c)$　　T 规则，⑥，德·摩根律，双重否定律

⑧$F(c)$　　T 规则，⑦，化简

⑨$\neg H(c)$　　T 规则，⑦，化简

⑩$G(c)$　　*T* 规则，⑤，⑧，假言推理

⑪$G(c)\wedge\neg H(c)$　　T 规则，⑨，⑩，合取引入

⑫$\exists x(G(x)\wedge\neg H(x))$　　EG 规则，⑪

## 习题 12

1. 判断下列语句是否为命题：

(1) $a-b$；

(2) 请随手关门！

(3) $x\geqslant 1$；

(4) 我正在说谎.

2. 判断下列命题是复合命题还是简单命题：

(1)我今天或明天去看电影.

(2)今天是晴天.

(3)离散数学是计算机专业的必修课.

(4)两数之和是偶数当且仅当两数均为偶数或两数均为奇数.

3. 将下列命题符号化:

(1)虽然刚刚年龄不大，但却很有抱负.

(2)不是鱼死，就是网破.

(3)对这个建议，我既不反对也不支持.

(4)吃一堑，长一智.

(5)我既不看电视也不看电影，我在洗澡.

(6)尽管天气很炎热，老张还是来了.

(7)李勇不仅学习成绩优秀，而且综合能力也很强.

3. 当 $M$、$N$ 的真值为 1，$R$、$S$ 的真值为 0 时，求下列各命题公式的真值:

(1) $(R\leftrightarrow M)\wedge(\neg S\vee M)$;

(2) $(\neg R\wedge\neg S\wedge M)\leftrightarrow(R\wedge S\wedge\neg M)$;

(3) $(\neg M\wedge N)\rightarrow(R\wedge\neg S)$.

4. 写出下列公式的真值表:

(1) $P\rightarrow(Q\vee R)$;

(2) $\neg(P\vee Q)\leftrightarrow(\neg P\wedge\neg Q)$;

(3) $((P\rightarrow Q)\wedge(R\rightarrow Q)\wedge(P\wedge R))\rightarrow Q$;

(4) $(\neg P\wedge R)\vee(Q\rightarrow R)$.

5. 判定下列公式的类型:

(1) $\forall xF(x)\rightarrow(\forall x\exists yG(x, y)\rightarrow\forall xF(x)$;

(2) $\forall x\exists yF(x, y)\rightarrow\exists x\forall yF(x, y)$;

(3) $P\rightarrow(P\vee Q\vee R)$;

(4) $((P\rightarrow Q)\wedge(Q\rightarrow R))\rightarrow(P\rightarrow R)$.

6. 证明下列等价式成立:

(1) $\neg(P\leftrightarrow Q)\Leftrightarrow(P\vee Q)\wedge\neg(P\wedge Q)$;

(2) $P\rightarrow(Q\vee R)\Leftrightarrow(P\wedge\neg Q)\rightarrow R$;

(3) $P\vee(P\rightarrow(P\wedge Q))\Leftrightarrow\neg P\vee\neg Q\vee(P\wedge Q)$;

(4) $((P\wedge Q)\rightarrow R)\wedge(Q\rightarrow(S\vee R))\Leftrightarrow(Q\wedge(S\rightarrow P))\rightarrow R$.

7. 求下面公式的析取范式:

(1) $(P\rightarrow Q)\rightarrow R$;

(2) $P\vee(\neg P\wedge Q\wedge R)$;

(3) $(\neg P\wedge Q)\vee(P\vee\neg Q)$;

(4) $(\neg P\rightarrow Q)\rightarrow(\neg Q\vee P)$.

8. 求下列公式的主析取范式和主合取范式:

(1) $(Q\rightarrow P)\wedge(\neg P\wedge Q)$;

(2) $(P\vee Q)\rightarrow(Q\wedge R)$;

(3) $P\vee(\neg P\to(Q\vee(\neg Q\to R)))$.

9. (1)使用联结词¬、∨构造包含命题变元 $P$, $Q$, $R$ 的公式 $L(P,Q,R)$，使得 $\neg L(P,Q,R)=L(\neg P,Q,R)=L(P,\neg Q,R)=L(P,Q,\neg R)$.

(2)求(1)中公式 $L(P,Q,R)$ 的主合取范式.

10. 判断公式 $(\neg P\to\neg Q)\to(Q\to P)$ 是重言式、矛盾式或者其他.

11. 试证下列蕴含关系：

(1) $(P\to Q)\to Q\Rightarrow P\vee Q$;

(2) $((P\vee\neg P)\to Q)\to((P\vee\neg P)\to R)\Rightarrow(Q\to R)$;

(3) $(Q\to(P\wedge\neg P))\to(R\to(P\wedge\neg P))\Rightarrow(R\to Q)$;

(4) $(P\to(Q\to R))\Rightarrow(P\to Q)\to(P\to R)$.

12. 证明下列推理的有效性：

(1) $\neg(P\wedge Q)$, $\neg Q\vee R$, $\neg R\Rightarrow\neg P$;

(2) $P\to(Q\to S)$, $Q$, $P\vee\neg R\Rightarrow R\vee S$;

(3) $(A\vee B)\to(C\wedge D)$, $(D\vee E\to F)\Rightarrow A\to F$;

(4) $P\to Q$, $(\neg Q\vee R)\wedge R$, $\neg(\neg P\wedge S)\Rightarrow\neg S$.

13. 证明下列推理得到的结论是有效结论：

(1)如果我恢复了健康，我就能继续工作，假如我不能继续工作，我就必须出外疗养或卧床在家；我没有出外疗养的机会，并且我不愿意卧病在床．所以，我必须恢复健康.

(2)有甲、乙、丙、丁四队参加篮球比赛．如果甲队第三，则当乙队第二时丙队第四；或者丁队不是第一，或者甲队第三；已知乙队第二．因此丁队第一，那么丙队第四.

14. 设有解释如下(个体域 D 为全体自然数)：

谓词 $P(x)$：$x$ 是素数；

谓词 $E(x)$：$x$ 是偶数；

谓词 $N(x,y)$：$x$ 可以整除 $y$；

请分别将下列各式译成自然语言，并指出其真值.

(1) $\forall x(N(2,x)\to E(x))$;

(2) $\exists x(E(x)\wedge\forall y(P(y)\to N(x,y)))$.

15. 给定下列谓词公式，判定哪些公式是永真式、永假式和可满足式?

(1) $(\exists x)P(x)\to(\forall x)P(x)$;

(2) $\neg(\forall x)P(x)\to(\forall y)Q(y)\wedge(\forall y)Q(y)$;

(3) $(\forall x)(\forall y)P(x,y)\leftrightarrow(\forall y)(\forall x)P(x,y)$;

(4) $\neg(\forall x)Q(x)\leftrightarrow(\exists x)(\neg Q(x))$.

16. 求下列公式的前束范式：

(1) $(\forall x)(F(x)\to(\exists y)G(x,y))$;

(2) $(\exists x)(\neg((\exists y)A(x,y))\to((\exists z)B(z)\to D(x))$;

(3) $(\forall x)F(x)\to(\exists x)((\forall z)G(x,z)\vee(\forall z)H(x,y,z))$;

(4) $(\forall x)((\exists x)F(x,y)\wedge(\exists y)G(x,y))\to(\forall y)(H(x,y)\to R(y))$.

17. 判断下列谓词逻辑中的推理是否正确：

(1) $(\forall x)(F(x)\vee G(x))$, $(\forall x)(G(x)\to\neg H(x))$, $(\forall x)H(x)\Rightarrow(\forall x)F(x)$;

(2) $(\forall x)(\neg F(x) G(x))$, $(\forall x)\neg G(x) \Rightarrow (\exists x) F(x)$.

18. 用推理规则证明：

$$(\forall x)(G(x) \vee Q(x)), \neg(\forall x) G(x) \Rightarrow (\exists x) Q(x).$$

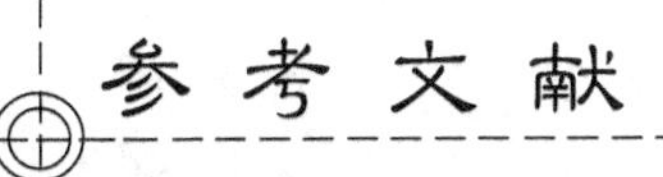

# 参考文献

[1]闵嗣鹤，严士健．初等数论[M]．第3版．北京：高等教育出版社，2003.
[2]柯召，孙琦．数论讲义[M]．第2版．北京：高等教育出版社，1999.
[3]张禾瑞．近世代数基础[M]．北京：高等教育出版社，1978.
[4]熊全淹．近世代数[M]．武汉：武汉大学出版社，1991.
[5]华中师范大学数学系《抽象代数》编写组．抽象代数[M]．武汉：华中师范大学出版社，2000.
[6]牛凤文．抽象代数[M]．第2版．武汉：武汉大学出版社，2008.
[7]杨子胥．近世代数[M]．第2版．北京：高等教育出版社，2003.
[8]肖攸安．椭圆曲线密码体系研究[M]．武汉：华中科技大学出版社，2006.
[9]杨波．现代密码学[M]．北京：清华大学出版社，2003.
[10]张焕国，刘玉珍．密码学引论[M]．武汉：武汉大学出版社，2003.
[11]斯廷森．冯登国等译．密码学原理与实践[M]．第3版．北京：电子工业出版社，2009.
[12]宋秀丽，等．现代密码学原理与应用[M]．北京：机械工业出版社，2012.
[13]钱颂迪，等．运筹学[M]．北京：清华大学出版社，1990.
[14]刁在筠，等．运筹学[M]．北京：高等教育出版社，2001.
[15]卢开澄．图论及其应用[M]．北京：清华大学出版社，1995.
[16]马振华，等．现代应用数学手册——离散数学卷[M]．北京：清华大学出版社，2002.
[17]陈恭亮．信息安全数学基础[M]．北京：清华大学出版社，2004.
[18]李继国，等．信息安全数学基础[M]．武汉：武汉大学出版社，2006.
[19]杨炳儒．离散数学[M]．北京：人民邮电出版社，2006.
[20]Lee R C T. 算法设计与分析导论[M]．王卫东，译．北京：机械工业出版社，2008.
[21]王晓东．计算机算法设计与分析[M]．北京：电子工业出版社，2007.
[22]吴晓平，秦艳琳，黄魏．信息安全数学基础[M]．武汉：海军工程大学出版社，2006.
[23]吴晓平，黄魏，秦艳琳．密码学[M]．武汉：海军工程大学出版社，2006.
[24]黄魏，吴晓平，秦艳琳．密码学基础[M]．北京：国防工业出版社，2007.
[25]吴晓平，秦艳琳．应用数学基础[M]．北京：科学出版社，2008.
[26]吴晓平，秦艳琳．信息安全数学基础[M]．北京：国防工业出版社，2009.
[27]吴晓平，秦艳琳，罗芳．密码学[M]．北京：国防工业出版社，2010.

# 参考文献